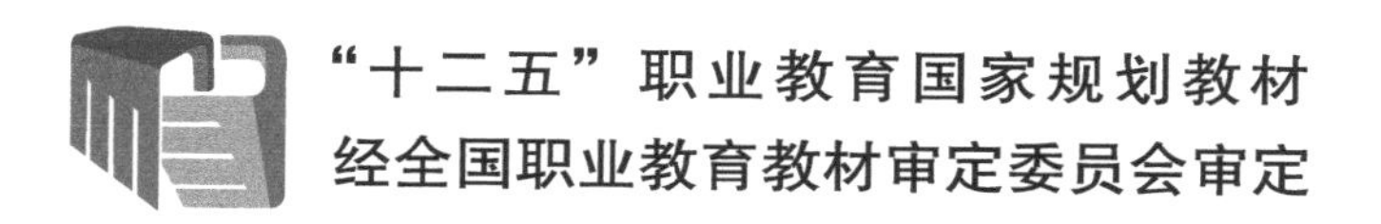

三维动画设计软件应用

（3ds Max 2013）

赖福生　朱文娟　主　编

张智晶　编　著

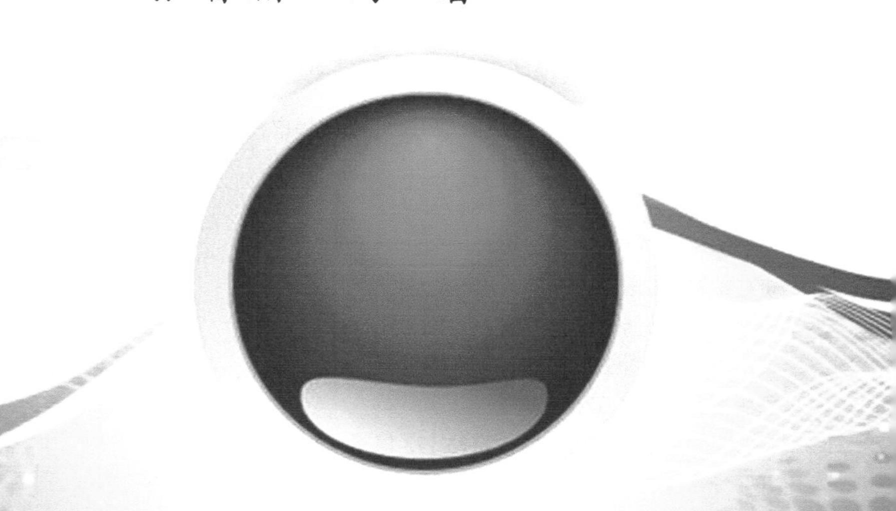

電子工業出版社

Publishing House of Electronics Industry

北京·BEIJING

内 容 简 介

本书根据教育部颁发的《中等职业学校专业教学标准（试行）信息技术类（第一辑）》中的相关教学内容和要求编写。本书的编写从满足经济发展对高素质劳动者和技能型人才的需求出发，在课程结构、教学内容、教学方法等方面进行了新的探索与改革创新，有利于学生更好地掌握本课程的内容，利于学生理论知识的掌握和实际操作技能的提高。

本书以岗位工作过程来确定学习任务和目标，综合提升学生的专业能力、过程能力和职位差异能力，以具体的工作任务引领教学内容。本书由 9 个项目构成，每个项目由项目描述、学习目标、项目分析、实现步骤、相关知识和实战演练组成。本书的主要目的在于让学生掌握良好的三维动画绘制知识与创作技巧，能从事三维动画制作、设计、创意、编辑等工作。

本书是数字媒体技术应用专业的专业核心课程教材，也可作为 3ds Max 培训班的教材，还可以供数字媒体技术应用人员参考学习。本书配有教学指南、电子教案和案例素材，详见前言。

图书在版编目（CIP）数据

三维动画设计软件应用. 3ds Max 2013 / 赖福生，朱文娟主编. —北京：电子工业出版社，2016.3

ISBN 978-7-121-24858-0

Ⅰ. ①三… Ⅱ. ①赖… ②朱… Ⅲ. ①三维动画软件—中等专业学校—教材 Ⅳ. ①TP391.41

中国版本图书馆 CIP 数据核字（2014）第 274917 号

策划编辑：杨　波
责任编辑：郝黎明
印　　刷：北京捷迅佳彩印刷有限公司
装　　订：北京捷迅佳彩印刷有限公司
出版发行：电子工业出版社
　　　　　北京市海淀区万寿路 173 信箱　邮编：100036
开　　本：787×1 092　1/1　印张：14.25　字数：364.8 千字
版　　次：2016 年 3 月第 1 版
印　　次：2025 年 1 月第 15 次印刷
定　　价：44.00 元

凡所购买电子工业出版社图书有缺损问题，请向购买书店调换。若书店售缺，请与本社发行部联系，联系及邮购电话：（010）88254888，88258888。

质量投诉请发邮件至 zlts@phei.com.cn，盗版侵权举报请发邮件至 dbqq@phei.com.cn。

本书咨询联系方式：（010）88254617，luomn@phei.com.cn。

编审委员会名单

序 PROLOGUE

当今是一个信息技术主宰的时代，以计算机应用为核心的信息技术已经渗透到人类活动的各个领域，彻底改变着人类传统的生产、工作、学习、交往、生活和思维方式。和语言和数学等能力一样，信息技术应用能力也已成为人们必须掌握的、最为重要的基本能力。可以说，信息技术应用能力和计算机相关专业，始终是职业教育培养多样化人才，传承技术技能，促进就业创业的重要载体和主要内容。

信息技术的发展，特别是数字媒体、互联网、移动通信等技术的普及应用，使信息技术的应用形态和领域都发生了重大的变化。第一，计算机技术的使用扩展至前所未有的程度，桌面电脑和移动终端（智能手机、平板电脑等）的普及，网络和移动通信技术的发展，使信息的获取、呈现与处理无处不在，人类社会生产、生活的诸多领域已无法脱离信息技术的支持而独立进行。第二，信息媒体处理的数字化衍生出新的信息技术应用领域，如数字影像、计算机平面设计、计算机动漫游戏和虚拟现实等。第三，信息技术与其他业务的应用有机地结合，如商业、金融、交通、物流、加工制造、工业设计、广告传媒和影视娱乐等，使之各自形成了独有的生态体系，综合信息处理、数据分析、智能控制、媒体创意和网络传播等日益成为当前信息技术的主要应用领域，并诞生了云计算、物联网、大数据和3D打印等指引未来信息技术应用的发展方向。

信息技术的不断推陈出新及应用领域的综合化和普及化，直接影响着技术、技能型人才的信息技术能力的培养定位，并引领着职业教育领域信息技术或计算机相关专业与课程改革、配套教材的建设，使之不断推陈出新、与时俱进。

2009年，教育部颁布了《中等职业学校计算机应用基础大纲》。2014年，教育部在2010年新修订的专业目录基础上，相继颁布了“计算机应用、数字媒体技术应用、计算机平面设计、计算机动漫与游戏制作、计算机网络技术、网站建设与管理、软件与信息服务、客户信息服务、计算机速录”等9个信息技术类相关专业的教学标准，确定了教学实施及核心课程内容的指导意见。本套教材就是以以上大纲和标准为依据，结合当前最新的信息技术发展趋势和企业应用案例组织开发和编写的。

本书的主要特色

● 对计算机专业类相关课程的教学内容进行重新整合

本套教材本套教材面向学生的基础应用能力，设定了系统操作、文档编辑、网络使用、数据分析、媒体处理、信息交互、外设与移动设备应用、系统维护维修、综合业务运用等内容；针对专业应用能力，根据专业和职业能力方向的不同，结合企业的具体应用业务规划了教材内容。

● 以岗位工作过程来确定学习任务和目标，综合提升学生的专业能力、过程能力和职位差异能力

本套教材通过以工作过程为导向的教学模式和模块化的知识能力整合结构，力求实现产业需求与专业设置、职业标准与课程内容、生产过程与教学过程、职业资格证书与学历证书、终身学习与职业教育的“五对接”。从学习目标到内容的设计上，本套教材不再仅仅是专业理论内容的复制，而是经由职业岗位实践——工作过程与岗位能力分析——技能知识学习应用内化的学习实训导引和案例。借助知识的重组与技能的强化，达到企业岗位情境和教学内容要求相贯通的课程融合目标。

● 以项目教学和任务案例实训为主线

本套教材通过项目教学，构建了工作业务的完整流程和岗位能力需求体系。项目的确定应遵循三个基本目标：核心能力的熟练程度，技术更新与延伸的再学习能力，不同业务情境应用的适应性。教材借助以校企合作为基础的实训任务，以应用能力为核心、以案例为线索，通过设立情境、任务解析、引导示范、基础练习、难点解析与知识延伸、能力提升训练和总结评价等环节，引领学习者在完成任务的过程中积累技能、学习知识，并迁移到不同业务情境的任务解决过程中，使学习者在未来可以从容面对不同应用场景的工作岗位。

当前，全国职业教育领域都在深入贯彻全国职教工作会议精神，学习领会中央领导对职业教育的重要批示，全力加快推进现代职业教育。国务院出台的《加快发展现代职业教育的决定》明确提出要“形成适应发展需求、产教深度融合、中职高职衔接、职业教育与普通教育相互沟通，体现终身教育理念，具有中国特色、世界水平的现代职业教育体系”。现代职业教育体系的建立将带来人才培养模式、教育教学方式和办学体制机制的巨大变革，这无疑给职业院校信息技术应用人才培养提出了新的目标。计算机类相关专业的教学必须要适应改革，始终把握技术发展和技术技能人才培养的最新动向，坚持产教融合、校企合作、工学结合、知行合一，为培养出更多适应产业升级转型和经济发展的高素质职业人才做出更大贡献！

2014年11月于大连

前言 | PREFACE

为建立健全教育质量保障体系，提高职业教育质量，教育部于 2014 年颁布了中等职业学校专业教学标准（以下简称专业教学标准）。专业教学标准是指导和管理中等职业学校教学工作的主要依据，是保证教育教学质量和人才培养规格的纲领性教学文件。在“教育部办公厅关于公布首批《中等职业学校专业教学标准（试行）》目录的通知”（教职成厅[2014]11 号文）中，强调“专业教学标准是开展专业教学的基本文件，是明确培养目标和规格、组织实施教学、规范教学管理、加强专业建设、开发教材和学习资源的基本依据，是评估教育教学质量的主要标尺，同时也是社会用人单位选用中等职业学校毕业生的重要参考。”

本书特色

本书根据教育部颁发的《中等职业学校专业教学标准（试行）信息技术类（第一辑）》中的相关教学内容和要求编写。

本书编写以岗位职业能力分析和职业技能考证为指导，以具体项目引领，以实际工作案例为载体，强调理论与实践相结合，体系安排遵循学生的认知规律，注重深入浅出的讲解，在将三维制作技术的最新发展成果纳入教材的同时，力争使教材具有趣味性和启发性。本书由 9 个项目构成，每个项目由项目描述、学习目标、项目分析、实现步骤、相关知识以及实战演练组成。本书的主要目的在于让学生掌握良好的三维动画绘制知识与创作技巧，能从事三维动画制作、设计、创意、编辑等工作。

本书是数字媒体技术应用专业的专业核心课程教材，也可作为 3ds Max 培训班的教材，还可以供数字媒体技术应用人员参考学习。

课时分配

本书参考课时为 128 学时，具体安排见本书配套的电子教案。

本书作者

本书由赖福生、朱文娟主编，张智晶参编；其中项目 1～3 由朱文娟编写，项目 4、5、8、9 由赖福生编写，项目 6、7 由张智晶编写，全书由赖福生统稿。

教学资源

为了提高学习效率和教学效果，方便教师教学，作者为本书配备了电子教案、教学指南、素材文件、微课，以及习题参考答案等教学资源。请有此需要的读者登录华信教育资源网免费注册后进行下载，有问题时请在网站留言板留言或与电子工业出版社联系（E-mail:hxedu@phei.com.cn）。

编　者

CONTENTS | 目录

项目 1 客厅的制作

项目描述

3ds Max 是当今世界上应用领域最广、使用人数最多的三维动画制作软件。本项目通过一个简洁的客厅的制作来介绍 3ds Max 2013 的基本操作。本例使用简单的几何体堆砌的方法来制作客厅中的沙发和茶几。在本例中只介绍建模的部分，材质的设置在后面的单元做详细的介绍，大家可用简单的色块填充来替代材质。本项目的最终效果如图 1–0–1 所示。

图 1-0-1　客厅效果图

学习目标

- 能使用标准基本体制作茶几
- 能使用扩展基本体制作沙发
- 能使用 FFD 工具制作靠枕
- 能使用【挤出】修改器修改对象的形状

项目分析

在本项目的制作中，客厅的墙体使用画线挤出的方式来制作，茶几使用标准基本体来搭建，沙发则使用扩展基本体来制作，靠枕的制作需使用 FFD 工具来制作。本项目主要需要完成以下四个环节。

① 客厅墙体的制作。

② 沙发的制作。

③ 靠垫的制作。

④ 茶几的制作。

实现步骤

1.1 客厅墙体的制作

二维图形的创建——客厅墙体的制作

1 启动 3ds Max 2013，执行【自定义】→【单位设置】命令，如图 1-1-1 所示。

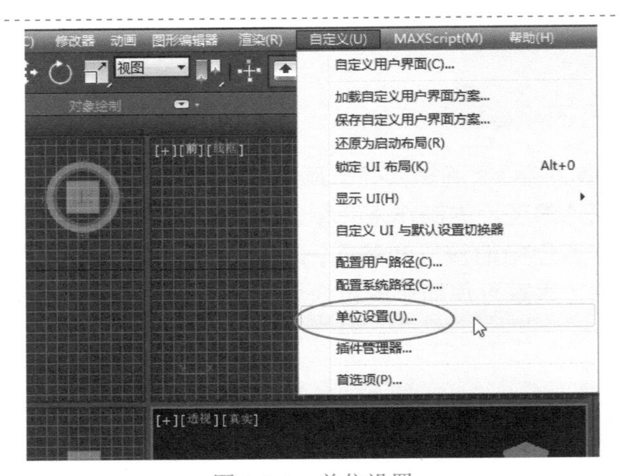

图 1-1-1　单位设置

2 在弹出的【单位设置】对话框中，选中【公制】单选按钮，并在其下拉列表中选择【毫米】选项。

3 单击【系统单位设置】按钮，在弹出的【系统单位设置】对话框中，选择单位【毫米】，其他保持默认设置。单击【确定】按钮完成系统单位的设置，如图 1-1-2 所示。

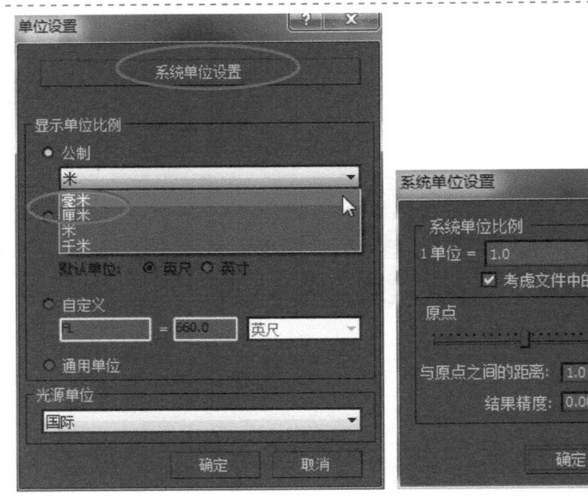

图 1-1-2　系统单位参数设置

4 单击屏幕右侧的【创建】【几何体】面板，在【对象类型】卷展栏中单击【平面】按钮，在顶视图中，按住鼠标左键拖动出一个平面，设置【长度】为 5200mm，【宽度】为 4000mm，【长度分段】为 1，【宽度分段】为 1，命名为“地面”，如图 1-1-3 所示。

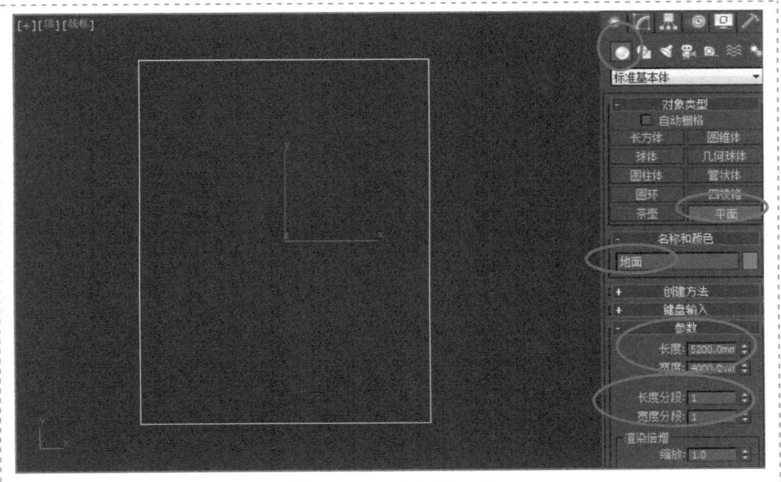

图 1-1-3　创建地面

5 单击【创建】→【图形】→面板，在【对象类型】卷展栏中单击【矩形】按钮，在顶视图中，按住鼠标左键拖动出一个矩形，设置矩形的【长度】为 5000mm；【宽度】为 3800mm；命名为“墙体”，如图 1-1-4 所示。

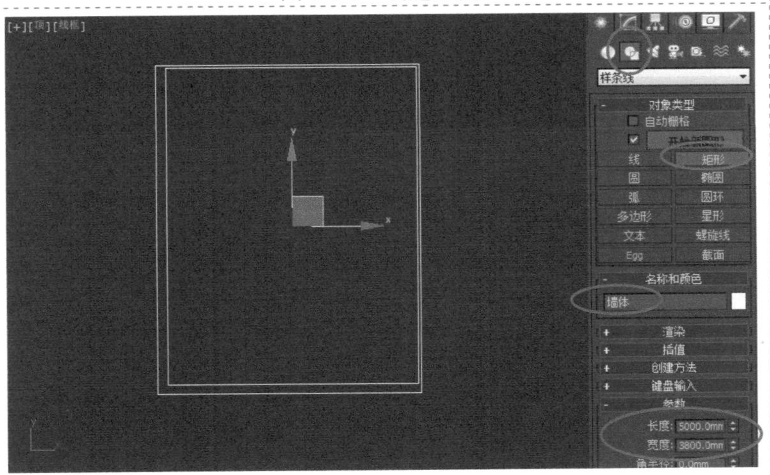

图 1-1-4　创建墙角

6 选中“墙体”对象并右击，在弹出的快捷菜单中执行【转换为】→【转换为可编辑样条线】命令，如图 1-1-5 所示。

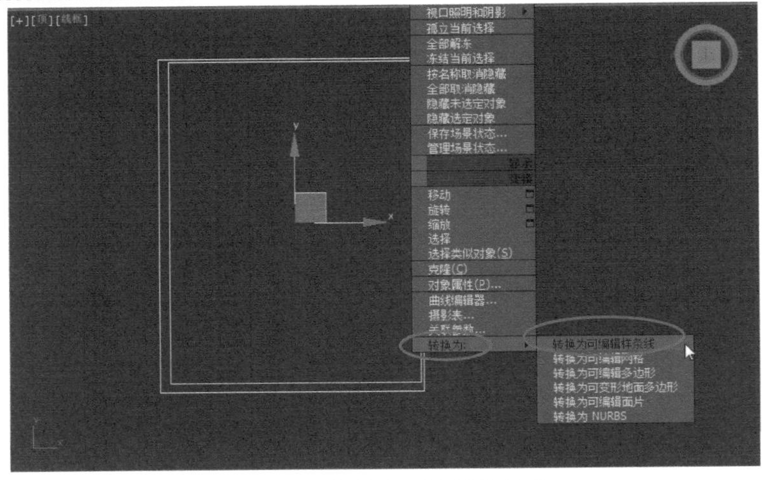

图 1-1-5　转换为可编辑样条线

7 进入【修改】面板，单击【可编辑样条线】左侧的■符号，在堆栈中选中【线段】子对象，在按住键盘上【Ctrl】键的同时单击如图 1-1-6 所示的两条线段，按【Delete】键将这两条线段删除。

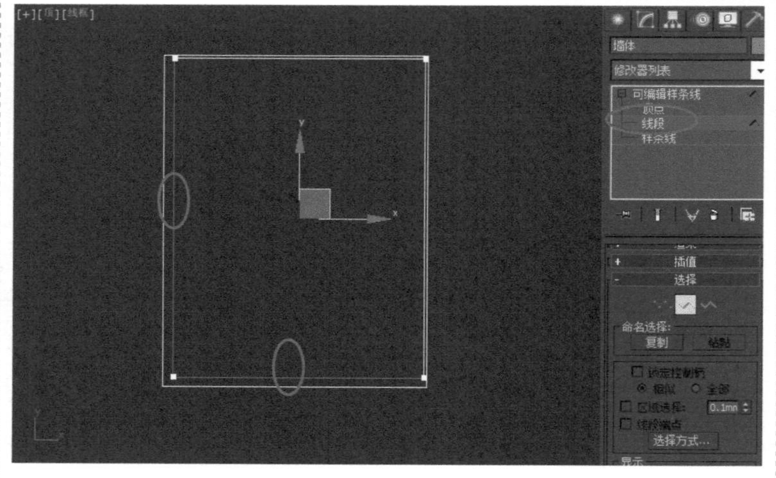

图 1-1-6 删除多余的线段

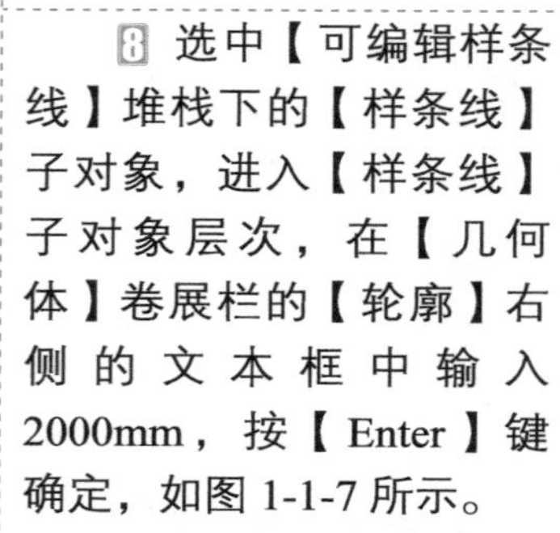

8 选中【可编辑样条线】堆栈下的【样条线】子对象，进入【样条线】子对象层次，在【几何体】卷展栏的【轮廓】右侧的文本框中输入 2000mm，按【Enter】键确定，如图 1-1-7 所示。

9 选中【可编辑样条线】堆栈下的【样条线】，关闭该对象层次。

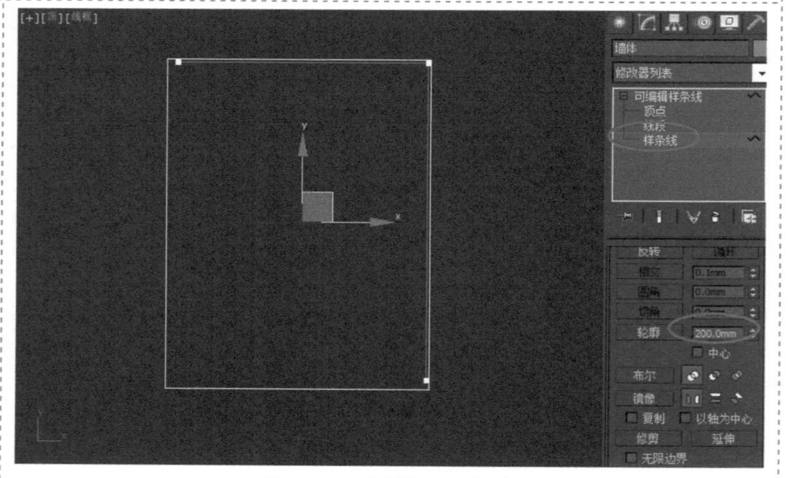

图 1-1-7 设置轮廓参数

10 选中【墙体】对象，单击修改器列表框右侧的下拉按钮▾，从中选择【挤出】修改器，如图 1-1-8 所示。

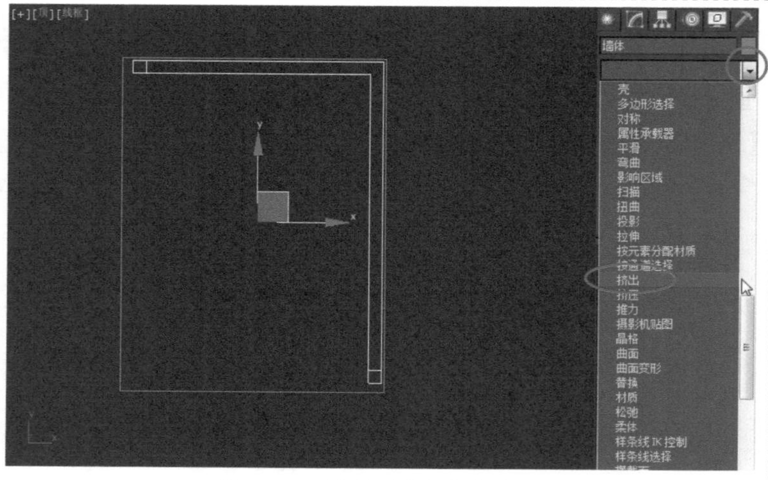

图 1-1-8 选择【挤出】修改器

11 在【参数】卷展栏中设置【数量】为2800mm，如图1-1-9所示。

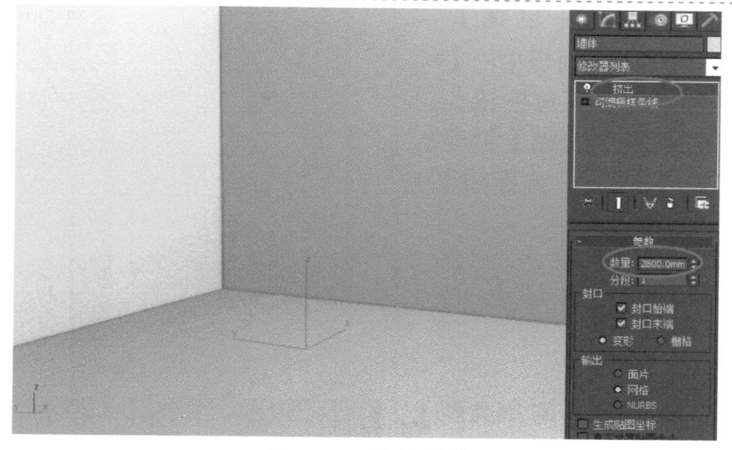

图 1-1-9 绘制平面

1.2 沙发的制作

三维物体的创建

1 单击【图形】按钮，在【对象类型】卷展栏中单击【矩形】按钮，在顶视图中绘制一个矩形，设置矩形的【长度】为3800mm；【宽度】为1100mm；命名为“沙发框架”，如图1-2-1所示。

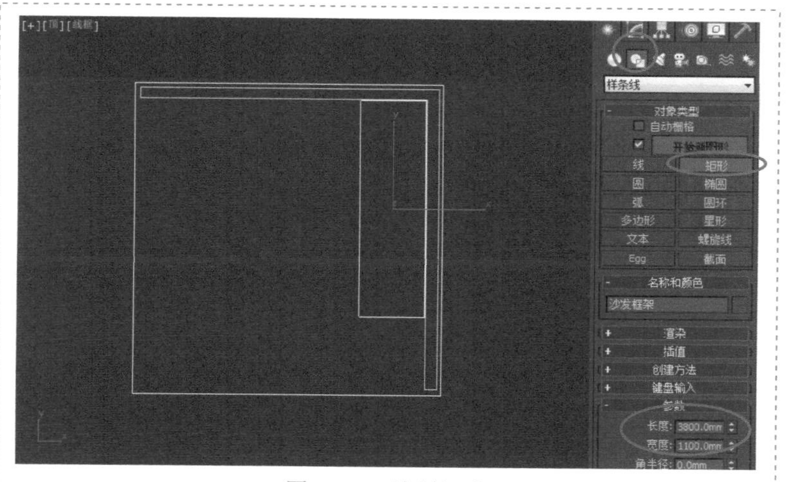

图 1-2-1 绘制矩形

2 按照制作墙体的方法，先删除【沙发框架】对象的一条线段，然后选中样条线，设置轮廓为100，再添加【挤出】工具，将【数量】设置为900mm，如图1-2-2所示。

图 1-2-2 创建沙发框架

3 单击【创建】→【几何体】面板中的【标准基本体】下拉按钮，在下拉列表中选择【扩展基本体】选项，如图 1-2-3 所示。

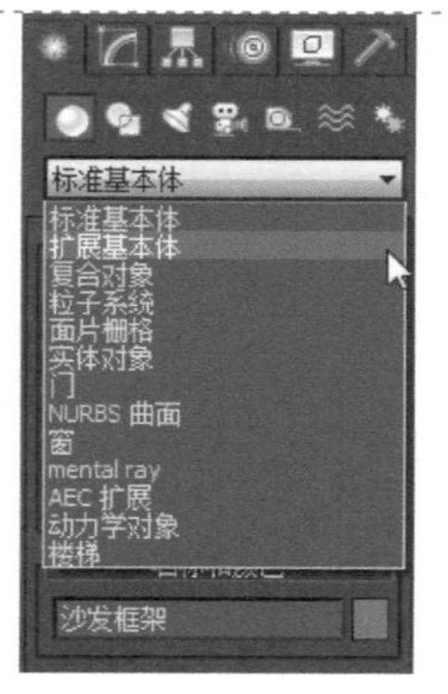

图 1-2-3　扩展基本体

4 单击【对象类型】卷展栏中的【切角长方体】按钮，在顶视图中创建一个切角长方体，并将其命名为“贵妃榻底座”；在【参数】卷展栏中设置【长度】为 1000mm，【宽度】为 1800mm，【高度】为 300mm，【圆角】为 50mm，如图 1-2-4 所示。

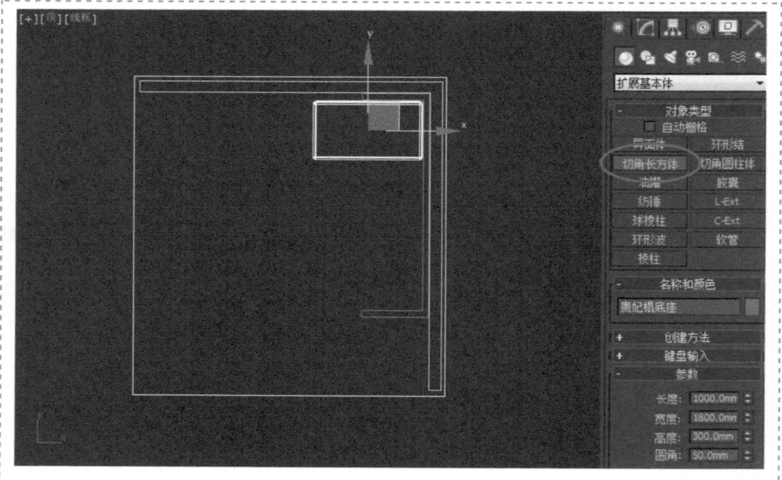

图 1-2-4　创建贵妃榻底座

5 使用同样的方法，在如图 1-2-5 所示的位置创建横向的沙发底座。设置【长度】为 2600mm，【宽度】为 1000mm，【高度】为 300mm，【圆角】为 50mm，如图 1-2-5 所示。

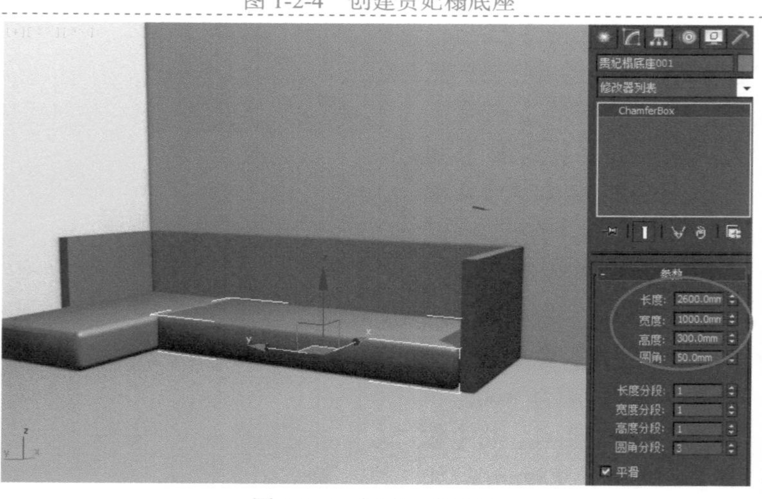

图 1-2-5　创建沙发底座

6 单击【创建】面板，单击【扩展基本体】卷展栏中的【切角长方体】按钮，在如图 1-2-6 所示位置创建贵妃榻的垫子，设置【长度】为 1000mm，【宽度】为 1800mm，【高度】为 200mm，【圆角】为 50mm。

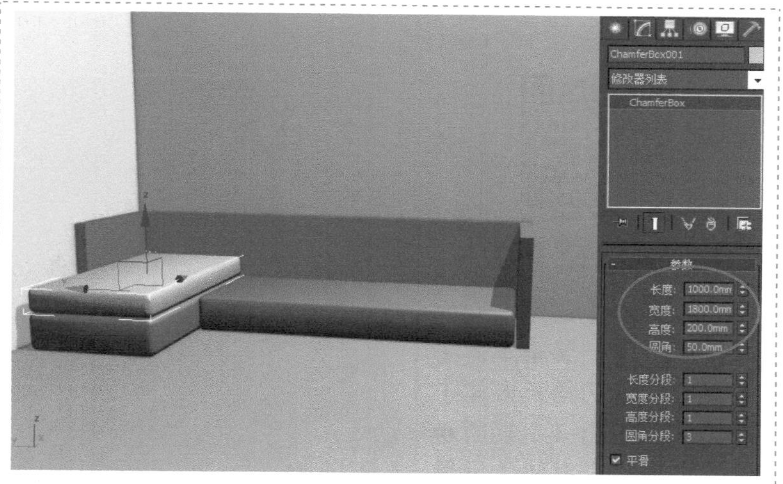

图 1-2-6　创建贵妃榻垫子

7 在主工具栏中单击【选择并移动】按钮，按住【Shift】键，选中贵妃榻的垫子后水平移动适当距离，松开鼠标后会弹出【克隆选项】对话框，在【对象】选项组中选中【复制】单选按钮，再单击【确定】按钮，如图 1-2-7 所示。

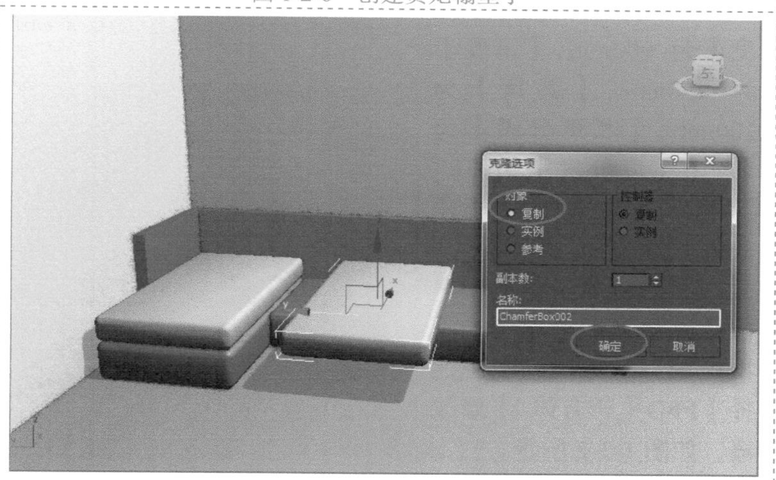

图 1-2-7　复制垫子

8 选中复制后的对象，进入【修改】面板，设置【长度】为 900mm，【宽度】为 1000mm，【高度】为 200mm，【圆角】为 50mm，并将修改后的对象复制并粘贴两次，如图 1-2-8 所示。

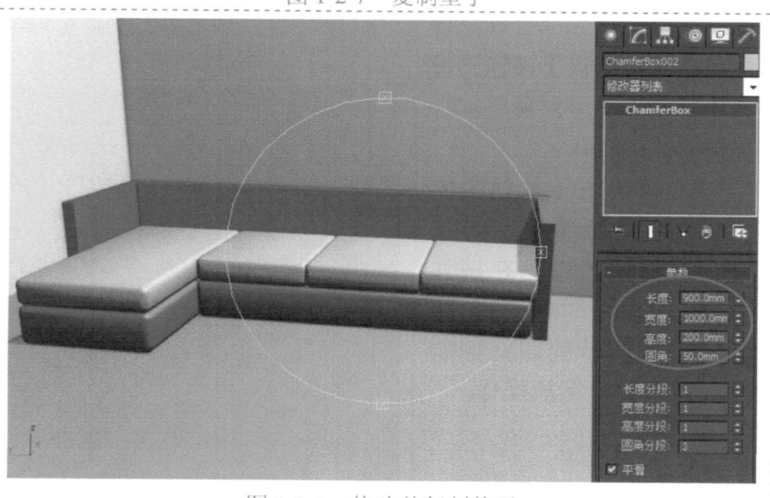

图 1-2-8　修改并复制垫子

1.3 靠垫的制作

FFD修改器的使用

1 单击【创建】面板，单击【扩展基本体】卷展栏的【切角长方体】按钮，在如图1-3-1所示位置创建一个靠垫，设置【长度】为900mm，【宽度】为900mm，【高度】为150mm，【圆角】为100mm，【长度分段】为10，【宽度分度】为10，【高度分段】为3，【圆角分段】为3。

2 选中靠垫对象，单击修改器列表框右侧的下拉按钮，从下拉列表中选择【FFD（长方体）】修改器，如图1-3-2所示。

3 单击【FFD（长方体）】左侧的符号，在堆栈中单击【控制点】按钮，进入【控制点】子对象层次，如图1-3-3所示。

4 单击主工具栏中的【选择并均匀缩放】按钮，在左视图中，在按住【Ctrl】键的同时框选如图1-3-4所示的四处控制点，对其进行缩放操作。

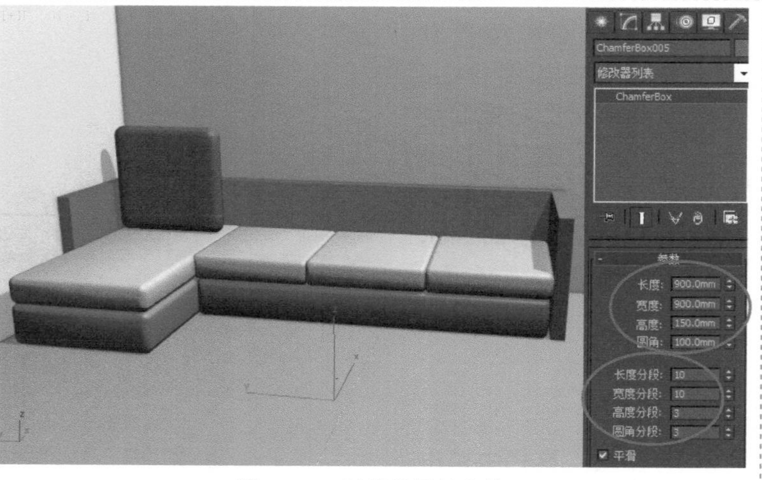

图 1-3-1　创建扩展长方体

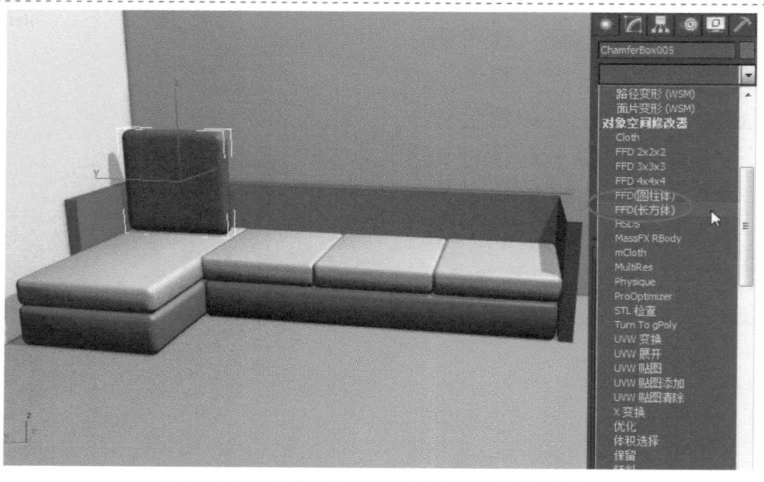

图 1-3-2　添加【FFD（长方体）】修改器

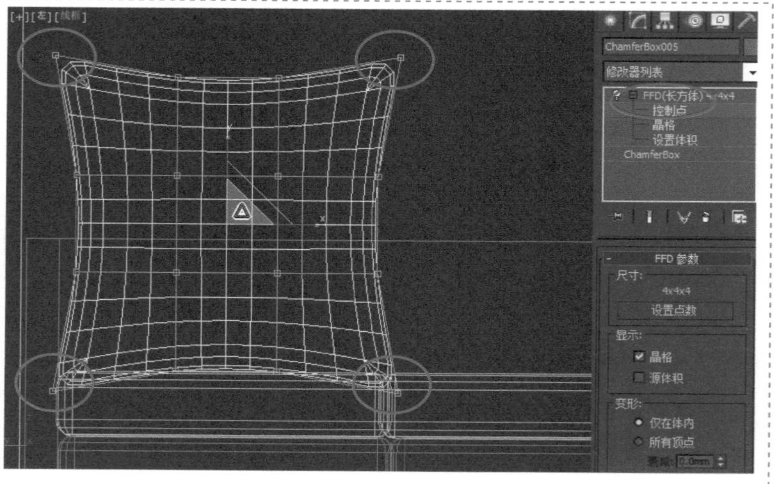

图 1-3-3　调整控制点

5 单击【选择并均匀缩放】按钮，在左视图中，框选如图 1-3-4 所示中间的控制点，切换至前视图中，并沿【X】轴向外拖动鼠标至合适位置。

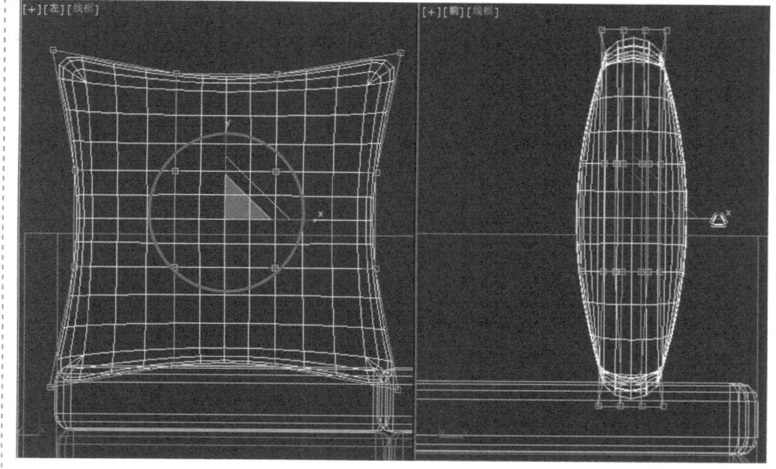

图 1-3-4　调整控制点设置

6 单击主工具栏中的【选择并旋转】按钮，在前视图中，沿最外圈的【Y】轴旋转 25 度，如图 1-3-5 所示。

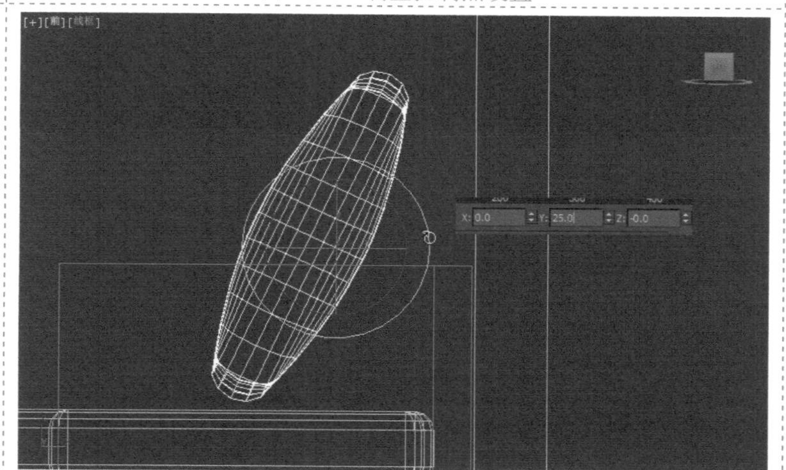

图 1-3-5　旋转角度

7 在主工具栏中单击【选择并移动】按钮，按住【Shift】键，选中靠枕后水平移动适当距离，松开鼠标后会弹出【克隆选项】对话框，在【对象】选项目组选中【实例】单选按钮，将【副本数】设置为 3，再单击【确定】按钮，如图 1-3-6 所示。

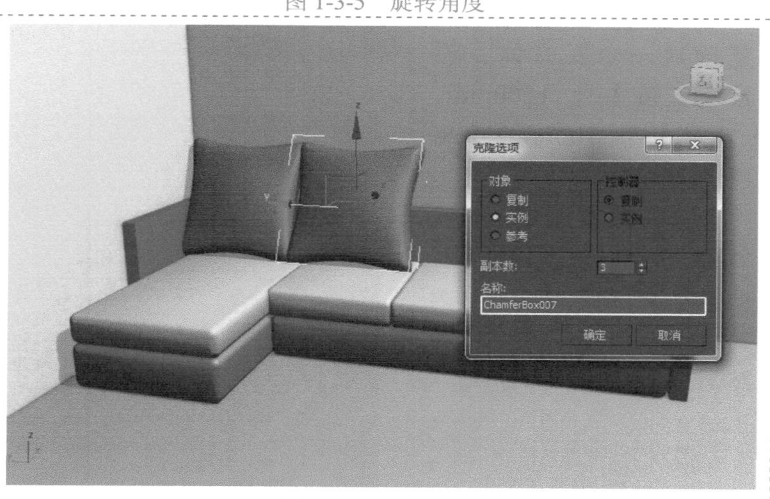

图 1-3-6　复制靠垫

8 用同样的方法可以再复制一个靠垫，调整其大小，复制后的效果如图 1-3-7 所示。

图 1-3-7　复制后的效果

1.4　茶几的制作

车削修改器的使用——花瓶的制作

1 单击【创建】面板，单击【标准基本体】卷展栏中的【长方体】按钮，在顶视图中，在如图 1-4-1 所示位置创建一个长方体，设置【长度】为 1200mm，【宽度】为 700mm，【高度】为 100mm。

2 在顶视图中，再次创建一个长方体，设置【长度】为 950mm，【宽度】为 700mm，【高度】为 250mm，如图 1-4-2 所示。

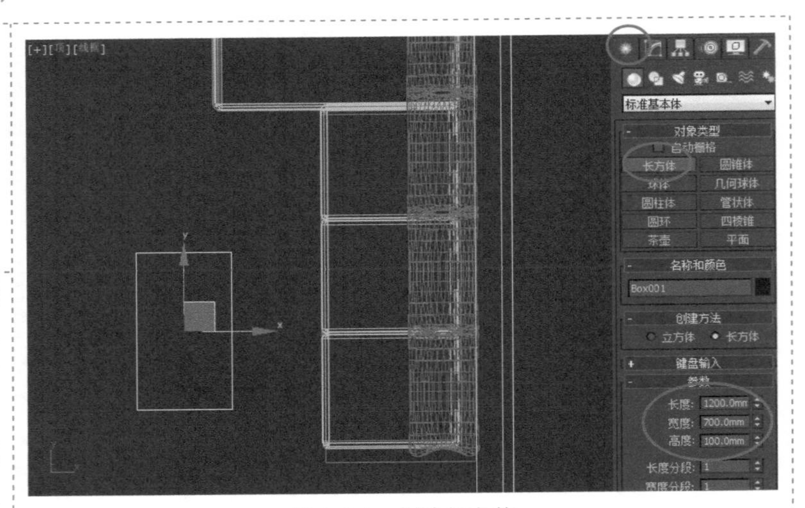

图 1-4-1　创建长方体

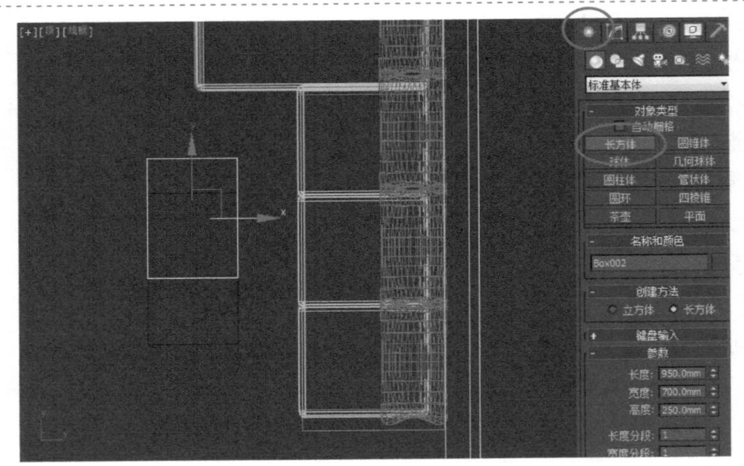

图 1-4-2　再次创建长方体

3 在透视图中，两个长方体的位置调整如图 1-4-3 所示。

图 1-4-3　调整位置

4 在主工具栏中单击【选择并移动】按钮，按住【Shift】键，在透视图中选中底部的黑色长方体垂直向上移动适当距离，松开鼠标后会弹出【克隆选项】对话框，在【对象】选项组中选中【实例】单选按钮，再单击【确定】按钮，如图 1-4-4 所示。

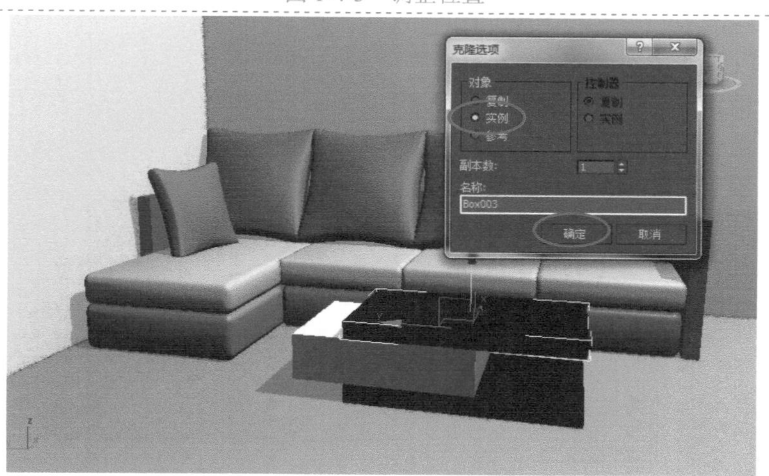

图 1-4-4　移动长方体

5 单击【创建】面板，单击【标准基本体】卷展栏中的【圆柱体】按钮，在透视图中，在如图 1-4-5 所示位置创建一个圆柱体，设置【半径】为“30mm”，【高度】为“250mm”，【高度分段】为 1，如图 1-4-5 所示。

图 1-4-5　创建圆柱体

6 用同样的方法再创建一个圆柱体，其【半径】的值设为 30mm，【高度】的值设为 100mm，如图 1-4-6 所示。

图 1-4-6　再次创建圆柱体

7 单击【选择并移动】按钮，在前视图中，按住【Ctrl】键选中两个圆柱体，再按住【Shift】键将其移动至合适位置，弹出【克隆选项】对话框，在【对象】选项组中选中【实例】单选按钮，再单击【确定】按钮，如图 1-4-7 所示。

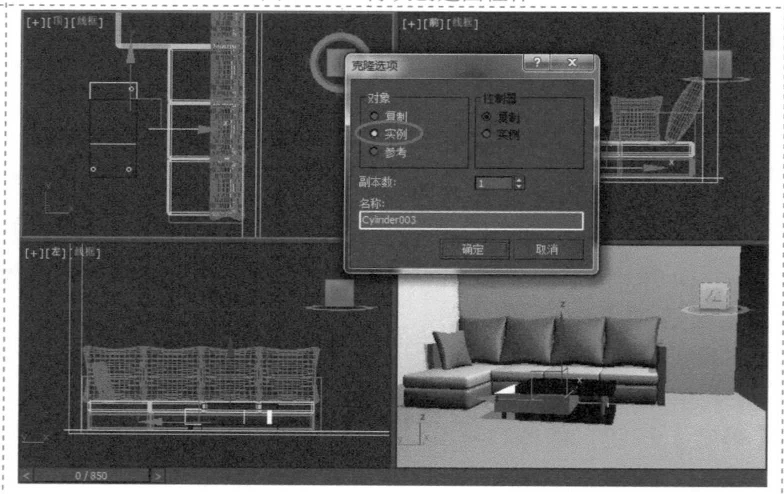

图 1-4-7　复制

8 单击【创建】面板，单击【标准基本体】卷展栏中的【长方体】按钮，设置【长度】为 700mm，【宽度】为 1500mm，【高度】为 20mm，调整物体位置如图 1-4-8 所示。至此完成模型的制作。

图 1-4-8　创建长方体

1.5 相关知识

3dmax 软件的基本操作

1. 界面介绍

3ds Max 2013 的主界面如图 1-5-1 所示。

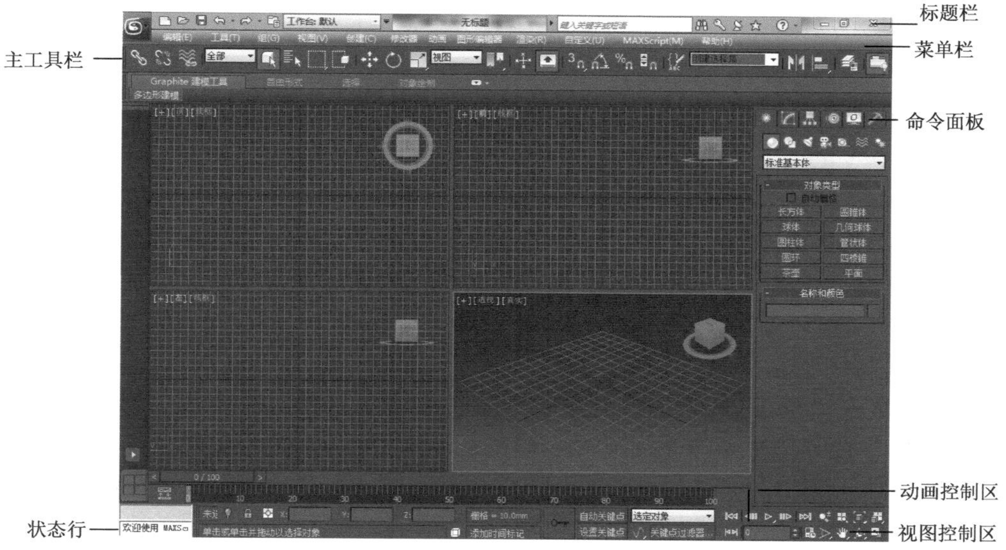

图 1-5-1 3ds Max 2013 主界面

标题栏：处于整个界面的最上方，左侧显示的是软件图标和快速访问工具栏，中间显示的是软件名称及当前打开的场景文件的名称，右侧是搜索与帮助工具栏，以及【最小化】、【还原】/【最大化】和【关闭】按钮。

菜单栏：处于标题栏的下方，共有 15 个菜单，提供了 3ds Max 的主要功能选项。

主工具栏：处于菜单栏的下方，放置了一些常用的快捷工具按钮，其位置可以根据用户需要而改变。

状态行：用来显示场景和当前命令提示，以及状态信息。

动画控制区：用来控制动画的播放。

视图控制区：对视图显示进行控制。

命令面板：由六个面板组成，使用这些面板可以访问大多数建模、动画命令，以及一些显示方式和其他工具。默认位于屏幕的最右侧，其位置可以根据用户需要而改变。

2. 主工具栏介绍

3ds Max 2013 的主工具栏如图 1-5-2 所示。

图 1-5-2 3ds Max 2013 主工具栏

【选择对象】按钮：单击该按钮可以在视图中选中一个或者多个对象并进行操作。当对象被选中时，该对象以高亮的方式显示。

【按名称选择】按钮：单击该按钮可以按对象的名称选中它们。当场景中有很多对象，甚至场景中的对象相互重叠时。如果直接在视图中使用【选择对象】工具单击对象，则很难选中特定的对象，而通过使用【按名称选择】按钮却很容易。

【矩形选择区域】按钮：单击该按钮并在视图中拖动，会拖动出矩形选择框，用来选中对象。

【窗口/交叉】按钮：单击该按钮后，该按钮变为样式，在视图中单击并拖动，用来选中对象时，只有完全包含在选择框内的对象才会被选中，只有部分在选择框内的对象不会被选中。

【选择并移动】按钮：单击该按钮之后，再单击场景中的对象，可将这个对象选中。拖动鼠标，可以按照坐标轴的方向移动选中的对象，移动时将会受到选择的坐标轴的限制。

【选择并旋转】按钮：单击该按钮，在场景中选中对象可以对其进行旋转。此工具是一个球形的操作轴。单击并拖动单个轴向，可以进行单方向旋转，三视图中的红、绿、蓝三种颜色的圆环分别代表了 *X*、*Y*、*Z* 轴，选中的轴将会以黄色显示。选中某个轴进行旋转时，会显示扇形和角度值。按住【Shift】键旋转时，会复制当前操作的对象。

【选择并均匀缩放】按钮：单击该按钮，可以在三个坐标轴上对所选中的对象进行等比例缩放。只改变对象的体积，不改变对象的形状。

【选择并非均匀缩放】按钮：单击该按钮，可以在指定的坐标轴上对所选中的对象进行不等比例缩放，对象的体积和形状都会发生改变。

【选择并挤压】按钮：单击该按钮，可以在指定的坐标轴上对所选中的对象进行挤压变形。其只改变对象的形状，不改变对象的体积。

【捕捉开关（三维）】按钮：单击该按钮，可以直接在三维空间内捕捉任何所需的对象或者对象类型，如顶点、边、面等。

【捕捉开关（二点五维）】按钮：单击该按钮，可以将三维空间内特殊类型的对象捕捉到二维表面上。

【捕捉开关（二维）】按钮：单击该按钮，可以将二维空间内的点、曲线、无厚度的表面捕捉到，但该按钮不能用于捕捉三维对象，只能用于捕捉二维图形。

【角度捕捉切换】按钮：单击该按钮，可以用来设置进行旋转操作时的角度间隔。默认的角度捕捉间隔是 5°。

【镜像】按钮：选中场景中的对象后，单击该按钮，弹出【镜像：屏幕坐标】对话框，如图 1-5-3 所示，该对话框中主要选项作用如下。

①【镜像轴】选项组，该组中的选项用来控制镜像的方向，默认为 *X* 轴。

②【偏移】文本框，用来控制镜像后的对象偏离原对象的距离。

③【克隆当前选择】选项组，该组中的选项用来控制用什么方式复制对象。

【对齐】工具：将选中的对象与目标对象对齐，可以自由选择对齐的位置和方向。选中要对齐的对象后，单击该按钮，再在视图中选中目标对象，弹出【对齐当前选择】对话框，如图 1-5-4 所示。

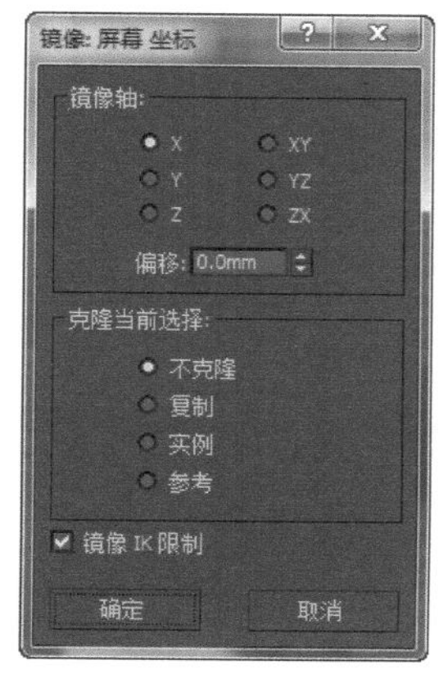

图 1-5-3 【镜像：屏幕坐标】对话框

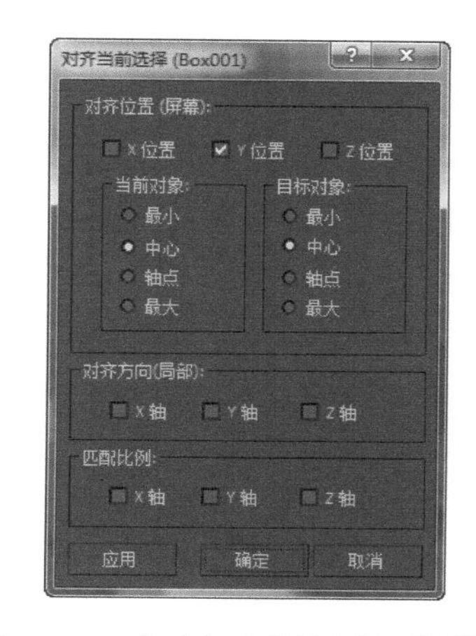

图 1-5-4 【对齐当前选择】对话框

【材质编辑器】按钮：单击该按钮会弹出【材质编辑器】对话框，可以为所选的对象赋予相应的材质。

【渲染设置】按钮：单击该按钮会弹出【渲染设置】对话框，可以对场景的渲染进行设置。

【渲染产品】按钮：单击该按钮会根据【渲染设置】对话框中的设置对场景进行产品级的渲染。

3. 视图控制区

在屏幕的右下角有一个区域，提供了许多改变视图设置的选项。

图 1-5-5 视图控制区

【缩放】按钮：用于把一个视图缩小或放大。单击这个按钮后，在任意一个视图中单击并向上拖动鼠标，可以把该视图放大；单击并向下拖动鼠标，可以把该视图缩小。

【缩放所有视图】按钮：单击该按钮后，在任意一个视图中单击并向上拖动鼠标，可以把所有视图放大；单击并向下拖动鼠标，可以把所有视图缩小。

【最大化显示选定对象】按钮：用于对当前视图缩放，使选定的对象最大化显示。

【所有视图最大化显示】按钮：用于对所有视图缩放，使选定的对象所在的所有的视图最大化显示。

【缩放区域】按钮：单击该按钮，在一个视图中用鼠标拖动出一块矩形的区域，可对这块区域进行放大显示。

【平移视图】按钮：单击该按钮，在某个视图中单击并拖动鼠标，可以使视图上下左右移动。

【弧形旋转】按钮：单击该按钮后，在视图内出现一个圆。在圆内单击并拖动鼠标，可以上下左右地旋转视图。如果仅仅单击圆的上方、下方、左侧或右侧的方形控制柄，则可以向该方向旋转视图。

【最大化视图切换】按钮：单击该按钮可以在全屏显示一个视图和同时显示四个视图这两个状态之间进行切换。

1.6 实战演练

在 3ds Max 中，通过简单几何体的堆砌可以创建简单的模型。在本实战演练中，我们带着对童年美好的回忆去追寻童年的足迹，一起来制作如图 1-6-1 所示的可爱玩偶。在制作玩偶的时候，大家可以发挥自己的创造力，制作自己喜欢的、独特的、与众不同的玩偶，可以让玩偶成为个性的象征。本实战演练效果如图 1-6-1 所示。

图 1-6-1　玩偶效果图

制作要求如下

（1）能堆砌出形象的玩偶。

（2）能选用合适的几何体。

（3）能对几何体做适当的修改。

制作提示

（1）可在标准基本体和扩展基本体卷展栏中选用合适的几何体进行堆砌。

（2）可用缩放、旋转等工具对几何体做简单的调整。

（3）将此玩偶作为一个参考，大家可以对此玩偶的各个部件做任意的改变，但最后的成果要形象。

项目评价

项目评价表						
	内 容		评定等级			
	学习目标	评价项目	4	3	2	1
职业能力	能熟练掌握软件的常用操作工具	能熟练操作主工具栏的常用工具 能正确地选用视图控制区的工具				
	能修改各对象的参数	能理解各参数的含义 能合理设置各参数				
	能正确地选择视图进行创建	能理解不同视图的含义 能选择正确的视图进行创建				
	能制作个性的形象玩偶	能自己创意设计玩偶 能制作出形象的、可爱的玩偶				
综合评价						

评定等级说明表	
等 级	说 明
4	能高质、高效地完成此学习目标的全部内容，并能解决遇到的特殊问题
3	能高质、高效地完成此学习目标的全部内容
2	能圆满完成此学习目标的全部内容，不需任何帮助和指导
1	能圆满完成此学习目标的全部内容，但偶尔需要帮助和指导

最终等级说明表	
等 级	说 明
优 秀	80%项目达到 3 级水平
良 好	60%项目达 2 级水平
合 格	全部项目都达到 1 级水平
不合格	不能达到 1 级水平

项 目

2

餐厅的制作

项目描述

在 3ds Max 软件的应用中，很多时候我们并不能通过软件自带的简单的几何体来直接创建模型，而需要在此基础上通过修改工具或各种命令来创建较复杂的模型。本项目通过制作一个简洁的餐厅来介绍 3ds Max 2013 中一些常用的修改命令，还会简单地介绍一些贴图的设置，本项目的最终效果如图 2–0–1 所示。

图 2-0-1　餐厅效果图

学习目标

- 能熟练绘制二维图形
- 能使用【锥化】工具

- 能使用【放样】工具
- 能使用【车削】工具

项目分析

在本项目的制作中，桌子的制作主要靠几何体的堆砌，桌脚添加了【锥化】效果，凳子的制作重点在于画好二维图形，然后【挤出】，花瓶的制作需要用到【车削】工具，而桌布则需要使用【放样】工具来实现，整个过程需要完成以下四个环节。

① 餐厅墙体的制作。
② 餐桌的制作。
③ 餐椅的制作。
④ 桌布和花瓶的制作。

实现步骤

2.1 餐厅墙体和移门的制作

1 启动 3ds Max 2013，执行【自定义】→【单位设置】命令。

2 在弹出的【单位设置】对话框中，选中【公制】单选按钮，并在其下拉列表中选择【毫米】选项。

3 单击【系统单位设置】按钮，在弹出的【系统单位设置】对话框中，选择单位为【毫米】，其他为默认设置。单击【确定】按钮完成系统单位的设置，如图 2-1-1 所示。

图 2-1-1 系统单位的设置

4 单击屏幕右侧的【创建】→【几何体】面板，在【对象类型】卷展栏中单击【平面】按钮，在顶视图中，创建一个平面，设置【长度】为3000mm，【宽度】为2800mm，【长度分段】为1，【宽度分段】为1，如图2-1-2所示。

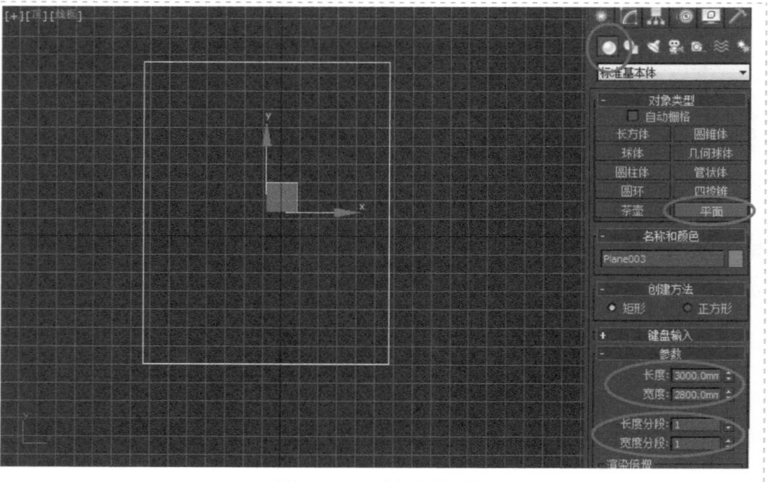

图2-1-2　创建地面

5 右击工具栏中的【捕捉开关（三维）】按钮，弹出【栅格和捕捉设置】窗口，在【捕捉】栏中只选中【端点】复选框，如图2-1-3所示，完成捕捉的设置。

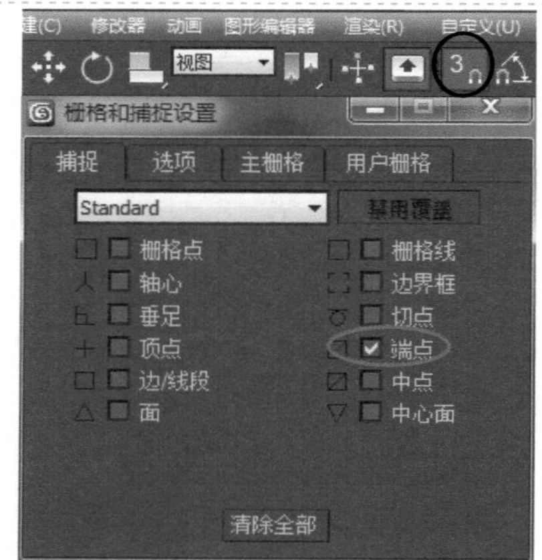

图2-1-3　设置捕捉对象

6 单击【图形】按钮，在【对象类型】卷展栏中单击【线】按钮，在顶视图中捕捉平面的端点，单击绘制如图2-1-4所示的三条直线，右击结束绘制。

7 再次单击【捕捉开关（三维）】按钮，退出三维捕捉。

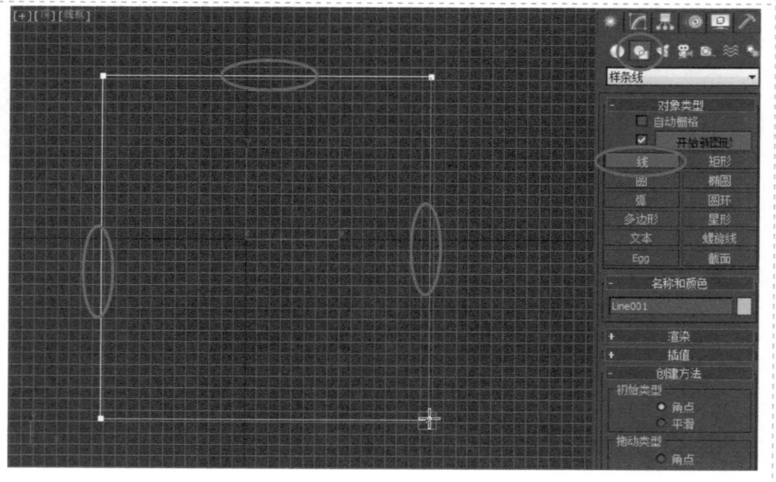

图2-1-4　绘制线条

8 选中绘制的线条，进入【修改】面板，单击【可编辑样条线】左侧的符号，在堆栈中选中【样条线】子对象，在【几何体】卷展栏下的【轮廓】右侧文本框中输入 100，按【Enter】键确定，如图 2-1-5 所示。

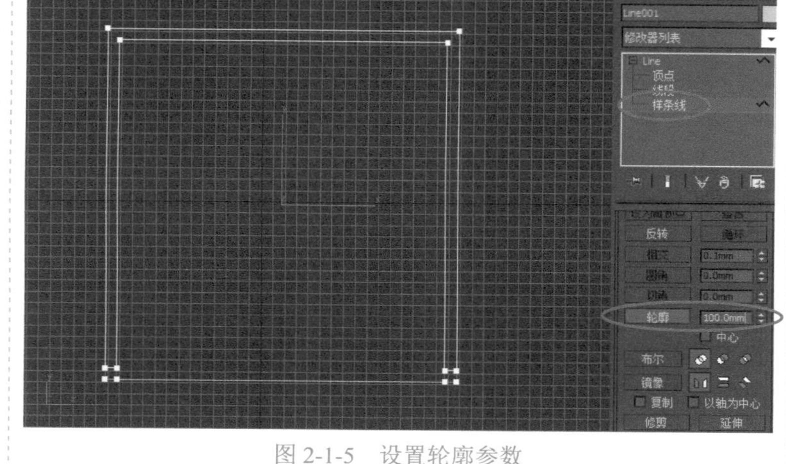

图 2-1-5 设置轮廓参数

9 单击修改器列表框下右侧的下拉按钮，从中选择【挤出】修改器，如图 2-1-6 所示。

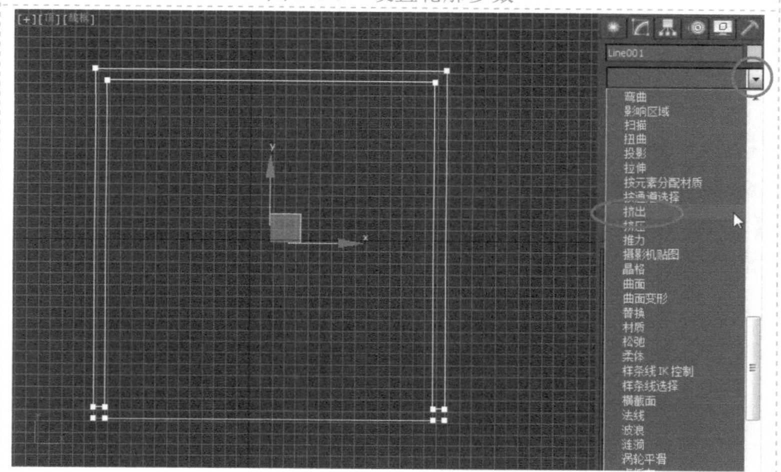

图 2-1-6 添加【挤出】修改器

10 设置挤出的【数量】为 2800mm，如图 2-1-7 所示，这样餐厅的墙体就制作好了。

图 2-1-7 设置挤出参数

11 单击【创建】→【几何体】面板，在【对象类型】卷展栏中单击【平面】按钮，创建一个平面，设置【长度】为2000mm，【宽度】为2000mm，【长度分段】为1，【宽度分段】为1。调整位置如图2-1-8所示。

为了让效果好一些，我们先简单地介绍移门材质的设置。

图 2-1-8　创建移门模型

12 按【M】键，弹出【材质编辑器】对话框，选择其中一个材质球，单击【漫反射】颜色右侧的空白按钮，会弹出【材质/贴图浏览器】对话框，选择【位图】选项，如图2-1-9所示。

图 2-1-9　设置材质

13 在弹出的【选择位图图像文件】对话框中，选择“厨房移门”贴图，如图2-1-10所示。

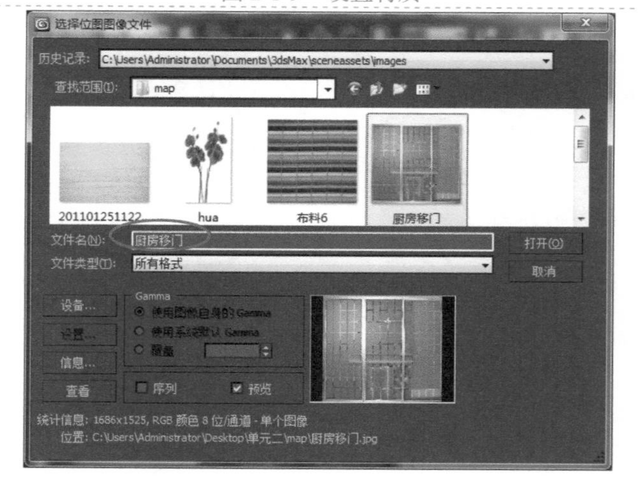

图 2-1-10　选择贴图

14 选中移门对象，单击【将材质指定给选定对象】按钮，再单击【视口中显示明暗处理材质】按钮，如图 2-1-11 所示。

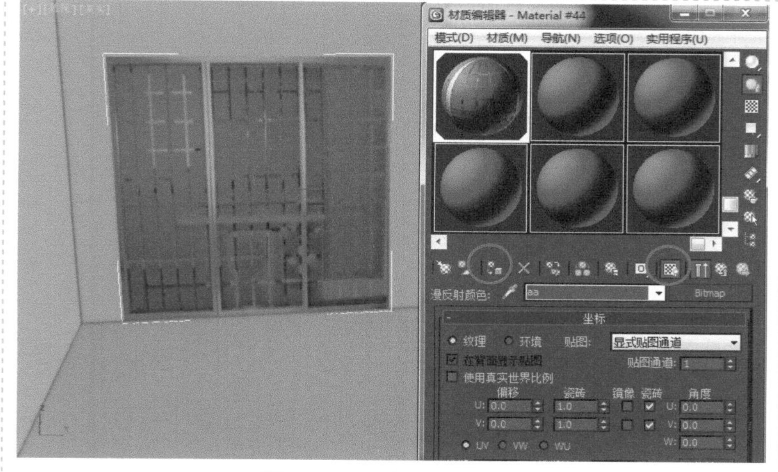

图 2-1-11 赋予移门贴图

2.2 餐桌的制作

挤出修改器的使用——餐桌的制作

1 单击【创建】→【几何体】面板，单击【标准基本体】卷展栏中的【长方体】按钮，创建一个长方体，设置【长度】为 1400mm，【宽度】为 700mm，【高度】50mm，调整位置如图 2-2-1 所示。

图 2-2-1 创建桌面

2 单击【创建】→【图形】面板，单击【对象类型】卷展栏中的【矩形】工具，在顶视图中，按住鼠标左键拖动出一个矩形，设置矩形的【长度】为 1350mm，【宽度】为 650mm，如图 2-2-2 所示。

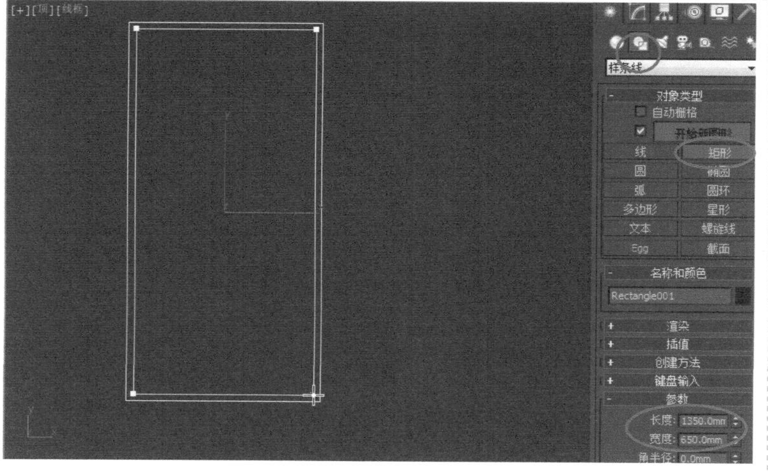

图 2-2-2 创建矩形

3 选中刚创建的矩形并右击，在弹出的快捷菜单中执行【转换为】→【转换为可编辑样条线】命令，如图 2-2-3 所示。

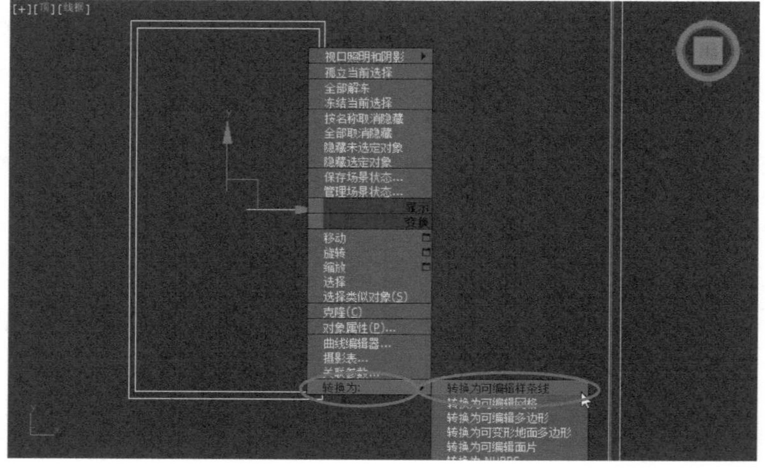

图 2-2-3　转换为可编辑样条线

4 选中【可编辑样条线】堆栈下的【样条线】子对象，进入【样条线】子对象层次，在【几何体】卷展栏中的【轮廓】右侧文本框中输入 20，按【Enter】键确定，如图 2-2-4 所示。

5 单击【可编辑样条线】中的样条线，退出子对象选中状态。

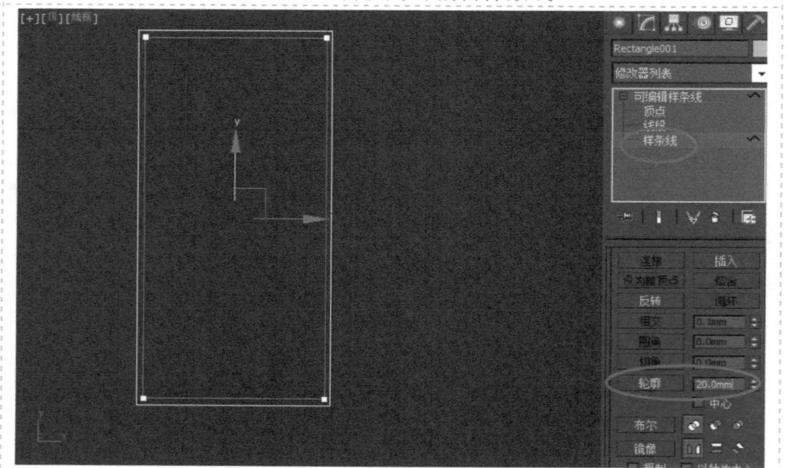

图 2-2-4　设置轮廓的值

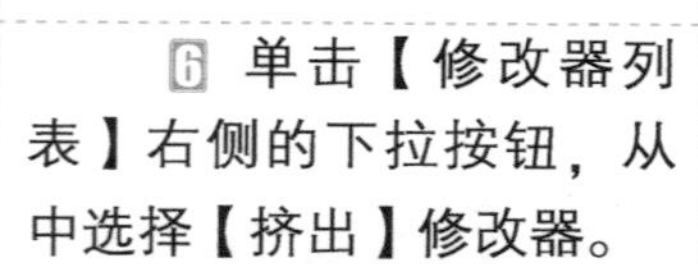

6 单击【修改器列表】右侧的下拉按钮，从中选择【挤出】修改器。

7 设置挤出的【数量】为 100mm，如图 2-2-5 所示。

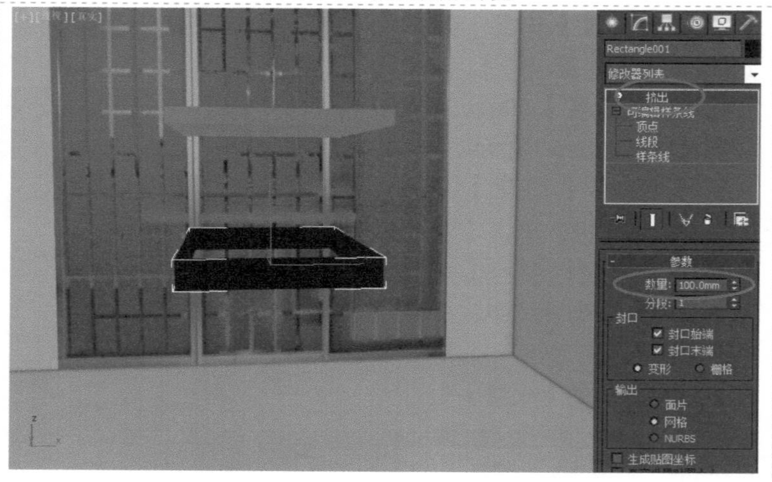

图 2-2-5　设置【挤出】命令和参数

8 调整位置，如图 2-2-6 所示。

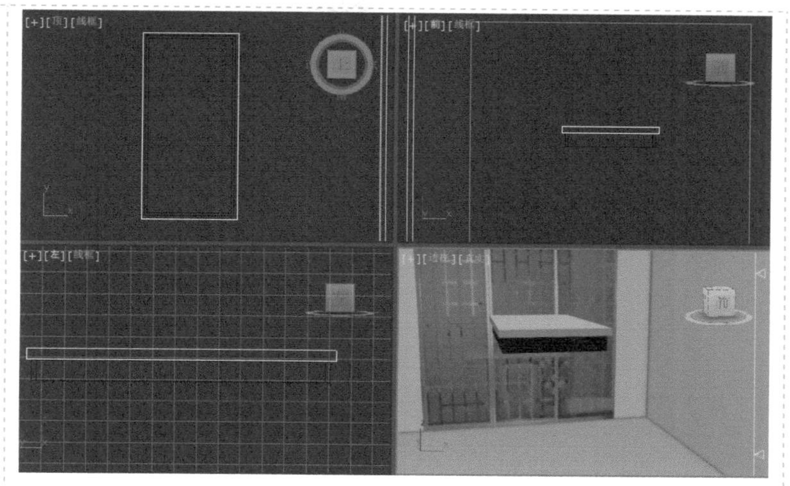

图 2-2-6　调整位置

9 单击【创建】→【几何体】面板，单击【标准基本体】卷展栏中的【长方体】按钮，创建一个长方体，并设置其【长度】为 110mm，【宽度】为 110mm，【高度】为 800mm，调整位置，如图 2-2-7 所示。

图 2-2-7　创建桌脚

10 选中桌脚，进入【修改】面板，单击修改器列表右侧的下拉按钮，从中选择【锥化】修改器，如图 2-2-8 所示。

图 2-2-8　添加【锥化】命令

11 设置锥化的【数量】为“0.45”，如图 2-2-9 所示。

图 2-2-9　设置【锥化】数量

12 在主工具栏中单击【选择并移动】按钮，按住【Shift】键，选中桌脚后水平移动适当距离，松开鼠标后弹出【克隆选项】对话框，在【对象】选项组中选中【实例】单选按钮，单击【确定】按钮，用同样的方法复制另外两条桌脚，如图 2-2-10 所示。

图 2-2-10　复制桌脚

2.3　餐椅的制作

挤出修改器的使用——餐桌的制作

1 单击【创建】→【图形】面板，在【对象类型】卷展栏中单击【线】按钮，在前视图中，绘制如图 2-3-1 所示的餐椅的椅脚图形，在弹出的【样条线】对话框中单击【是】按钮，如图 2-3-1 所示。

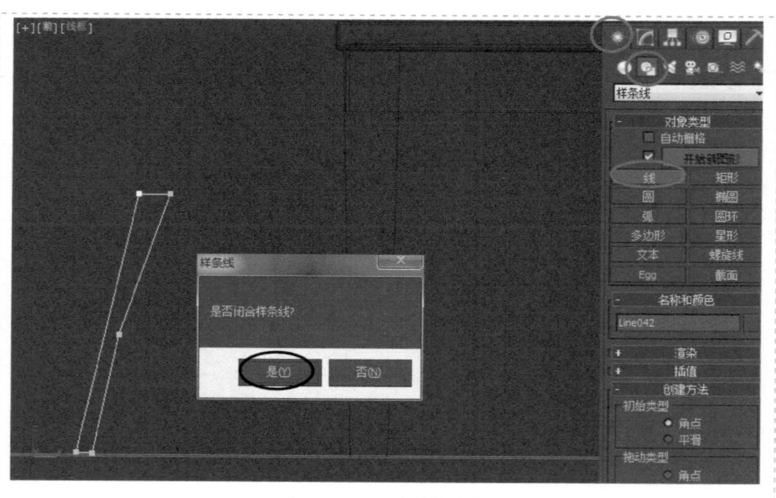

图 2-3-1　绘制图形

2 选中图形，进入【修改】面板，在【选择】卷展栏中选择【顶点】选项，调整图形形状，如图 2-3-2 所示。

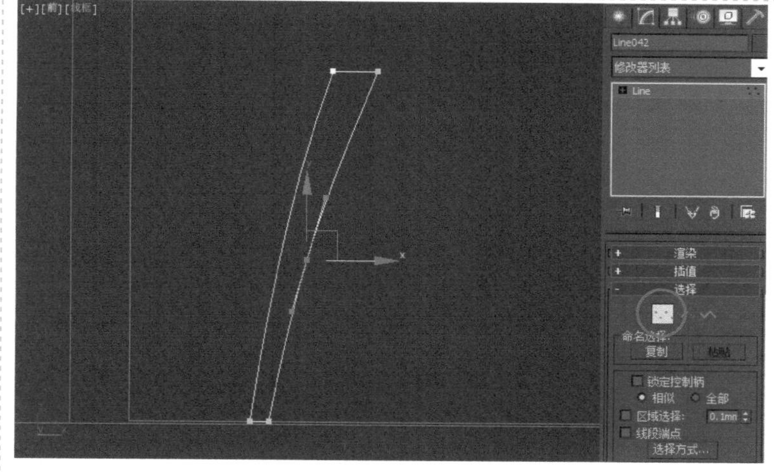

图 2-3-2　调整图形形状

3 选中图形，单击修改器列表右侧的下拉按钮，从中选择【挤出】修改器。

4 在【参数】卷展栏中，设置【数量】为 30mm，如图 2-3-3 所示。

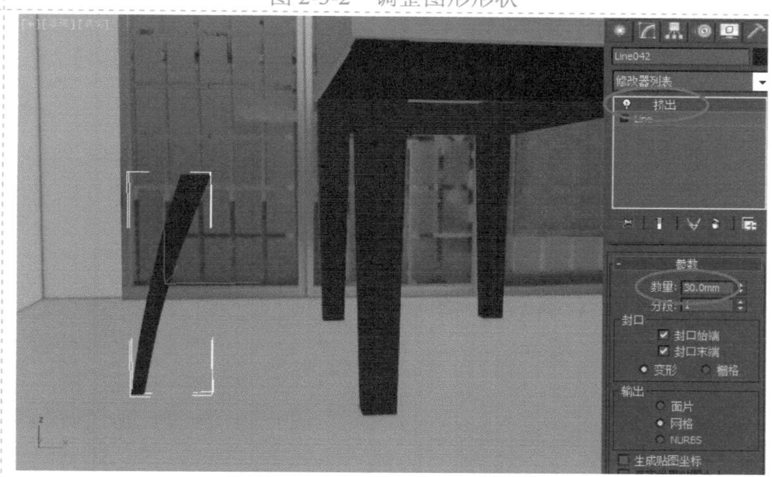

图 2-3-3　添加【挤出】修改器

5 单击【创建】→【图形】面板，在【对象类型】卷展栏中单击【线】按钮，在前视图中，绘制餐椅靠背的图形，如图 2-3-4 所示。

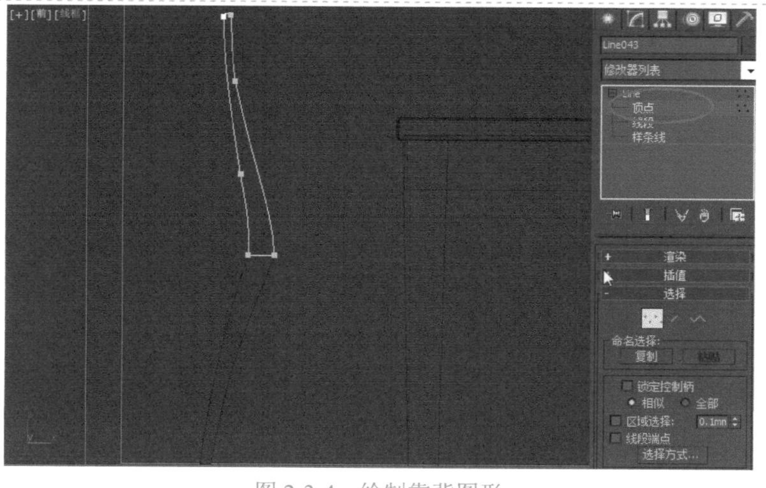

图 2-3-4　绘制靠背图形

6 选中靠背图形，单击【修改器列表】右侧的下拉按钮，从中选择【挤出】修改器，并设置【挤出】的【数量】为30mm，如图 2-3-5 所示。

图 2-3-5 添加【挤出】修改器

7 在主工具栏中单击【选择并移动】按钮，按住【Shift】键，在左视图中，选中餐椅靠背，水平移动适当距离后松开鼠标，弹出【克隆选项】对话框，在【对象】选项组中选中【复制】单选按钮，再单击【确定】按钮，如图 2-3-6 所示。

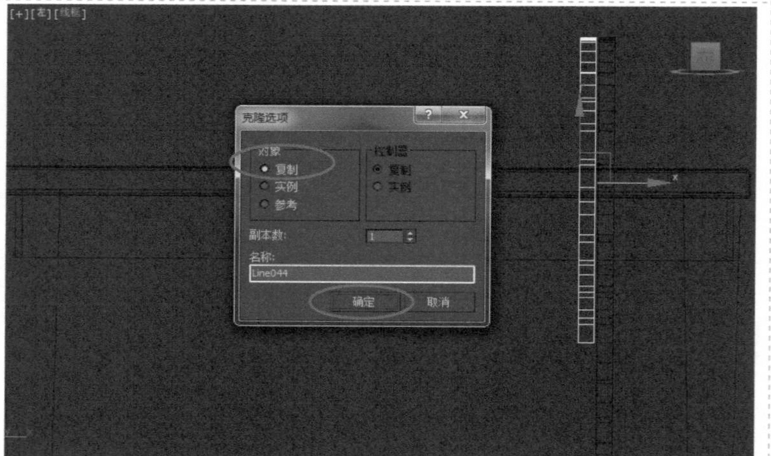

图 2-3-6 复制

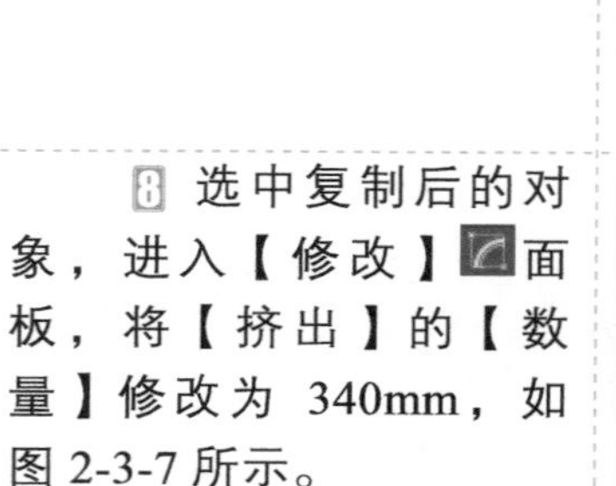

8 选中复制后的对象，进入【修改】面板，将【挤出】的【数量】修改为 340mm，如图 2-3-7 所示。

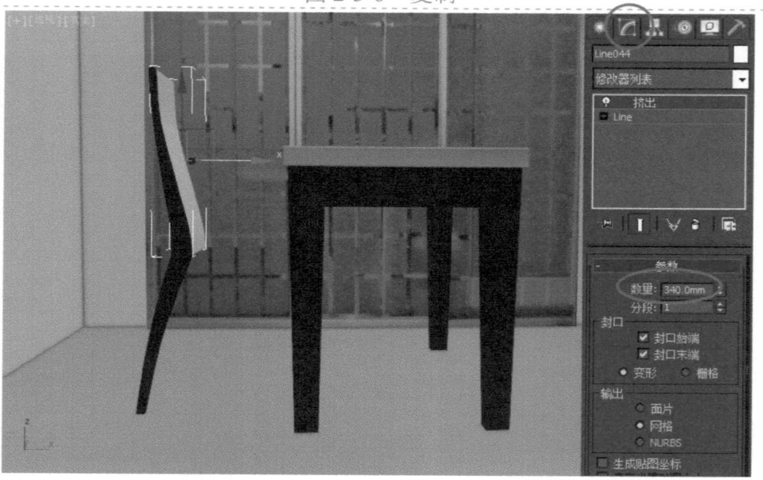

图 2-3-7 修改【挤出】的参数

9 选中餐椅靠背的黑色部分和餐椅的椅脚，单击【选择并移动】按钮，按住【Shift】键，在左视图中，水平移动适当距离后松开鼠标，弹出【克隆选项】对话框，在【对象】选项组栏中选中【复制】单选按钮，单击【确定】按钮退出，如图 2-3-8 所示。

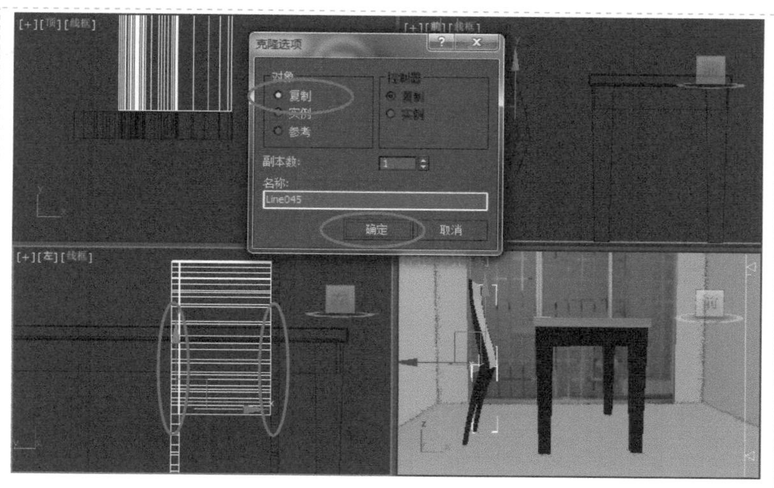

图 2-3-8　复制后的效果

10 单击【创建】按钮，选择【扩展基本体】卷展栏中的【切角长方体】按钮，创建一个切角长方体，设置【长度】为 400mm，【宽度】为 400mm，【高度】为 50mm，【圆角】为 20mm，调整位置，如图 2-3-9 所示。

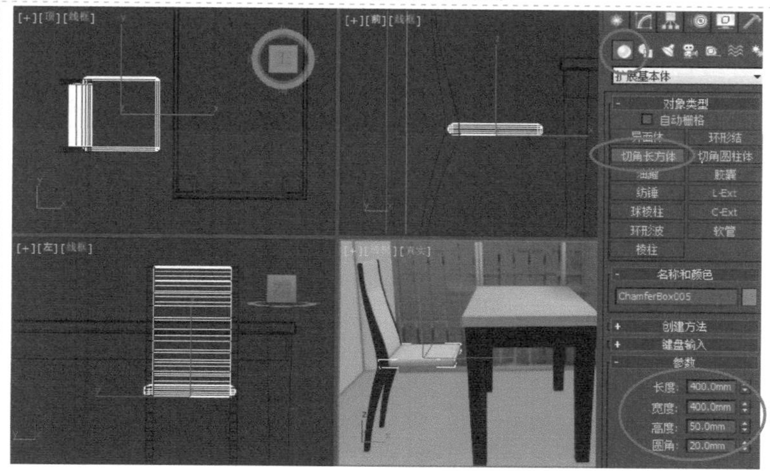

图 2-3-9　创建餐椅的坐垫

11 同时选中餐椅的两个椅脚，单击【选择并移动】按钮，按住【Shift】键，水平移动适当距离后松开鼠标，弹出【克隆选项】对话框，在【对象】选项组中选中【复制】单选按钮，单击【确定】按钮退出，如图 2-3-10 所示。

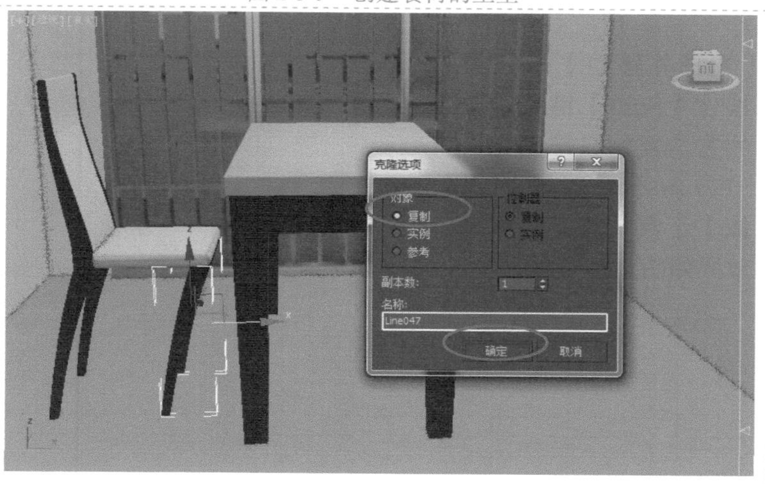

图 2-3-10　复制餐椅的椅脚

12 单击主工具栏中【镜像】按钮，在弹出的【镜像：世界 坐标】对话框中，在【镜像轴】选项组中选中【X】单选按钮，再单击【确定】按钮，如图2-3-11所示。

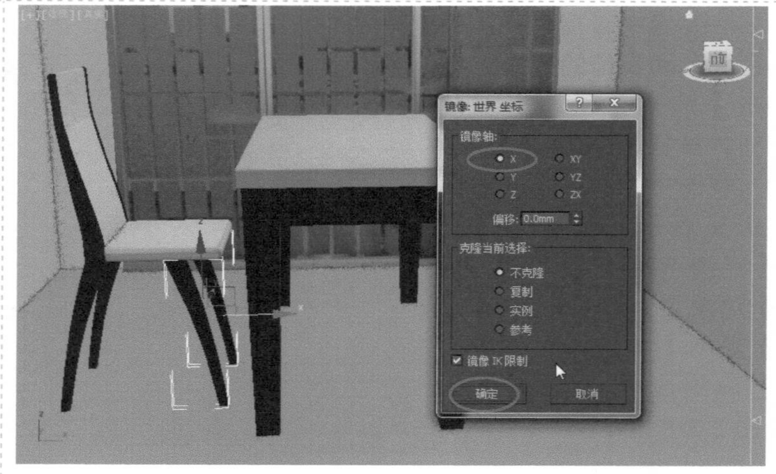

图 2-3-11　镜像

13 将餐椅的椅脚移动到合适的位置，选中餐椅的所有对象，执行【组】→【成组】命令，在弹出的【组】对话框中将其命名为“餐椅”，再单击【确定】按钮，如图2-3-12所示。

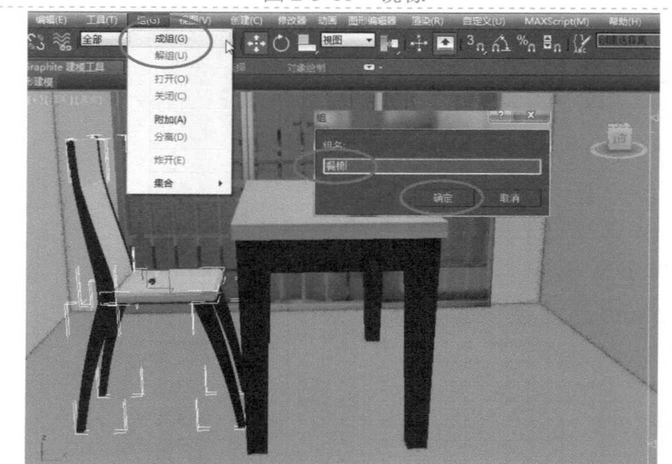

图 2-3-12　成组

14 用前面介绍过的【选择并移动】工具，按住【Shift】键移动复制的方法复制三把餐椅，椅子方向不对时使用【镜像】工具调整，复制后的效果如图2-3-13所示。

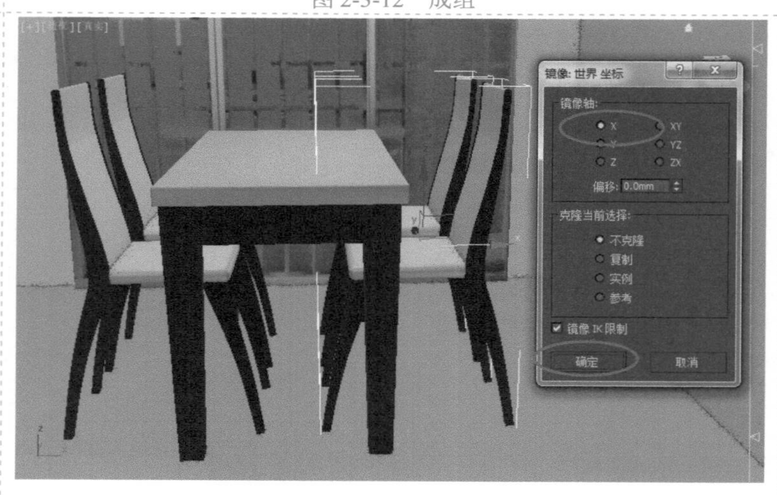

图 2-3-13　复制餐椅

2.4　桌布和花瓶的制作

1 单击【创建】→【图形】面板，在【对象类型】卷展栏中单击【线】按钮，在顶视图中，绘制一条曲线，在左视图中绘制一条折线，如图 2-4-1 所示。

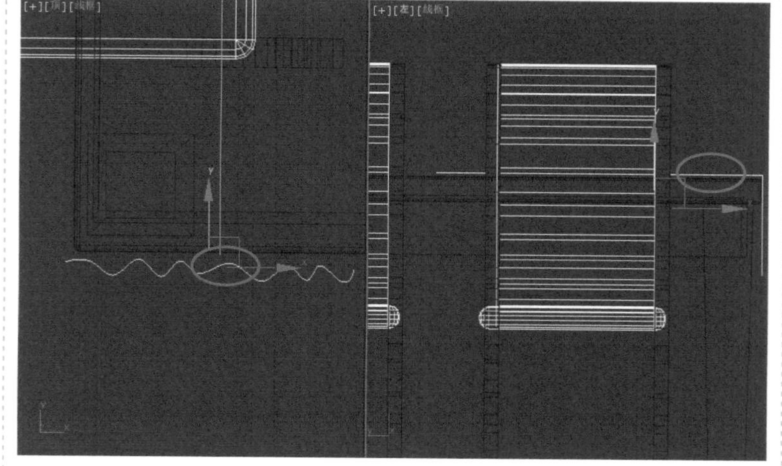

图 2-4-1　绘制线条

2 选中折线，单击【创建】→【几何体】面板，单击【标准基本体】下拉按钮，在下拉列表中选择【复合对象】选项，如图 2-4-2 所示。

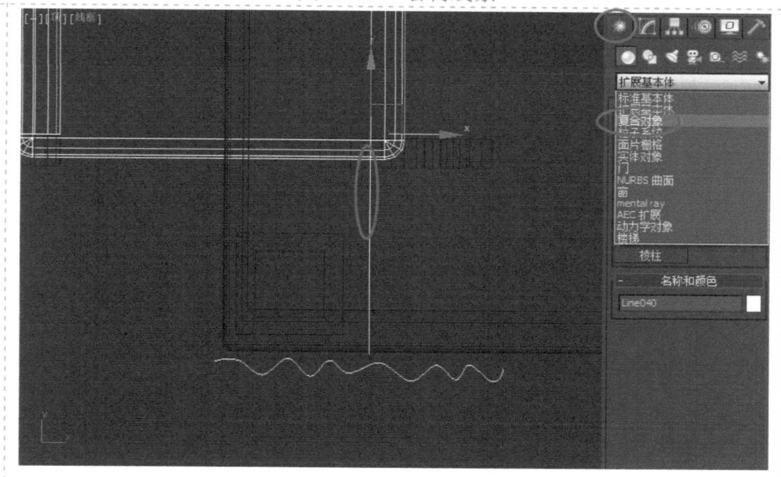

图 2-4-2　选择【复合对象】选项

放样工具的使用——窗帘的制作

3 在【对象类型】卷展栏中单击【放样】按钮，然后单击【创建方法】卷展栏中的【获取图形】按钮，单击顶视图中的曲线，如图 2-4-3 所示。

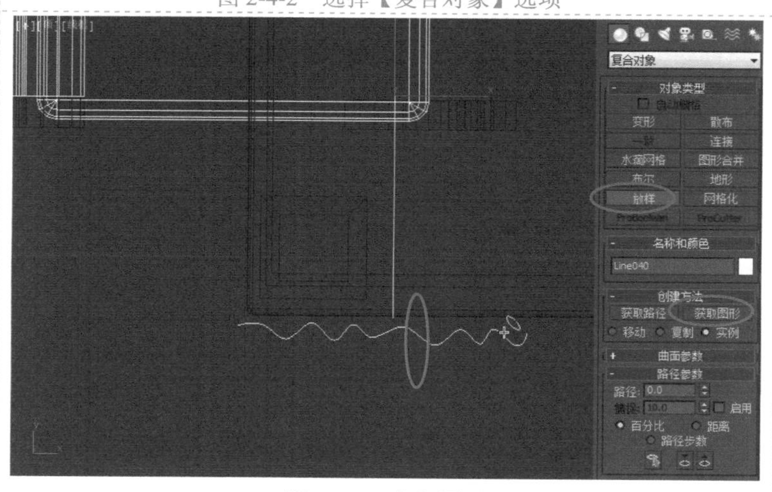

图 2-4-3　获取图形

4 单击【Loft】左侧的■符号，在堆栈中选择【图形】选项，进入【图形】子对象层次，然后选中视图中的曲线。

5 启动【角度捕捉】功能，使用【选择并旋转】工具，在透视图中将曲线沿【Z】轴旋转90°，如图2-4-4所示。

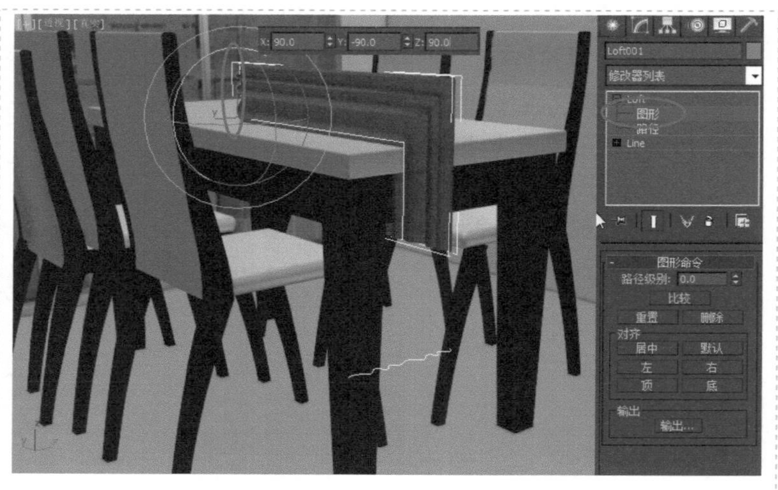

图2-4-4　旋转曲线

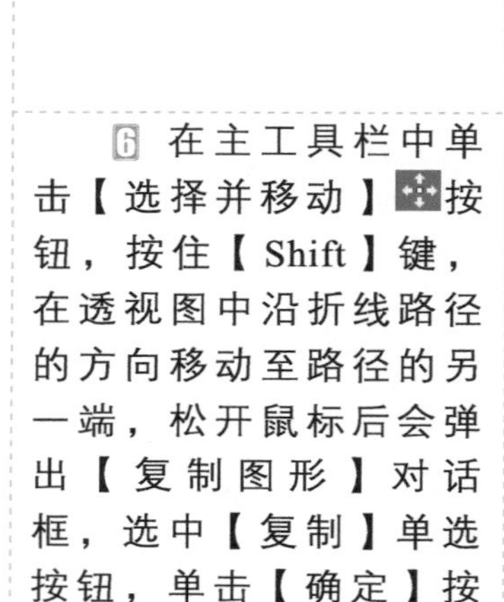

6 在主工具栏中单击【选择并移动】按钮，按住【Shift】键，在透视图中沿折线路径的方向移动至路径的另一端，松开鼠标后会弹出【复制图形】对话框，选中【复制】单选按钮，单击【确定】按钮，如图2-4-5所示。

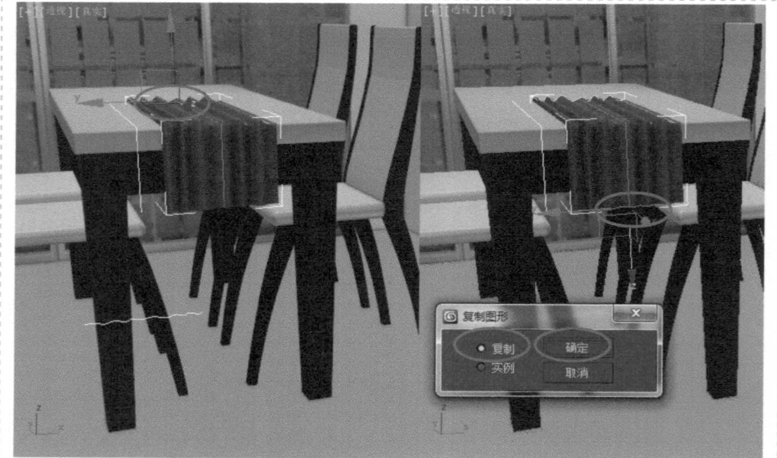

图2-4-5　复制图形

7 单击【选择并移动】按钮，选中路径起始端的图形，沿【Z】轴移动至如图2-4-6所示位置。

8 单击主工具栏中的【选择并均匀缩放】按钮，在透视图中沿【X】轴方向压缩图形至如图2-4-6所示位置。

图2-4-6　移动并压缩图形

9 单击【选择并移动】按钮，按住【Shift】键，在顶视图中，选中桌布对象垂直移动适当距离，松开鼠标后会弹出【克隆选项】对话框，在【对象】选项组中选中【复制】单选按钮，单击【确定】按钮，如图 2-4-7 所示。

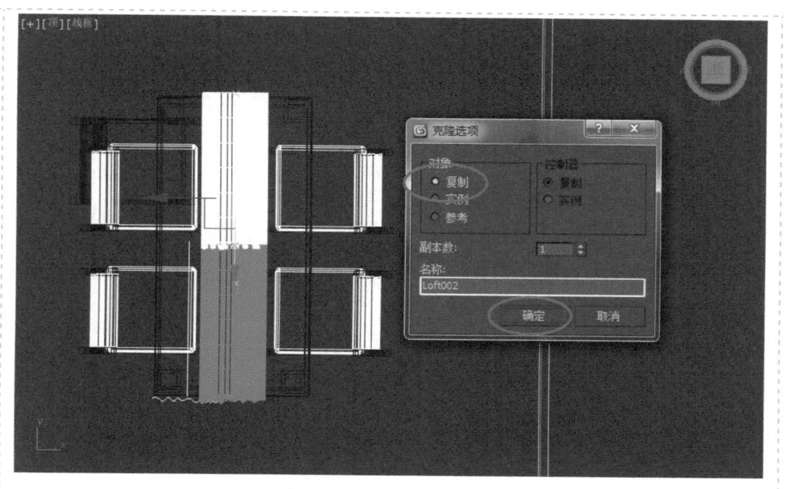

图 2-4-7　复制桌布

10 在左视图中，选中复制后的桌布对象，单击主工具栏中的【镜像】按钮，弹出【镜像：局部 坐标】对话框，在【镜像轴】选项组中选中【X】单选按钮，将【偏移】的值设为-252mm，再单击【确定】按钮，如图 2-4-8 所示。

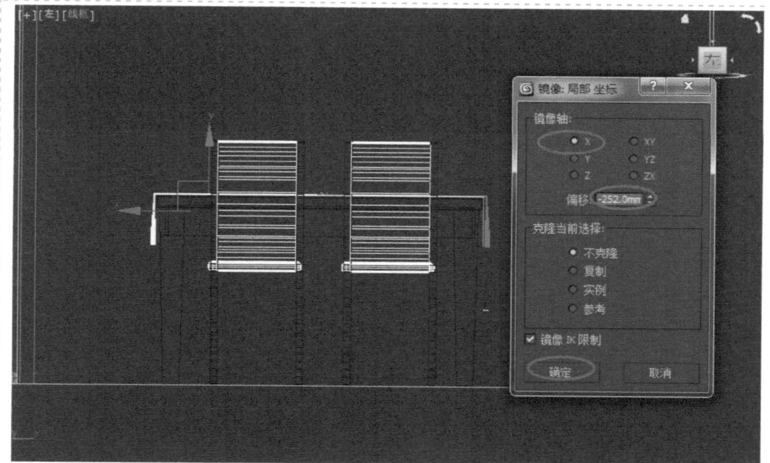

图 2-4-8　镜像

车削修改器的使用——花瓶的制作

11 单击【创建】→【图形】面板，在【对象类型】卷展栏中单击【线】按钮，在前视图中绘制如图 2-4-9 所示的花瓶曲线。

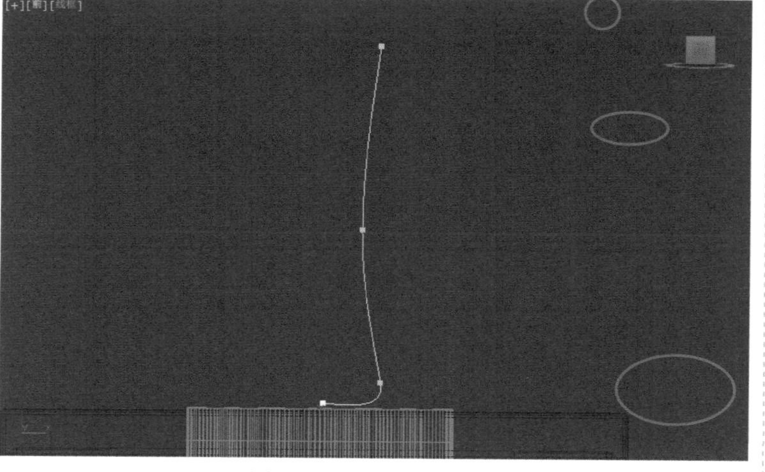
图 2-4-9　绘制花瓶曲线

12 选择【Line】堆栈下的【样条线】选项，进入【样条线】子对象层次，单击【几何体】卷展栏中的【轮廓】按钮，在其右侧文本框中输入 10，按【Enter】键确定，如图 2-4-10 所示。

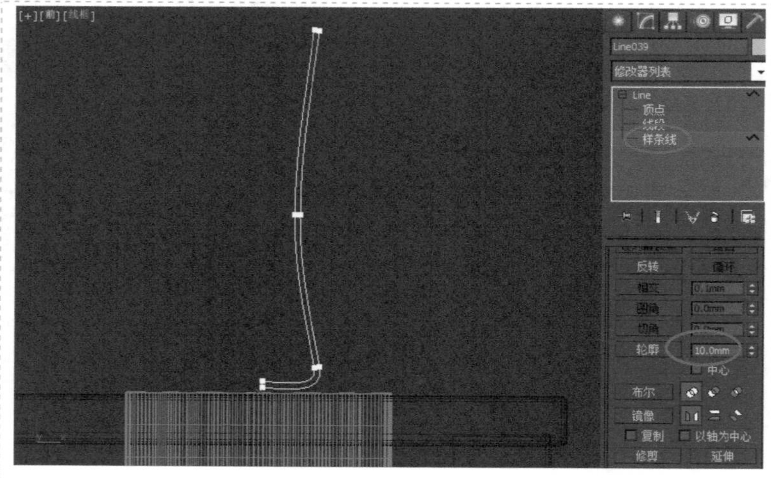

图 2-4-10 设置轮廓参数

13 选中花瓶曲线，单击子面板右侧的下拉按钮，在下拉列表中选择【车削】修改器，如图 2-4-11 所示。

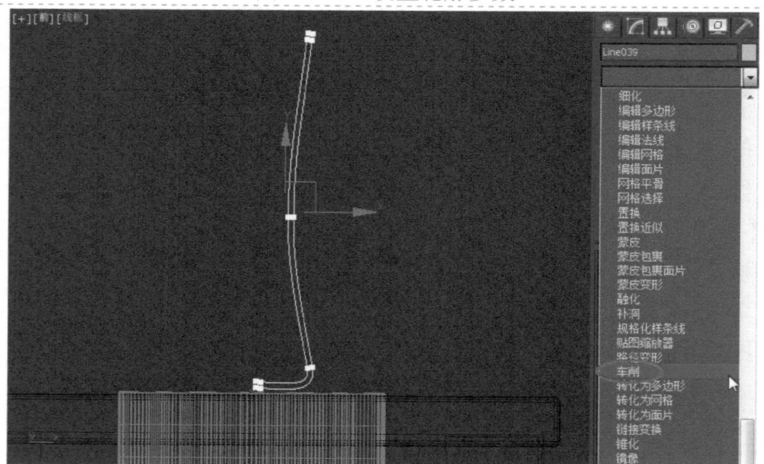

图 2-4-11 添加【车削】修改器

14 在【车削】工具的【参数】卷展栏中，单击【对齐】选项组中的【最小】按钮，如图 2-4-12 所示。

至此，餐厅的模型都已经建好了，花瓶的花是依靠贴图实现的，制作过程参考“项目 3”的相关内容。

图 2-4-12 设置【对齐】方式

2.5 相关知识

制作了几何体、二维图形等对象后，若要对对象进行二次加工，使其效果更加接近现实场景，就需要用到修改器。3ds Max 2013 所提供的修改器有很多种，下面介绍几种常用的修改器。

图 2-5-1 锥化修改器的【参数】卷展栏

1. 【锥化】修改器

锥化修改器的使用——餐厅灯的制作

【锥化】修改器的功能就是使对象两端产生缩放，在对象的两端产生锥化轮廓变形，一端放大而另一端缩小，如图 2-5-1 所示。

其参数含义如下。

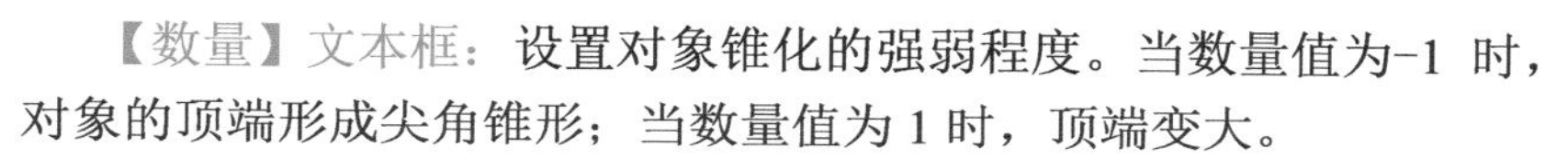

【数量】文本框：设置对象锥化的强弱程度。当数量值为-1 时，对象的顶端形成尖角锥形；当数量值为 1 时，顶端变大。

【曲线】文本框：设置对象四周表面向外弯曲的程度。当曲线值大于 0 时，对象表面凸出；当曲线值小于 0 时，对象表面凹陷。

【锥化轴】选项组：提供了三个坐标轴选项，控制锥化效果在哪个坐标轴方向上产生。

【限制】选项组：选中【限制效果】复选框，设置好上限和下限，可以限制锥化影响范围。

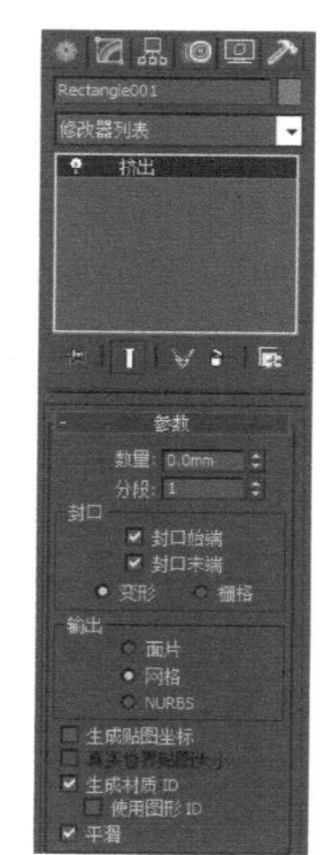

图 2-5-2 挤出修改器的【参数】卷展栏

2. 【挤出】修改器

挤出修改器的使用——餐桌的制作

【挤出】修改器的功能是将二维图形沿某个坐标轴的方向挤出，使二维对象产生厚度，最终形成三维模型，如图 2-5-2 所示。其参数含义如下。

【数量】文本框：设置二维图形挤出的厚度值。

【分段】文本框：设置拉伸的段数。

【封口】选项组：设置是否为三维对象两端加【封口】。

选中【封口始端】和【封口末端】复选框决定增加三维对象的两端封口。

【输出】选项组：设置三维对象的类型，包括面片、网格和 NURBS（曲面）。

3．【车削】修改器

车削修改器的使用——花瓶的制作

【车削】修改器经常用于创建中心对称的对象，如陶罐和酒瓶等。该工具的功能是把图形围绕一个轴进行旋转，从而得到三维对象。它只能用来处理二维图形，不能处理三维对象，如图 2-5-3 所示。

图 2-5-3　车削修改器的【参数】卷展栏

【方向】选项组：【*X*】、【*Y*】和【*Z*】轴可以设置为旋转轴。

【对齐】选项组：【最小】、【中心】和【最大】按钮可以设置图形的坐标轴和旋转轴的位置关系，不同的对齐方式产生不同的旋转效果。

4．放样

【放样】工具是把一个二维图形作为对象的截面，把另一个二维图形作为放样的路径，指定截面的二维图形并按照放样的路径计算成复杂的三维对象。通过这样的方式，改变放样的二维图形，可以使用该工具来制作很多复杂的模型。

（1）在【创建方法】卷展栏中先要确定使用哪种方法（图 2-5-4）。

【获取路径】按钮：先选中二维图形的截面，单击【获取路径】按钮，在视图中选中作为路径的图形，将路径指定给选中的二维图形的截面，从而形成三维对象。

图 2-5-4　【创建方法】卷展栏

【获取图形】按钮：先选中三维对象的路径，单击【获取图形】按钮，在视图中选中作为截面的图形，将图形指定给选中的路径，从而形成三维对象。

（2）在【蒙皮参数】卷展栏（图 2-5-5）中，各参数含义如下。

【封口始端】复选框：选中该复选框，那么路径第一个顶点处的放样端被封口。如果不选中该复选框，那么放样端为打开或不封口状态。

【封口末端】复选框：选中该复选框，那么路径最后一个顶点处的放样端被封口。如果不选中该复选框，那么放样端为打开或不封口状态。

【变形】单选按钮：根据创建的变形对象所需的可预见并且可重复的模式排列封口面。

【栅格】单选按钮：在图形边界处修建的矩形栅格中排列封口面。

【图形步数】文本框：增加该值，可以使对象表面更加光滑。

【路径步数】文本框：增加该值，可以使对象弯曲造型更加光滑。

【优化图形】复选框：选中该复选框会降低造型的复杂程度。

【优化路径】复选框：选中该复选框会自动设定路径的光滑程度。

图 2-5-5　【蒙皮参数】卷展栏

【自适应路径步数】复选框：选中该复选框，可以增加路径的光滑程度。

【轮廓】复选框：选中该复选框，执行放样操作时，横截面图形会自动更正角度，与路径垂直。

【倾斜】复选框：选中该复选框，执行放样操作时，横截面图形会随着路径样条曲线在【*Z*】轴上的角度的变化而倾斜。

【恒定横截面】复选框：选中该复选框，横截面将保持原始的尺寸，不产生变化。

【线性插值】复选框：选中该复选框，该复选框将在每个横截面图形之间使用直线边界制作表皮。如果不选中该复选框，将会用光滑的曲线制作表皮。

【翻转法线】复选框：选中该复选框，法线翻转 180°。

【四边形的边】复选框：选中该复选框，放样对象横截面边数相同时用四边形连接，不同时用三角形连接。

【变换降级】复选框：选中该复选框，调节放样对象时，不显示放样对象。

【蒙皮】复选框：选中该复选框，在视图中以网络形式显示它的蒙皮造型。

【明暗处理视图中的蒙皮】复选框：选中该复选框，将在实体着色的视图中显示它的蒙皮造型。

（3）在【路径参数】卷展栏中，各参数含义如下。

【路径】文本框：设置的数值，是横截面图形在路径上插入的位置。路径值为 0，表示放样对象的起点，路径值为 100，表示放样对象的终点。

【百分比】单选按钮：选中该单选按钮，总路径设为 100%，根据百分比来计算路径值。

【距离】单选按钮：以路径的实际长度为总值，根据具体数值来计算横截面插入点的位置。

【路径步数】单选按钮：按照路径的步数来确定横截面插入点的位置。

5．节点类型

在节点上右击，弹出节点类型选择快捷菜单，如图 2-5-6 所示，其中：

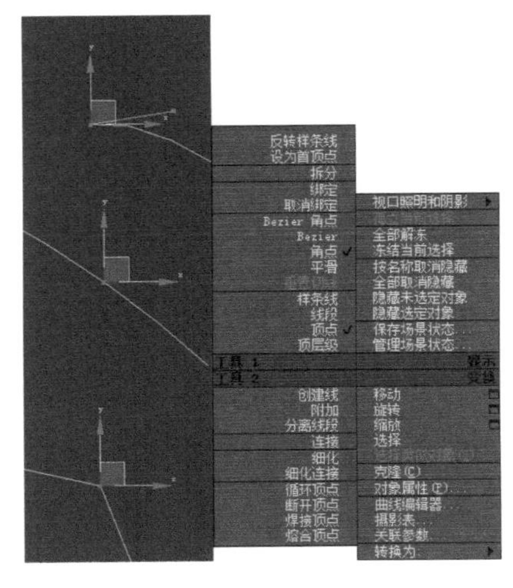

图 2-5-6　节点类型

【Bezier】命令：选择此命令，则视图中的节点显示两个操作控制点，而且直角的曲线切换为弯曲的效果。使用【选择并移动】工具移动左侧的绿色控制点，右侧控制点也会相应移动，使顶点两侧的曲线保持平滑，两个控制点之间保持联动关系。

【Bezier 角点】命令：选择此命令，则视图中的节点显示两个操作控制点。使用【选择并移动】工具移动左侧的绿色控制点，右侧控制点没有变化，两个控制点之间相互独立。

【平滑】命令：选择此命令，则线段自动切换为光滑的曲线。

【角点】命令：选择此命令，则不产生光滑的曲线，顶点两侧是直线。

节点类型之间的特征区别见下表。

节点类型之间的特征区别

节点类型	手柄特征	曲线特征
角点	无手柄	不产生光滑的曲线，顶点两侧是直线
平滑	无手柄	自动切换为光滑的曲线
Bezier	提供两个可调节手柄，两个手柄之间处于联动状态	曲线保持光滑
Bezier 角点	提供两个可调节手柄，两个手柄之间相互独立，各自调节一侧的曲线弧度	

2.6 实战演练

走进家具店，我们会看到各式各样的餐桌。在本实战演练中，我们来制作一个简洁的餐桌。在这个餐桌上摆放了各种餐具，大家也可以根据自己的想法，对餐桌的效果做适当的改变，制作出令自己满意的作品。本实战演练的效果如图 2-6-1 所示。

图 2-6-1　餐桌效果图

制作要求如下

（1）能制作出餐椅。

（2）能选用正确的建模方法。

（3）能用常用修改器来制作模型。

制作提示

（1）凳子主体使用可编辑的多边形中的挤出工具，并添加网格平滑修改器。
（2）凳脚使用弯曲修改器进行弯曲变形。
（3）酒杯、碗、碟子使用车削修改器生成。
（4）桌子的制作比较简单，可参考本项目的相关操作完成。

项目评价

项目实训评价表						
	内 容		评定等级			
	学习目标	评价项目	4	3	2	1
职业能力	能熟练使用【挤出】工具	能设置【挤出】工具的参数				
	能熟练使用【锥化】工具	能设置【锥化】工具的参数				
	能熟练使用【车削】工具	能正确选择对齐的方式				
	能熟练使用【放样】工具	能使用两种放样方式				
		能使用两种图形进行放样				
	能正确调整节点	能理解不同类型的节点的区别				
		能正确选择节点类型进行调整				
综合评价						

评定等级说明表	
等 级	说 明
4	能高质、高效地完成此学习目标的全部内容，并能解决遇到的特殊问题
3	能高质、高效地完成此学习目标的全部内容
2	能圆满完成此学习目标的全部内容，不需任何帮助和指导
1	能圆满完成此学习目标的全部内容，但偶尔需要帮助和指导

最终等级说明表	
等 级	说 明
优 秀	80%项目达到 3 级水平
良 好	60%项目达 2 级水平
合 格	全部项目都达到 1 级水平
不合格	不能达到 1 级水平

项目 3

室内贴图

项目描述

只用颜色是很难准确表现一个物体的，为了让创建的模型更漂亮，可以给模型穿上不同的“衣服”，不同的衣服有不同的花样、纹理，还会有不同的质地和呈现模式，有比较传统花样的衣服，也有时尚镂空质地的衣服，还有同一件衣服有完全不同的色块，这些都得靠 MAX 的贴图来表现的，本项目的最终效果如图 3-0-1 所示。

图 3-0-1　项目效果

学习目标

- 【材质编辑器】的使用

- 常用贴图的设置
- 【UVW 贴图】的使用
- 【多维/子对象】材质的使用

项目分析

表现物体表面的纹理可以使用漫反射贴图，通过在漫反射通道上添加相应的纹理图片来表现，如场景中的墙、垫子、地面等表面纹理，如果要让贴图的某些部分透明，则要使用不透明度贴图，如场景中的花和透明栅格，在表现一个物体不同面的贴图时，需要使用多维/子对象材质，本项目主要需要完成以下五个环节。

① 垫子、地面贴图。
② 门、踢脚、墙体贴图。
③ 柜子条纹，花瓶贴图。
④ 花、透明栅格贴图。
⑤ 墙上挂画贴图。

实现步骤

3.1　垫子和地面贴图

UVW 贴图的使用

1 打开本项目提供的模型文件，室内的模型只有表面颜色，如图 3-1-1 所示。

图 3-1-1　室内模型

2 选择门口的垫子模型，单击主工具栏中的【材质编辑器】按钮，弹出【材质编辑器】对话框，选择第一个材质球，单击【将材质指定给选择的对象】按钮，如图 3-1-2 所示。

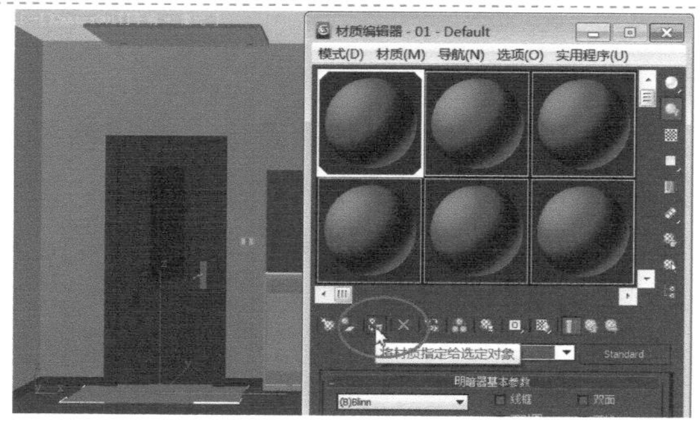

图 3-1-2　指定材质

3 单击【漫反射】右侧的空白按钮，弹出【材质/贴图浏览器】对话框，在对话框中选择【位图】选项，单击【确定】按钮，如图 3-1-3 所示。

图 3-1-3　选择位图

4 弹出【选择位图图像文件】对话框，找到提供的垫子贴图图片“横纹”，单击【打开】按钮，如图 3-1-4 所示。

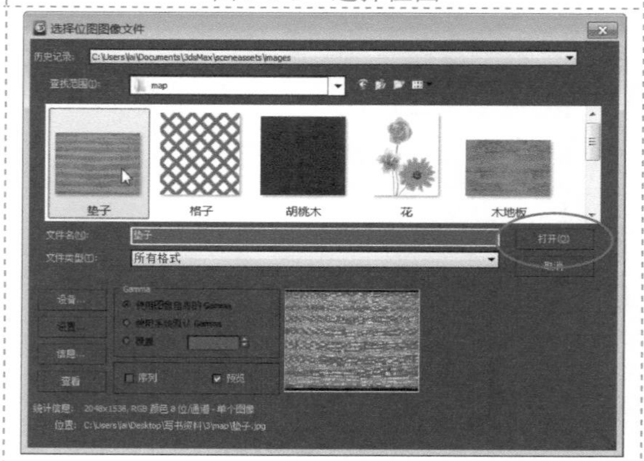
图 3-1-4　选择位图图片

5 单击【在视口中显示标准贴图】按钮，如图 3-1-5 所示。

注意：在这种情况下，如果模型看不到图片纹理，则说明模型缺少贴图坐标。

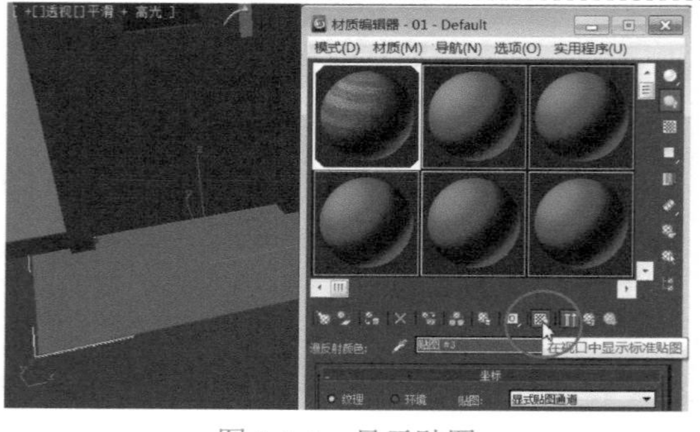
图 3-1-5　显示贴图

6 进入【修改】面板，给模型添加【UVW 贴图】修改器，参数保持默认，垫子表面的图片纹理就被正确地显示出来了，如图 3-1-6 所示。

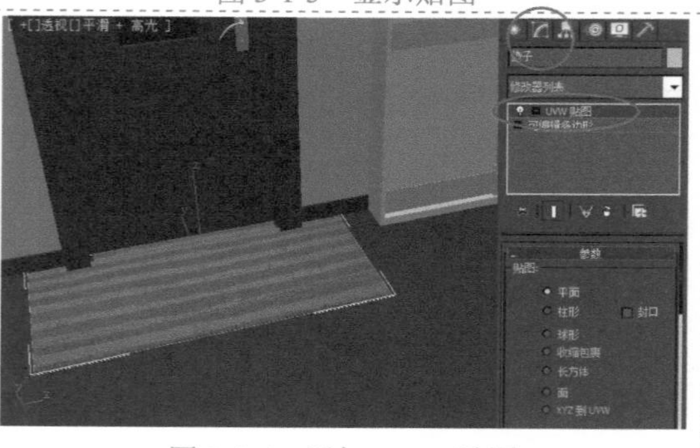
图 3-1-6　添加 UVW 贴图

7 选择地面，按【M】键弹出材质编辑器对话框，选择第二个材质球，单击【将材质指定给选择的对象】按钮，如图 3-1-7 所示。

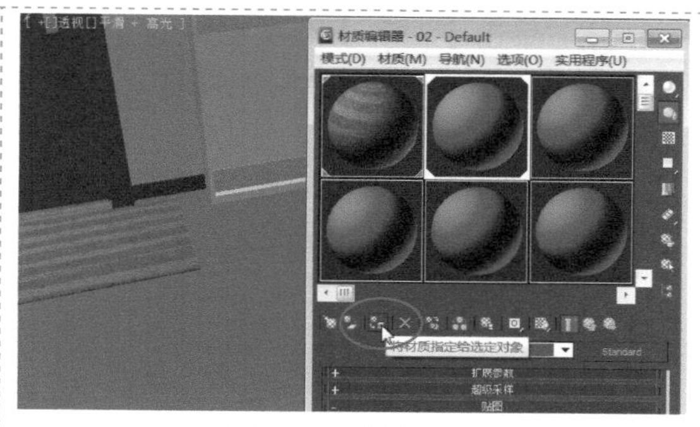

图 3-1-7 指定材质

8 单击【漫反射】右侧的按钮，弹出【材质/贴图浏览器】对话框，在对话框中选择【位图】选项，单击【确定】按钮，如图 3-1-8 所示。

图 3-1-8 选择位图

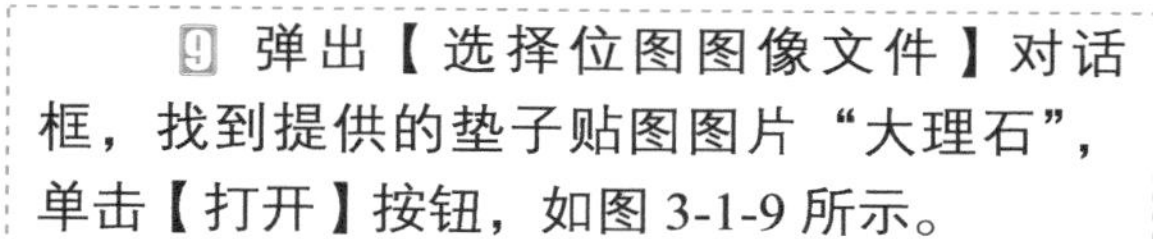

9 弹出【选择位图图像文件】对话框，找到提供的垫子贴图图片“大理石”，单击【打开】按钮，如图 3-1-9 所示。

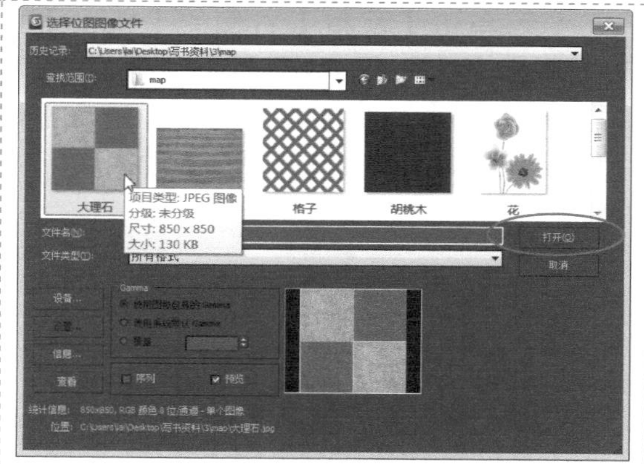

图 3-1-9 选择位图图片

10 进入【修改】面板，给模型添加【UVW 贴图】修改器，参数保持默认，大理石纹理即可显示出来，如图 3-1-10 所示。

注意：模型纹理的显示需要单击【材质编辑器】对话框中的【视口中显示标准贴图】按钮。

图 3-1-10 添加 UVW 贴图

11 单击【对齐】选项组中的【区域适配】按钮，在垫子上绘制出贴图区域，如图 3-1-11 所示。

注意：在设置模型的表面纹理大小时，区域适配是非常便利的贴图大小调整工具。

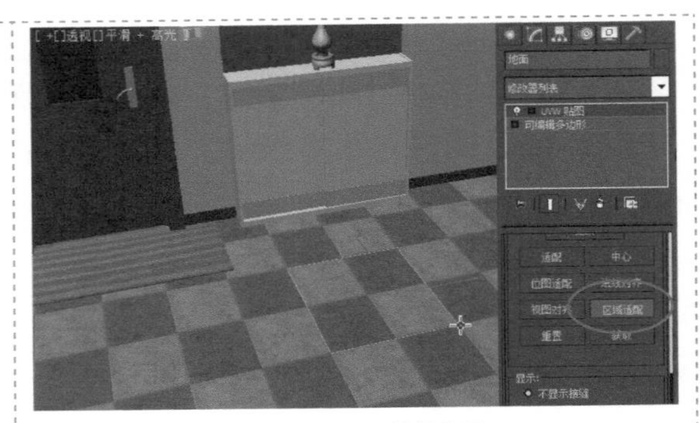

图 3-1-11　区域适配

12【单击材质编辑器】对话框中的【转到父对象】按钮，找到【贴图】卷展栏，如图 3-1-12 所示。

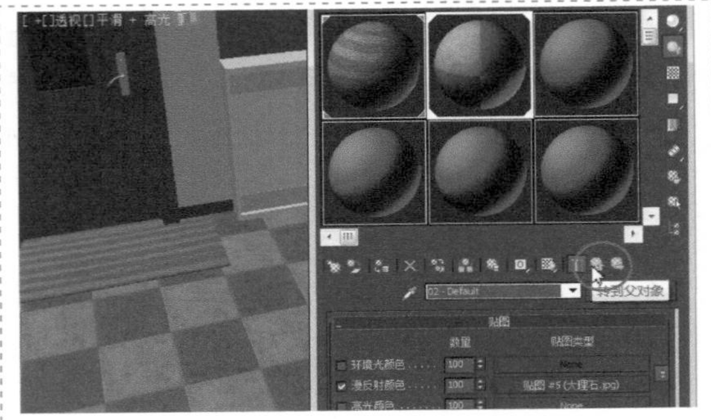

图 3-1-12　转到父对象

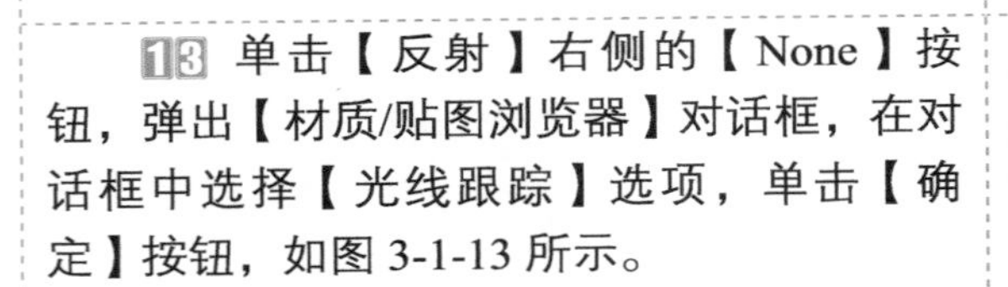

13 单击【反射】右侧的【None】按钮，弹出【材质/贴图浏览器】对话框，在对话框中选择【光线跟踪】选项，单击【确定】按钮，如图 3-1-13 所示。

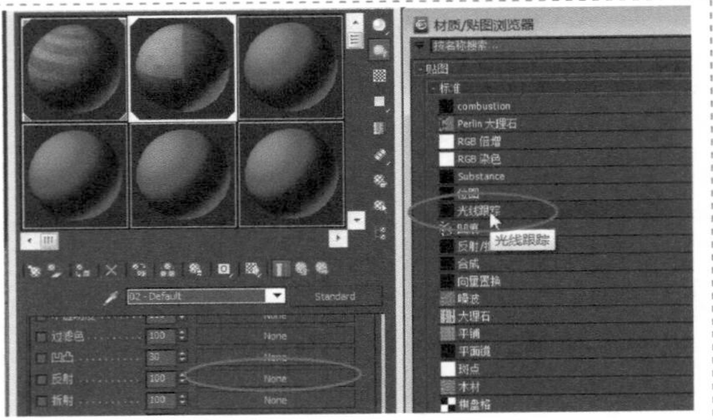

图 3-1-13　光线跟踪

14 单击主工具栏中的【渲染产品】按钮，查看地面的反射效果，如图 3-1-14 所示。

图 3-1-14　反射效果

15 找到【衰减】卷展栏，在【衰减类型】下拉列表中选择【线性】选项，参数为默认，单击主工具栏中的【渲染产品】按钮，查看衰减效果，如图 3-1-15 所示。

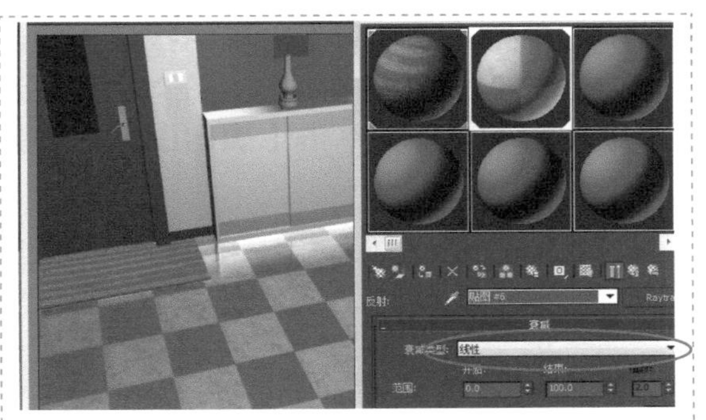

图 3-1-15 衰减设置

16 单击材质编辑器对话框中的【转到父对象】按钮，找到【贴图】卷展栏，在【反射】右侧的文本框中输入 30，如图 3-1-16 所示。

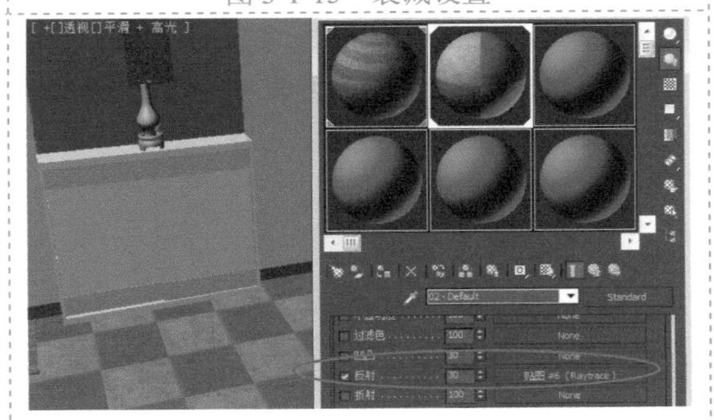

图 3-1-16 反射强度

17 单击主工具栏中的【渲染产品】按钮，查看地面的最终效果，如图 3-1-17 所示。

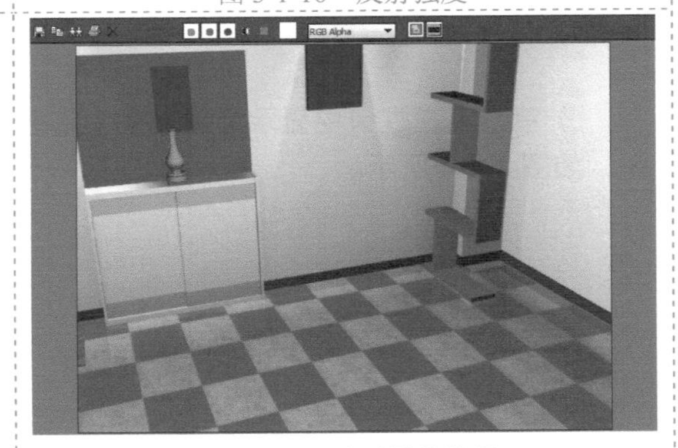

图 3-1-17 地面最终效果

3.2 门、踢脚及墙体贴图

UVW 贴图的使用

1 选择门、踢脚模型，按【M】键弹出材质编辑器对话框，选择一个新材质球，单击【将材质指定给选择的对象】按钮，如图 3-2-1 所示。

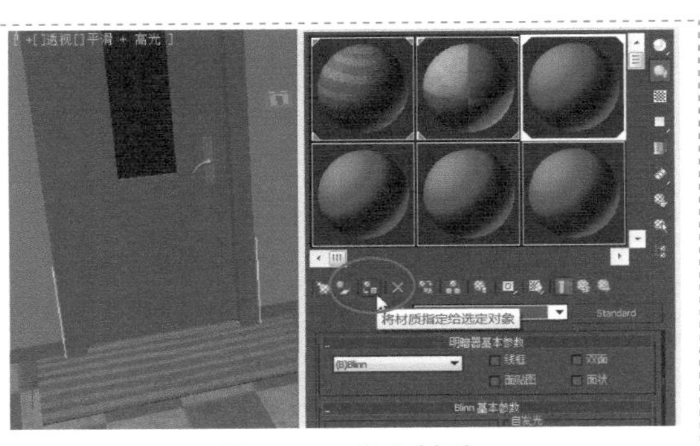

图 3-2-1 指定材质

2 单击【漫反射】右侧的按钮，弹出【材质/贴图浏览器】对话框，在对话框中选择【位图】选项，单击【确定】按钮，如图 3-2-2 所示。

图 3-2-2　选择位图

3 弹出【选择位图图像文件】对话框，找到垫子贴图图片“胡桃木”，单击【打开】按钮，如图 3-2-3 所示。

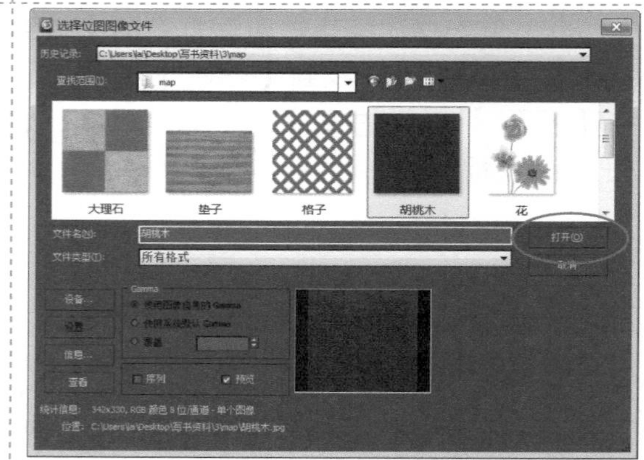

图 3-2-3　选择位图图片

4 单击【在视口中显示标准贴图】按钮，如图 3-2-4 所示。

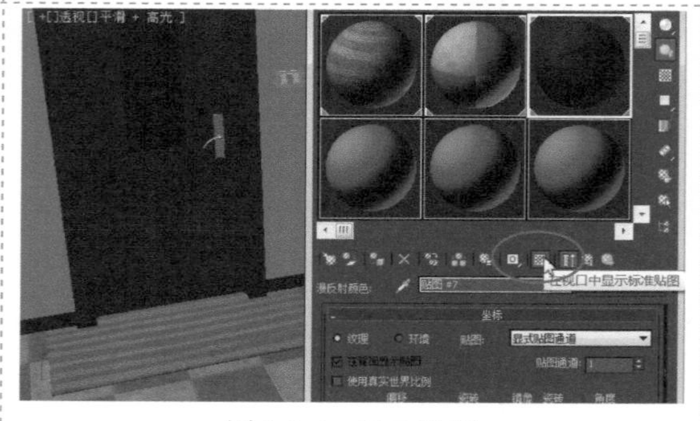

图 3-2-4　显示贴图

5 进入【修改】面板，给模型添加【UVW 贴图】修改器，在【参数】卷展栏中单击【长方体】按钮，如图 3-2-5 所示。

图 3-2-5　添加 UVW 贴图

6 展开 UVW 贴图，选中【Gizmo】，使用【选择并均匀缩放】工具，压缩 Gizmo 的大小，如图 3-2-6 所示。

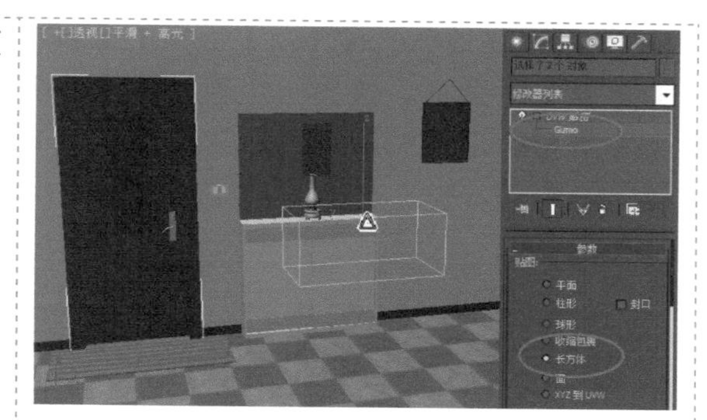

图 3-2-6 压缩 Gizmo

7 使用【选择并移动】工具，调整 Gizmo 的位置，查看门的纹理情况，如图 3-2-7 所示。

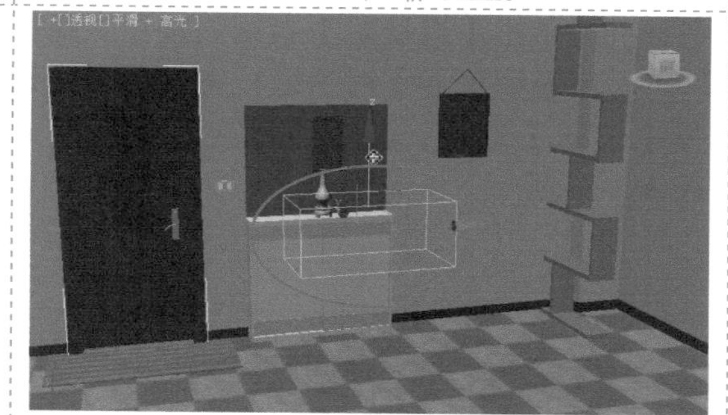

图 3-2-7 移动 Gizmo

8 找到【坐标】卷展栏，选中【镜像】复选框，如图 3-2-8 所示。

注意：对于有明显接缝的图片，使用镜像的方式能使贴图效果更柔和。

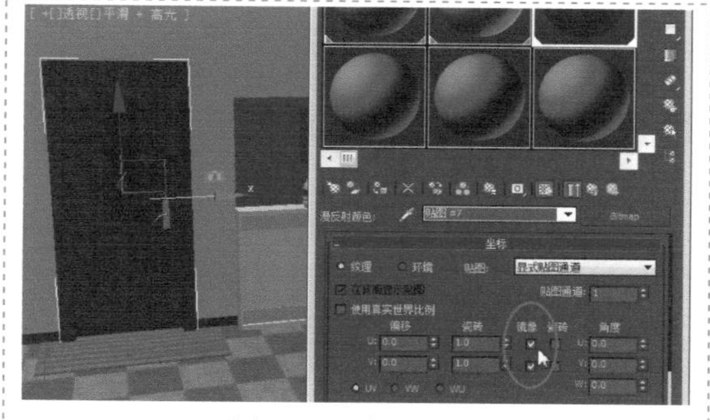

图 3-2-8 位图镜像

9 单击【材质编辑器】对话框中的【转到父对象】按钮，找到【Blinn】卷展栏，在【反射高光】选项组中，设置【高光级别】为 50；【光泽度】为 25，如图 3-2-9 所示。

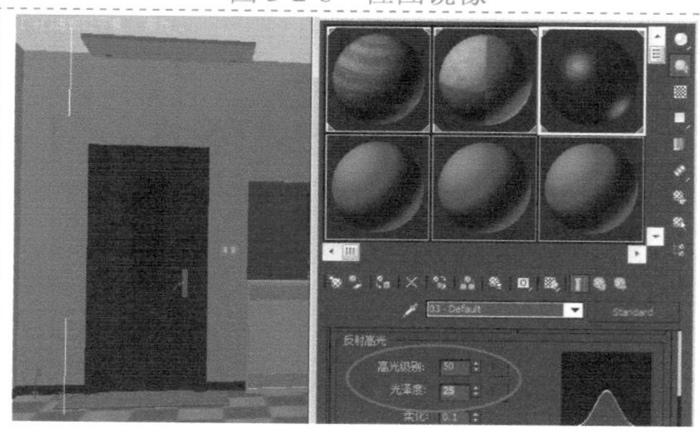

图 3-2-9 设置参数

10 选择墙体，按【M】键弹出【材质编辑器】对话框，选择一个新材质球，单击【将材质指定给选择的对象】按钮，如图 3-2-10 所示。

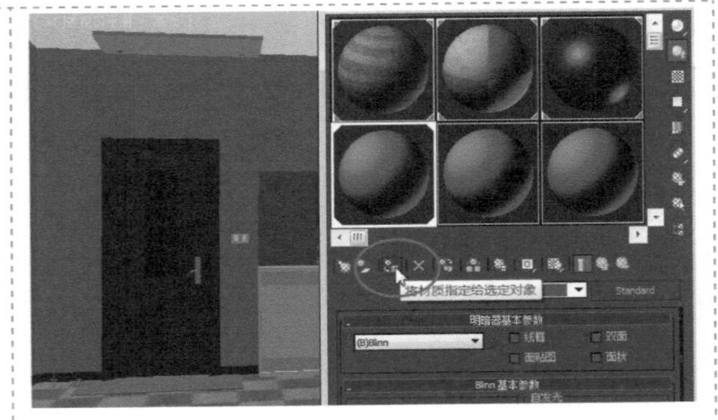

图 3-2-10　指定材质

11 单击【漫反射】右侧的按钮，弹出【材质/贴图浏览器】对话框，在对话框中选择【位图】选项，单击【确定】按钮，如图 3-2-11 所示。

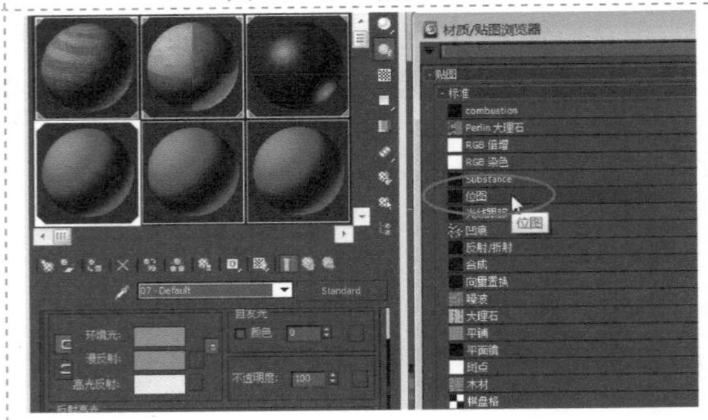

图 3-2-11　选择位图

12 弹出【选择位图图像文件】对话框，找到垫子贴图图片“墙面纹理”，单击【打开】按钮，如图 3-2-12 所示。

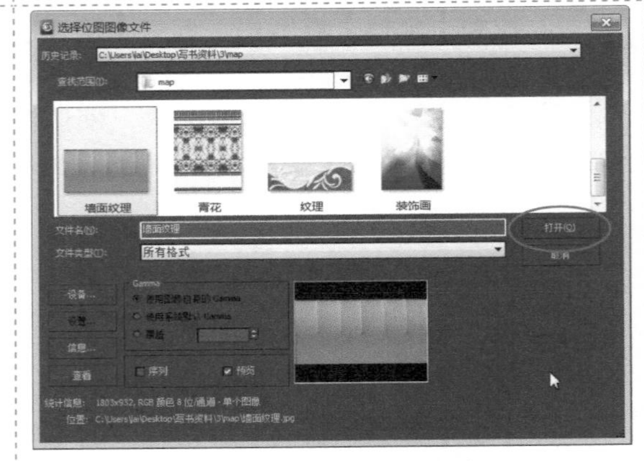

图 3-2-12　选择位图图片

13 单击【在视口中显示标准贴图】按钮，如图 3-2-13 所示。

图 3-2-13　显示贴图

14 进入【修改】面板，给模型添加【UVW 贴图】修改器，在【参数】卷展栏中选中【长方体】单选按钮，如图 3-2-14 所示。

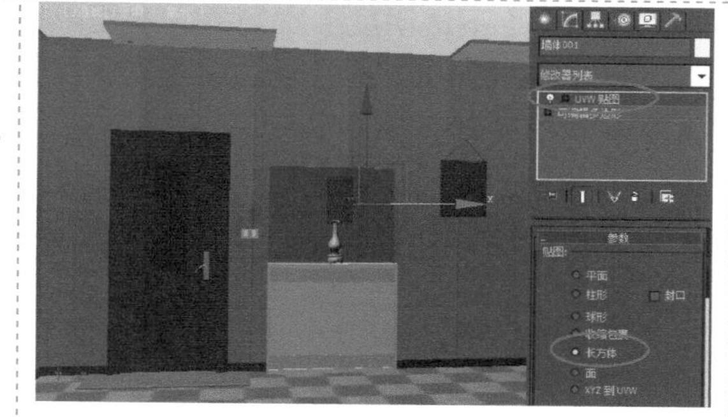

图 3-2-14 添加 UVW 贴图

15 在【参数】卷展栏中，设置【长度】为 200，【宽度】为 200，如图 3-2-15 所示。

图 3-2-15 设置参数

16 选择视图中的造型，按【ALT+Q】组合键将它们独立显示出来，如图 3-2-16 所示。

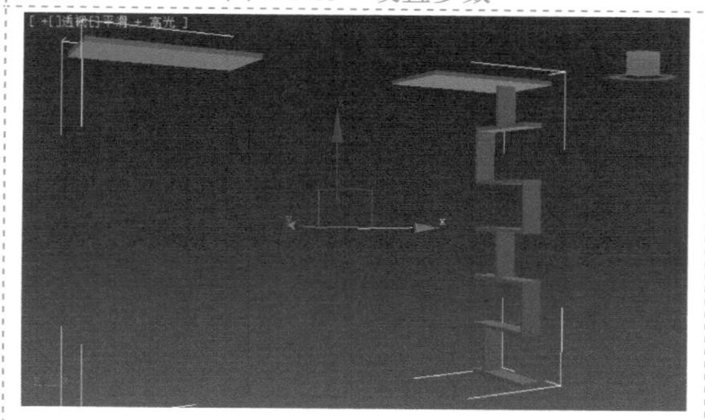

图 3-2-16 选择对象

17 单击【漫反射】右侧的色块，弹出【颜色选择器：漫反射颜色】对话框，设置【红】为 200，【绿】为 130，【蓝】为 205，单击【确定】按钮退出对话框，如图 3-2-17 所示。

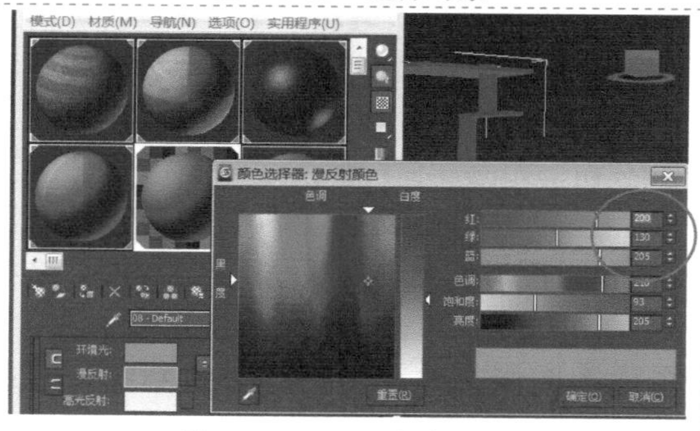

图 3-2-17 设置颜色参数

18 在【不透明度】右侧的文本框中输入 50；设置【高光级别】为 70，【光泽度】为 40，如图 3-2-18 所示。

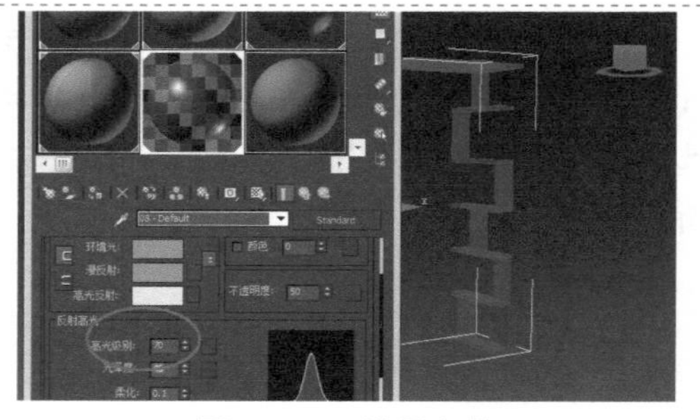

图 3-2-18　设置参数

19 单击状态栏中的【孤立当前选择】按钮，按【C】键切换为摄像机视图，单击主工具栏中的【渲染产品】按钮，查看当前效果，如图 3-2-19 所示。

图 3-2-19　渲染效果

3.3　柜子条纹及花瓶贴图

UVW 贴图的使用

1 选择视图中四个柜门的条纹模型，按【M】键弹出【材质编辑器】对话框，选择一个新材质球，单击【将材质指定给选择的对象】按钮，单击【在视口中显示标准贴图】按钮，如图 3-3-1 所示。

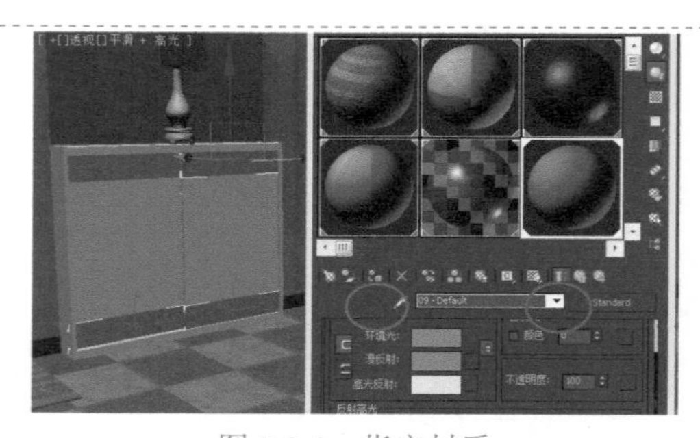

图 3-3-1　指定材质

2 单击【漫反射】右侧的按钮，弹出【材质/贴图浏览器】对话框，在对话框中选择【位图】选项，单击【确定】按钮，弹出【选择位图图像文件】对话框，找到图片“纹理”，单击【打开】按钮，如图 3-3-2 所示。

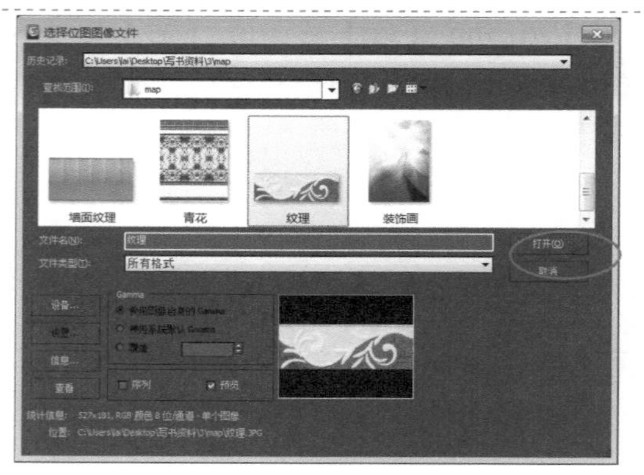

图 3-3-2　设置位图

③ 选择一个条纹模型，进入【修改】面板，给模型添加【UVW 贴图】修改器，在【参数】卷展栏中选中【长方体】单选按钮，如图 3-3-3 所示。

图 3-3-3　添加 UVW 贴图（一）

④ 按照上面的方法，依次给其他条纹模型添加 UVW 贴图，效果如图 3-3-4 所示。

图 3-3-4　添加 UVW 贴图（二）

⑤ 选择花瓶，按【M】键弹出【材质编辑器】对话框，移动对话框右侧的滑块，显示新的材质球，选择一个新的材质球，单击【将材质指定给选择的对象】按钮，如图 3-3-5 所示。

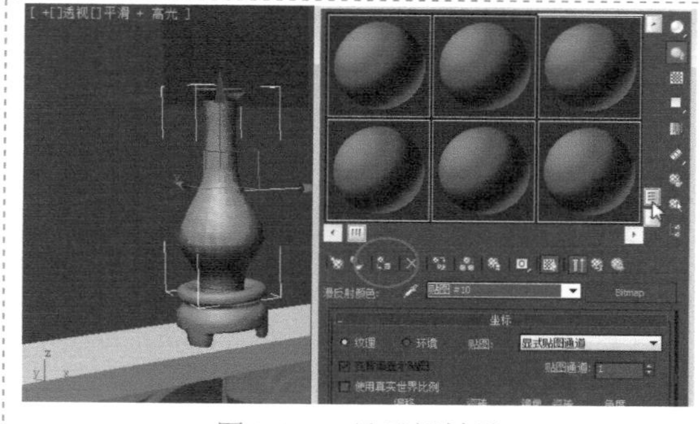

图 3-3-5　显示新材质

⑥ 单击【漫反射】右侧的按钮，弹出【材质/贴图浏览器】对话框，在对话框中选择【位图】选项，单击【确定】按钮，弹出【选择位图图像文件】对话框，找到提供的垫子贴图图片“青花”，单击【打开】按钮，如图 3-3-6 所示。

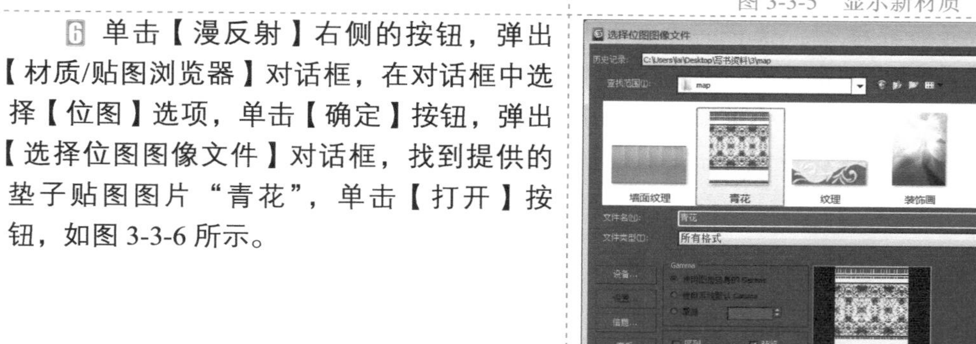

图 3-3-6　选择位图图片

7 单击【在视口中显示标准贴图】按钮，如图 3-3-7 所示。

图 3-3-7　显示贴图

8 进入【修改】面板，给模型添加【UVW 贴图】修改器，在【参数】卷展栏中选中【柱形】单选按钮，如图 3-3-8 所示。

图 3-3-8　添加 UVW 贴图

9 设置【高光级别】为 90，【光泽度】为 30，如图 3-3-9 所示。

图 3-3-9　设置参数

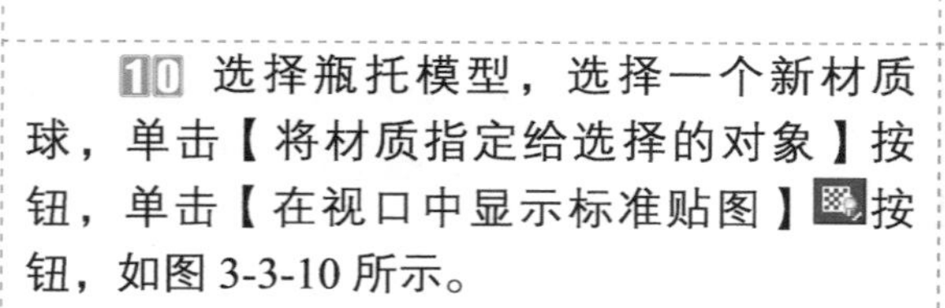

10 选择瓶托模型，选择一个新材质球，单击【将材质指定给选择的对象】按钮，单击【在视口中显示标准贴图】按钮，如图 3-3-10 所示。

图 3-3-10　指定材质

11 单击【漫反射】右侧的色块，弹出【颜色选择器：漫反射颜色】对话框，设置【红】为 90，【绿】为 60，【蓝】为 50，单击【确定】按钮退出对话框，如图 3-3-11 所示

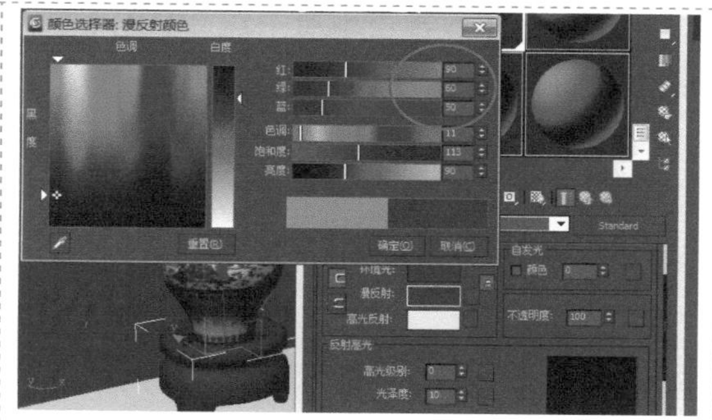

图 3-3-11 设置漫反射参数

12 按【C】键切换为摄像机视图，单击主工具栏中的【渲染产品】按钮，查看当前效果，如图 3-3-12 所示。

图 3-3-12 渲染效果

3.4 花及透明栅格贴图

不透明度贴图

1 选择视图中的面片，按【M】键弹出【材质编辑器】对话框，选择一个新的材质球，单击【将材质指定给选择的对象】按钮，如图 3-4-1 所示。

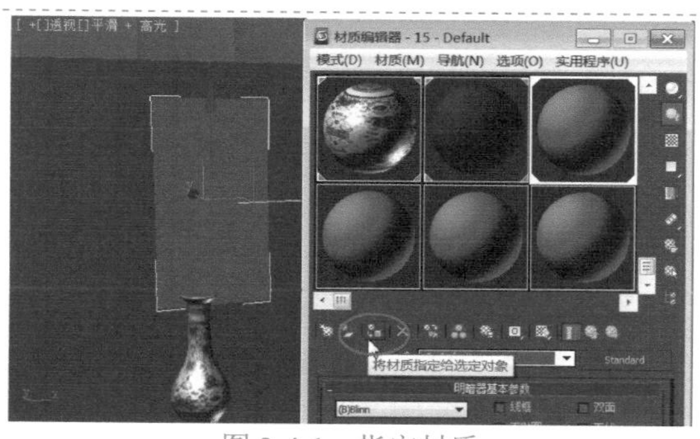

图 3-4-1 指定材质

2 单击【漫反射】右侧的按钮，弹出【材质/贴图浏览器】右侧，在右侧中选择【位图】选项，单击【确定】按钮，弹出【选择位图图像文件】右侧，找到图片“花”，单击【打开】按钮，如图 3-4-2 所示。

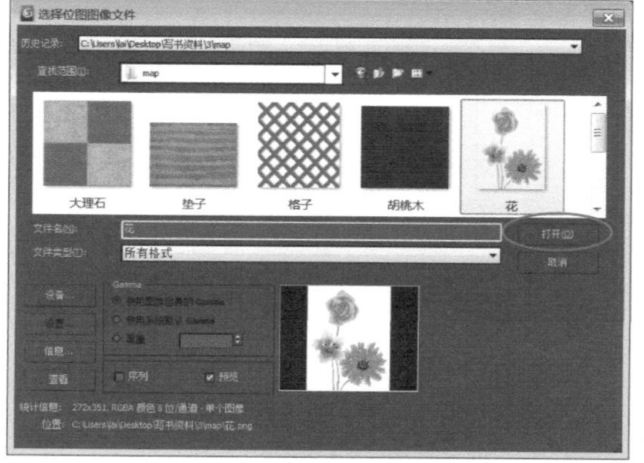

图 3-4-2 选择位图图片

3 单击【在视口中显示标准贴图】按钮，如图 3-4-3 所示。

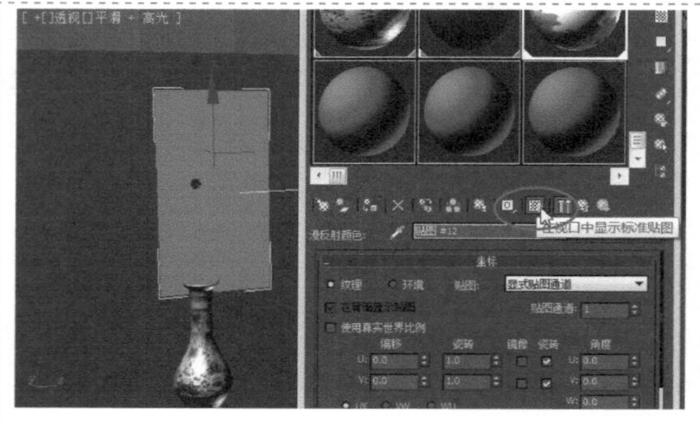

图 3-4-3　显示贴图

4 进入【修改】面板，给模型添加【UVW 贴图】修改器，在【参数】卷展栏中选中【长方体】单选按钮，如图 3-4-4 所示。

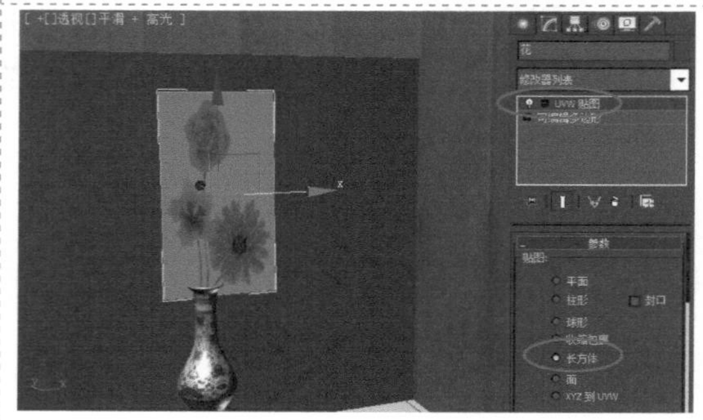
图 3-4-4　添加 UVW 贴图

5 找到【位图参数】卷展栏，在【单通道输出】选项组中选中【Alpha】单选按钮，如图 3-4-5 所示。

图 3-4-5　设置 Alpha 的参数

6 单击【材质编辑器】对话框中的【转到父对象】按钮，找到【贴图】卷展栏，如图 3-4-6 所示。

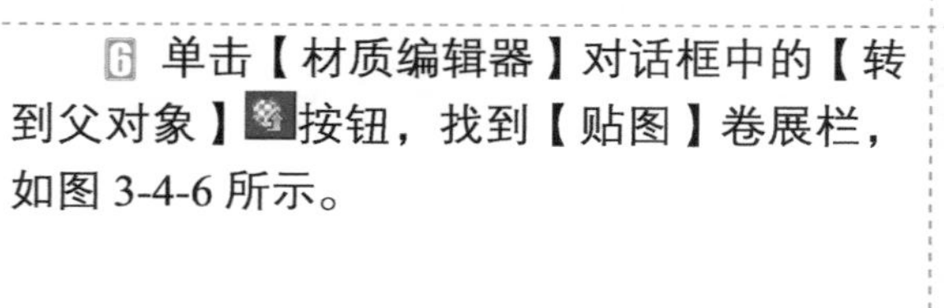

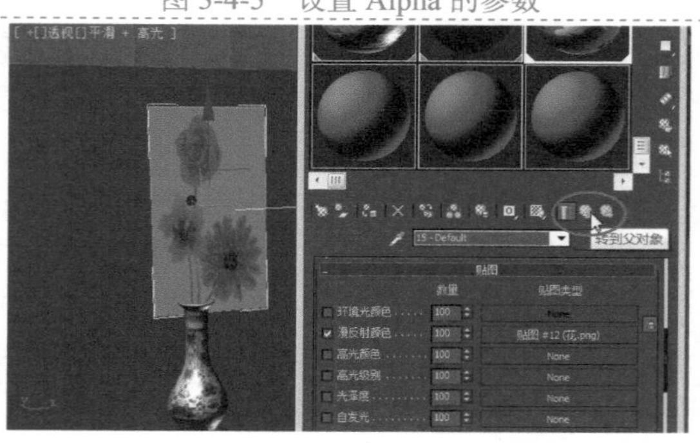

图 3-4-6　转到父对象

7 按住【漫反射颜色】右侧的按钮并拖动到【不透明度】右侧的【None】按钮上，复制贴图，如图 3-4-7 所示。

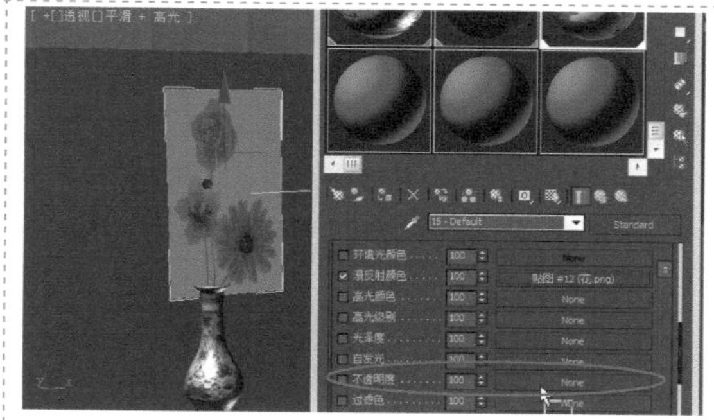

图 3-4-7 复制贴图

8 弹出【复制（实例）贴图】对话框，在【方法】选项组中选中【实例】单选按钮，单击【确定】按钮退出对话框，如图 3-4-8 所示。

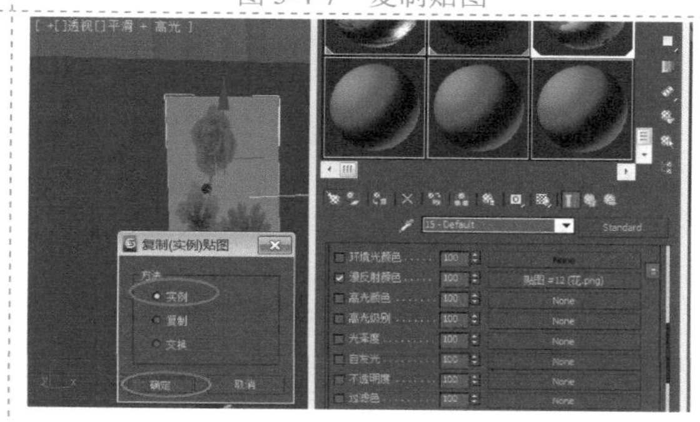

图 3-4-8 设置贴图参数

9 单击【在视口中显示标准贴图】按钮，如图 3-4-9 所示。

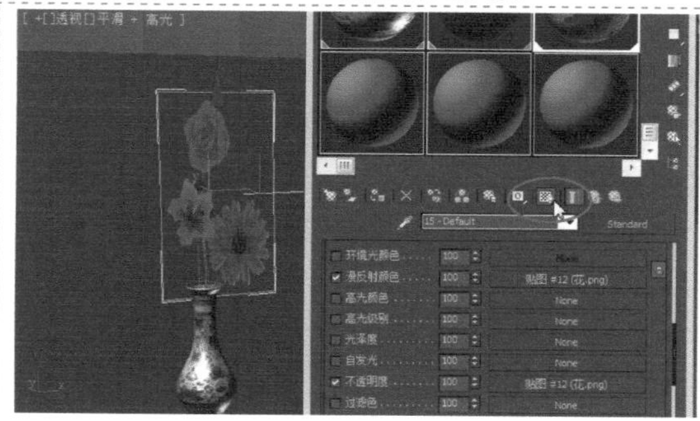

图 3-4-9 显示贴图

10 单击工具栏中的【按名称选择】按钮，弹出【从场景中选择】对话框，选择格子，单击【确定】按钮退出对话框，按【M】键打开【材质编辑器】对话框，选择一个新的材质球，单击【将材质指定给选择的对象】按钮，如图 3-4-10 所示。

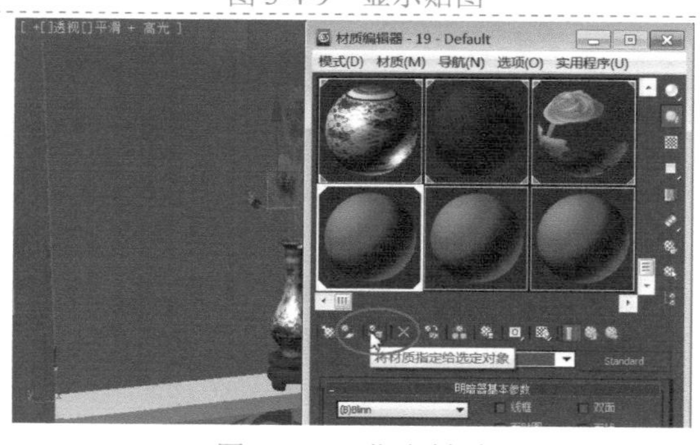

图 3-4-10 指定材质

11 单击【漫反射】右侧的按钮，弹出【材质/贴图浏览器】对话框，在对话框中选择【位图】选项，单击【确定】按钮，弹出【选择位图图像文件】对话框，找到图片“格子”，单击【打开】按钮，如图 3-4-11 所示。

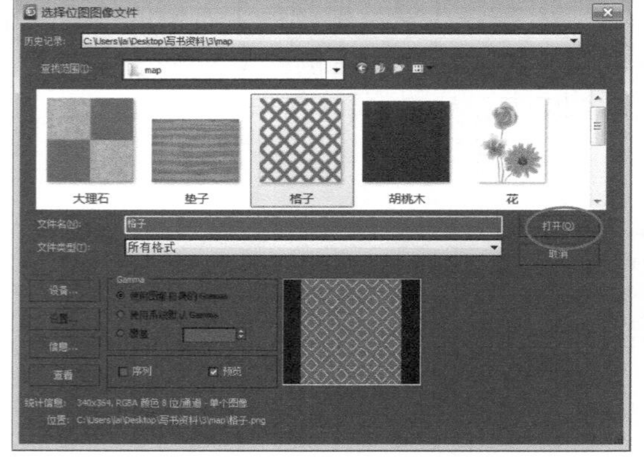

图 3-4-11　选择位图图片

12 找到【位图参数】卷展栏，在【单通道输出】选项组中选中【Alpha】单选按钮，如图 3-4-12 所示。

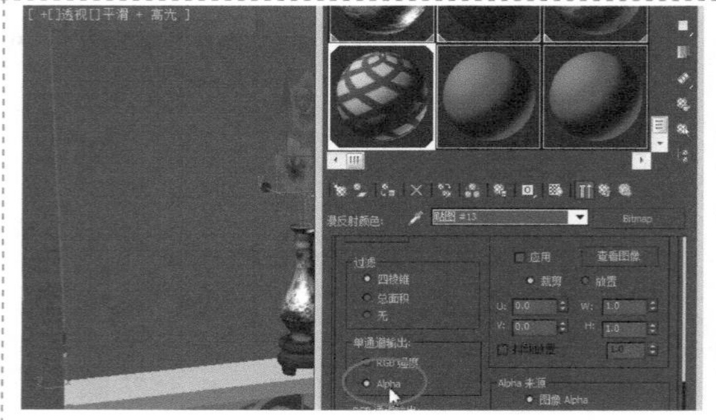
图 3-4-12　设置参数

13 进入【修改】面板，给模型添加【UVW 贴图】修改器，在【参数】卷展栏中选中【长方体】单选按钮，如图 3-4-13 所示。

图 3-4-13　添加 UVW 贴图

14 按下【漫反射颜色】右侧的按钮并拖动到【不透明度】右侧的【None】按钮上，弹出【复制（实例）贴图】对话框，选中【实例】单选按钮，单击【确定】按钮退出对话框，如图 3-4-14 所示。

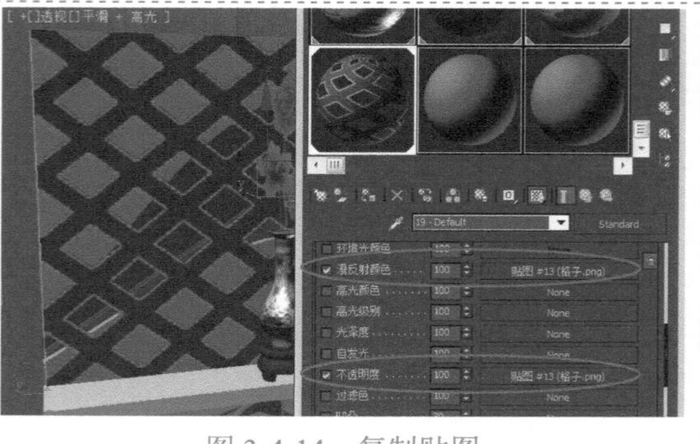
图 3-4-14　复制贴图

15 展开【UVW 贴图】，选中【Gizmo】对象，使用【选择并均匀缩放】工具，压缩 Gizmo 的大小，如图 3-4-15 所示。

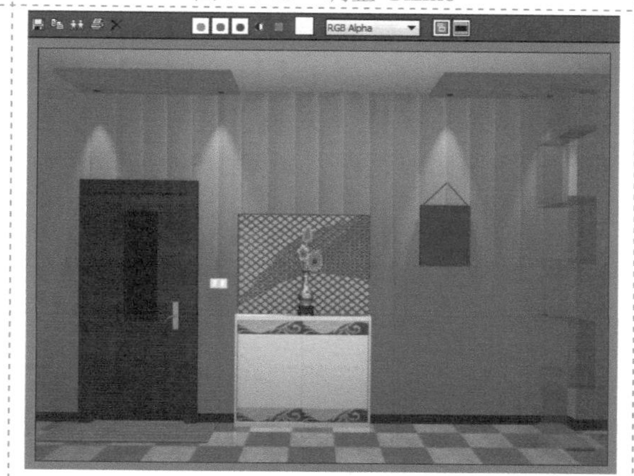
图 3-4-15　调整 Gizmo

16 按【C】键切换为摄像机视图，单击主工具栏中的【渲染产品】按钮，查看当前效果，如图 3-4-16 所示。

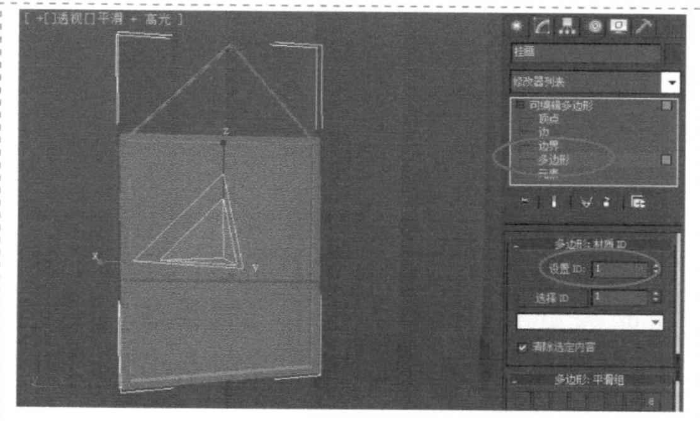
图 3-4-16　当前渲染效果

3.5　墙上挂画贴图

贴图的基本应用——家电的制作

1 选择挂画，进入【修改】面板，选择【多边形】子对象，找到【多边形材质 ID】卷展栏，发现多边形的 ID 都是 1，如图 3-5-1 所示。

2 选择视图中的面，在【设置 ID】数值框中输入 2，按【Enter】键确认，如图 3-5-2 所示。

图 3-5-1　多边形 ID

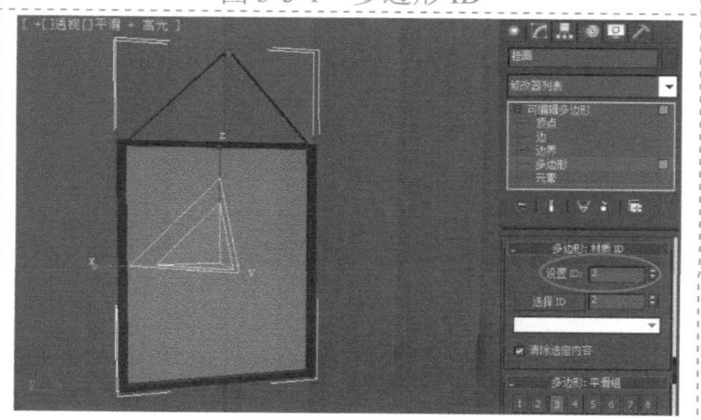
图 3-5-2　设置 ID

3 按【M】键弹出【材质编辑器】对话框，选择一个新的材质球，单击【将材质指定给选择的对象】按钮，如图 3-5-3 所示。

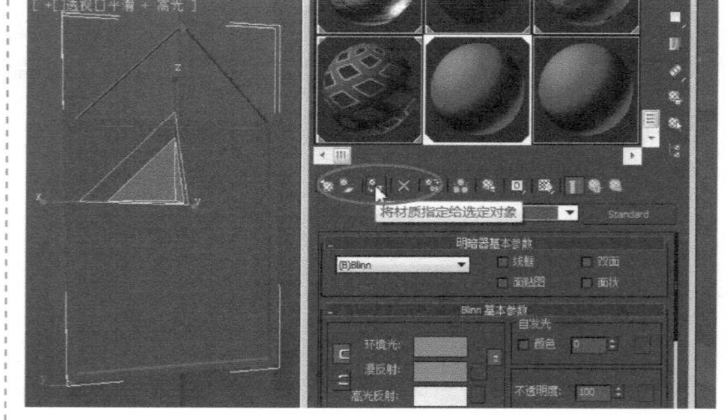

图 3-5-3　指定材质

4 单击【材质编辑器】对话框中的【Standard】按钮，弹出【材质/贴图浏览器】窗口，选择【多维/子对象】选项，单击【确定】按钮退出对话框，如图 3-5-4 所示。

图 3-5-4　选择多维/子对象

5 弹出【替换材质】对话框，采用默认设置默认，单击【确定】按钮退出对话框，如 图 3-5-5 所示。

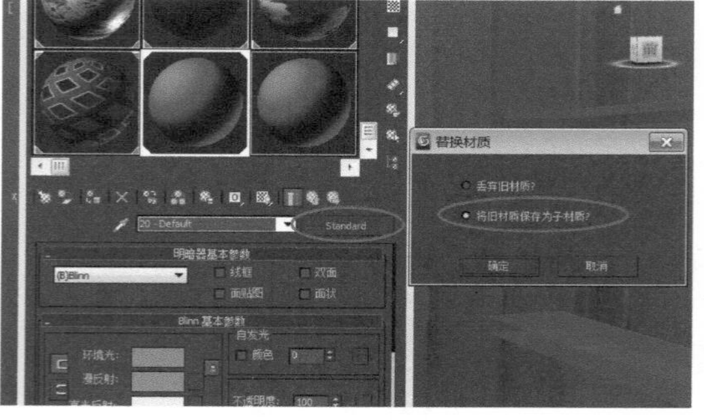

图 3-5-5　设置参数

6 单击【设置数量】按钮，弹出【设置材质数量】对话框，在【材质数量】数值框中输入 2，单击【确定】按钮退出对话框，如图 3-5-6 所示。

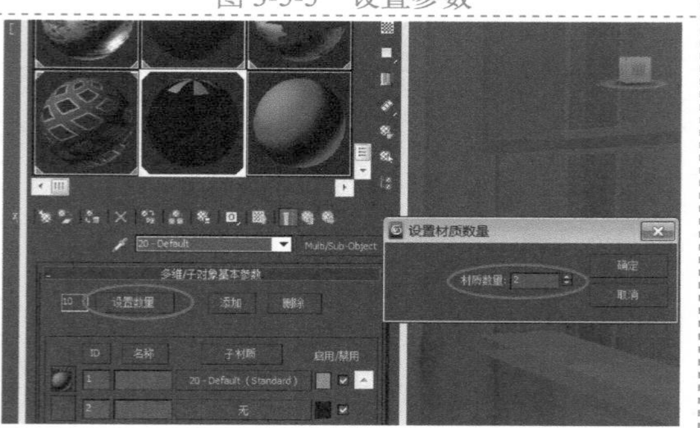

图 3-5-6　设置数量

7 单击 ID 号为 1 的对象右侧的颜色区域，弹出【颜色选择器】对话框，设置【红】为 255,【绿】为 255,【蓝】为 255,单击【确定】按钮退出，如图 3-5-7 所示。

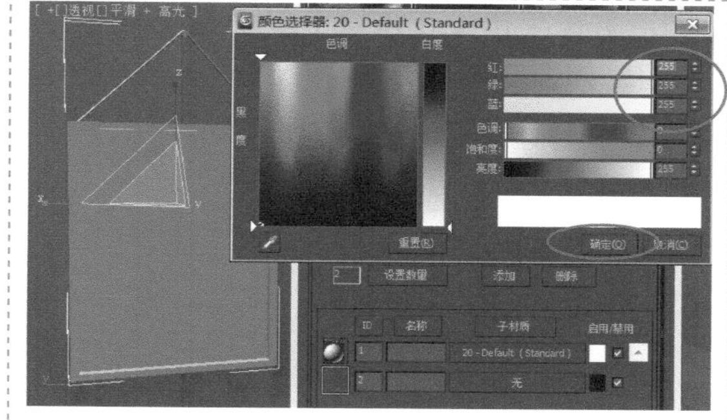

图 3-5-7　设置颜色

8 单击 ID 号为 2 的【无】按钮，弹出【材质/贴图浏览器】对话框，选择【标准】选项，如图 3-5-8 所示。

图 3-5-8　选择标准

9 设置漫反射的颜色，视图中的挂画的颜色会随之改变，这里的 ID 和模型中多边形的 ID 是相对应的，如图 3-5-9 所示。

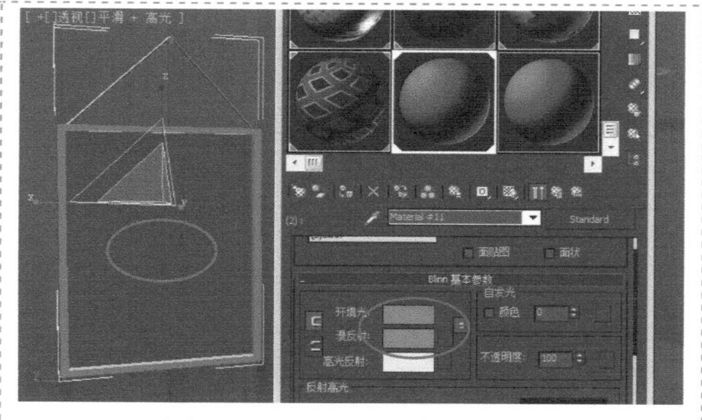

图 3-5-9　设置漫反射的颜色

10 单击【漫反射】右侧的按钮，弹出【材质/贴图浏览器】对话框，在对话框中选择【位图】选项，单击【确定】按钮，弹出【选择位图图像文件】对话框，找到图片"装饰画"，单击【打开】按钮，如图 3-5-10 所示。

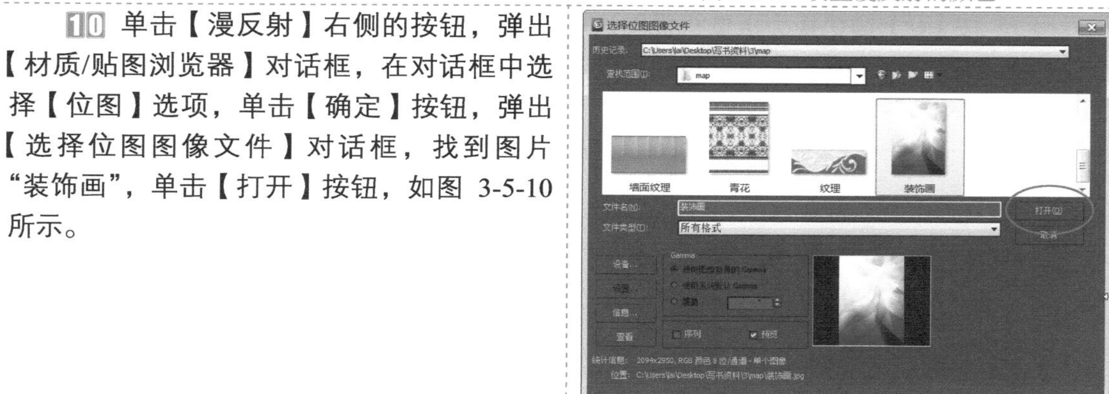

图 3-5-10　选择位图图片

11 单击【在视口中显示标准贴图】按钮，如图 3-5-11 所示。

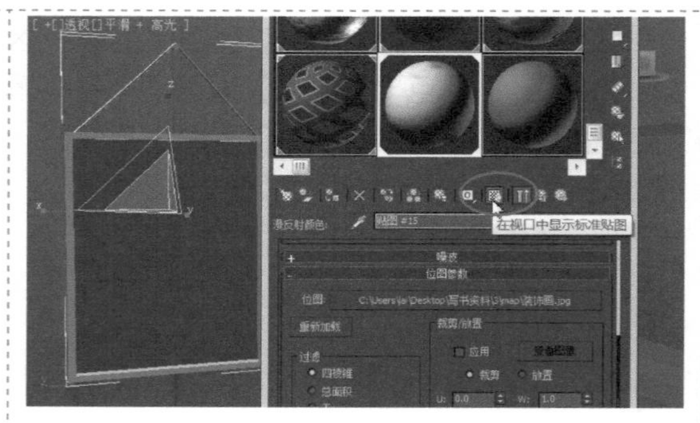

图 3-5-11　显示贴图

12 进入【修改】面板，选中【多边形】子对象，选择视图中的面，如图 3-5-12 所示。

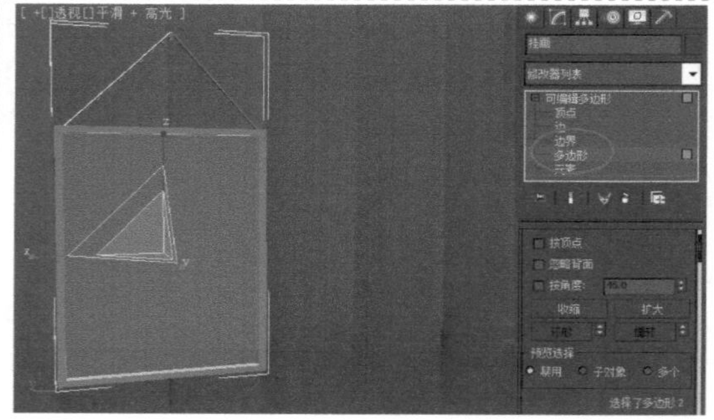

图 3-5-12　选择多边形

13 给多边形添加【UVW 贴图】修改器，在【参数】卷展栏中选中【长方体】单选按钮，如图 3-5-13 所示。

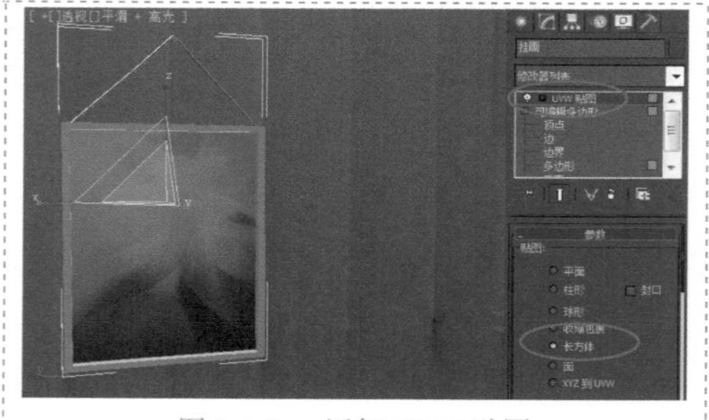

图 3-5-13　添加 UVW 贴图

14 按【C】键切换为摄像机视图，单击主工具栏中的【渲染产品】按钮，查看当前效果，如图 3-5-14 所示。

图 3-5-14　当前渲染效果

15 执行【渲染】→【环境】命令，弹出【环境和效果】对话框，单击【环境光】右侧的颜色区域，弹出【颜色选择器：环境光】对话框，设置【红】为 60，【绿】为 60，【蓝】为 60，单击【确定】按钮退出对话框，如图 3-5-15 所示

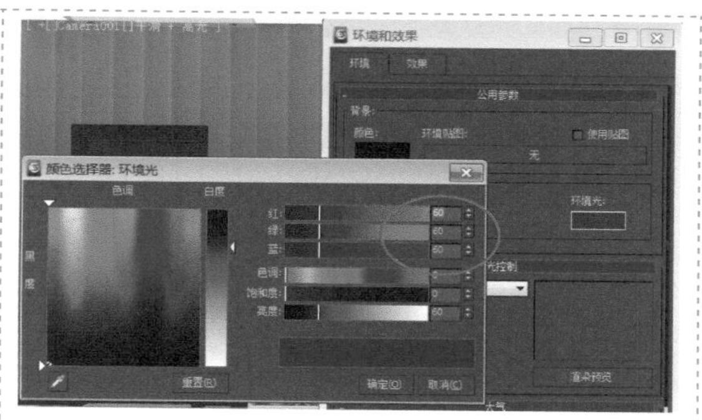
图 3-5-15 调整环境光

16 单击主工具栏中的【渲染产品】按钮，查看最终效果，如图 3-5-16 所示。

图 3-5-16 最终效果

3.6 相关知识

不透明度贴图

在 3ds Max 中使用的透明贴图主要有两种格式：一种是 PNG 格式，另一种是 TGA 格式。这两种格式的贴图制作方法是不一样的，下面将分别介绍。

1. PNG 格式的透明贴图制作

1 启动 Photoshop 软件，打开需要制作的 JPG 格式或其他格式的图片文件，如图 3-6-1 所示。

图 3-6-1 打开图片

2 在背景图层上双击，弹出【新建图层】对话框，单击【确定】按钮退出对话框，如图 3-6-2 所示。

图 3-6-2　新建图层

3 使用 Photoshop 软件的【魔术棒】工具将图片中的背景区域选中，如图 3-6-3 所示。

图 3-6-3　选中背景区域

4 按【Delete】键将背景部分删除，如图 3-6-4 所示。

图 3-6-4　删除背景

5 执行【文件】→【存储为】命令，弹出【保存在（I）】对话框，设置【格式】为PNG，设置保存的路径和名称，单击【保存】按钮退出对话框，如图 3-6-5 所示。

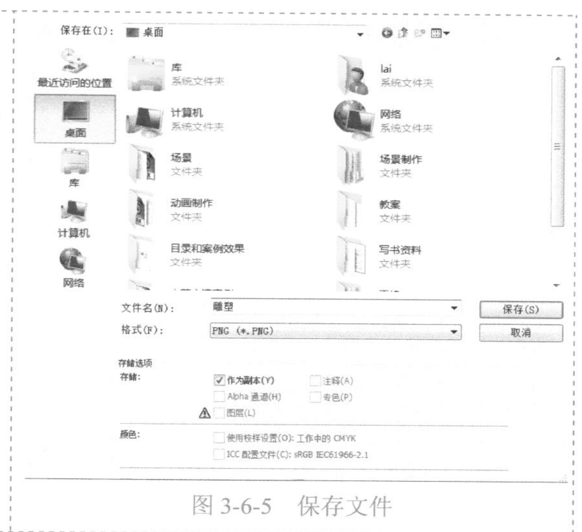

图 3-6-5 保存文件

2. TGA 格式的透明贴图制作

1 打开图片，选中视图中的图像区域，如图 3-6-6 所示。

图 3-6-6 选中图像

2 进入【通道】面板，单击【创建新通道】按钮，创建一个 Alpha 通道，如图 3-6-7 所示。

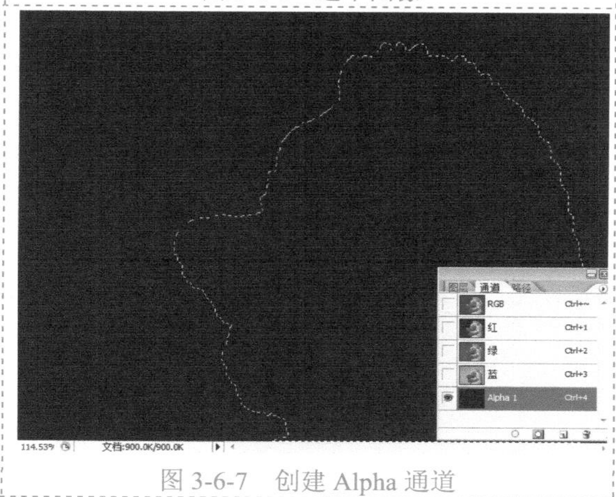

图 3-6-7 创建 Alpha 通道

3 将前景色设置为白色，使用【油漆桶】工具将选中区域填充为白色，如图 3-6-8 所示。

注意：对于 TGA 格式的图片而言，其 Alpha 通道会一起保留，通道中的白色区域的图像会保留，黑色区域部分的图像呈透明状态。

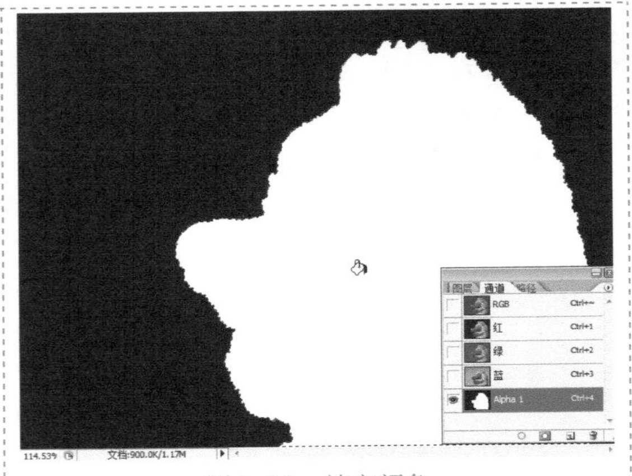

图 3-6-8 填充颜色

4 执行【文件】→【存储为】命令，弹出【保存在（I）】对话框，设置【格式】为 Targa，设置保存的路径和名称，单击【保存】按钮退出对话框，如图 3-6-9 所示。

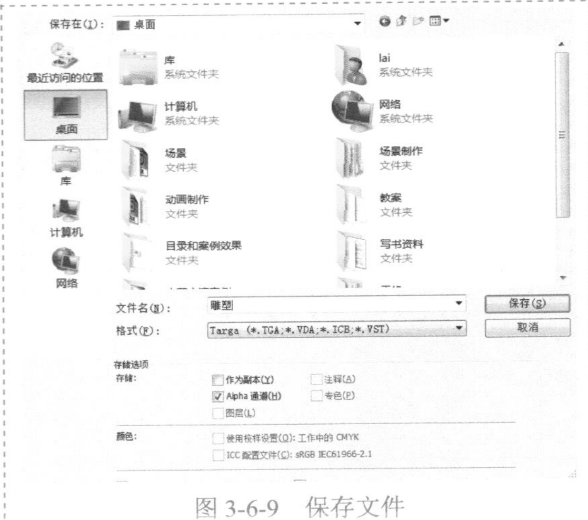

图 3-6-9 保存文件

3.7 实战演练

运用所学知识完成以下餐厅贴图的设置，如图 3-7-1 所示 。

图 3-7-1 餐厅贴图的设置

 **制作要求如下**

（1）木制材质表现正确。

（2）地面有反射效果。

（3）柜子中酒瓶设置不同颜色。

制作提示

（1）应用【UVW 贴图】调整纹理。

（2）地面添加反射效果。

（3）使用【多维/子对象】材质的方法设置酒瓶的颜色。

项目评价

项目实训评价表						
	内容		评定等级			
	学习目标	评价项目	4	3	2	1
职业能力	能熟练使用材质编辑器	能正确认识材质球及相关操作				
		能区分材质的各种通道				
	能制作地面的反射	能添加反射贴图				
		能设置反射参数				
	能熟练使用 UVW 贴图	能使用 Gizmo 调整贴图纹理				
		能区分和设置不同的贴图方式				
		能使用区域适配调整贴图纹理				
	能制作模型的透明贴图	能正确理解不透明度贴图				
		能设置不透明度贴图				
综合评价						

项目

4

质感表现

项目描述

在 3ds Max 中创建的三维物体本身不具备任何表面特征，要使模型具有真实的表面材料效果，必须给模型设置相应的材质，这样才可以使制作的物体看上去像是真实世界中的物体。只有对场景中的物体赋予合适的材质才能使场景中的对象呈现出具有真实质感的视觉特征。设定材质的标准：以真实世界的物体为依据，真实表现出物体材质的属性，如物体的表面纹理、反射、折射属性等；本项目的最终效果如图 4–0–1 所示。

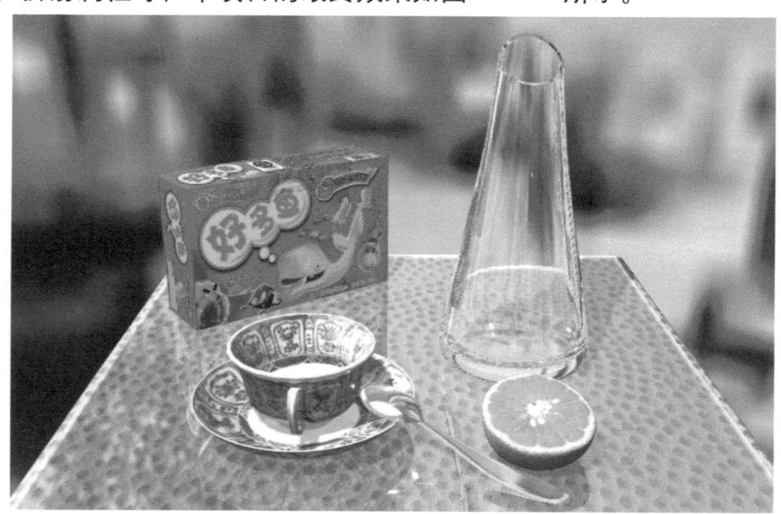

图 4-0-1　项目效果

学习目标

- 贴图展开的使用
- 玻璃材质的表现

- 陶瓷与金属材质的表现
- 背景贴图的处理

项目分析

本项目的材质分成几类，有些只有简单的表面纹理，如食品包装盒；有些材质表面有反射效果，如玻璃、陶瓷、金属等；而玻璃材质除了有反射属性外，还有折射效果；在制作橙皮材质的时候，考虑到橙子表面的凹凸纹理，需要使用凹凸贴图通道来表现。本项目的制作主要需要完成以下五个环节。

① 木板、纸盒贴图。
② 玻璃材质。
③ 陶瓷、金属材质。
④ 橙子材质。
⑤ 背景贴图与渲染。

实现步骤

4.1　木板及纸盒贴图

UVW 展开的使用 1

1 执行【自定义】→【首选项】命令，弹出【首选项设置】对话框，选择【视口】选项卡，单击下方的【选择驱动程序】按钮，弹出【显示驱动程序选择】对话框，选择【Direct3D】选项，如图 4-1-1 所示，单击【确定】按钮退出对话框，关闭 3ds Max，重新启动 3ds Max。

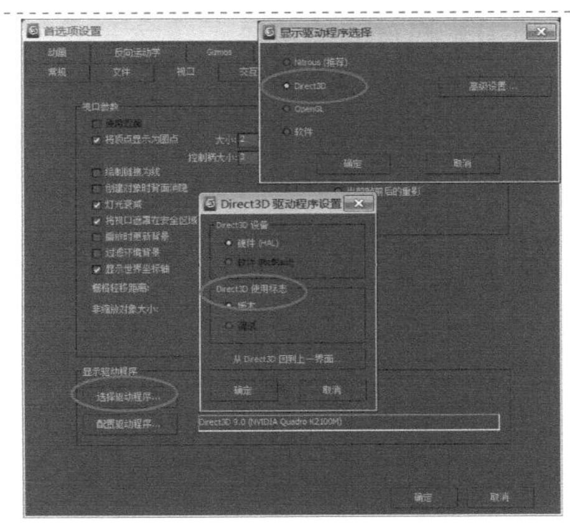

图 4-1-1　设置驱动程序

2 弹出【首选项设置】对话框，选择【视口】选项卡，单击下方的【配置驱动程序】按钮，弹出【配置 Direct3D】对话框，设置【背景纹理大小】为 1024，【下载纹理大小】为 512，在 Texel 选项组中选中【各向异性】单选按钮，在 MipMap 选项组中选中【线性】单选按钮，如图 4-1-2 所示。

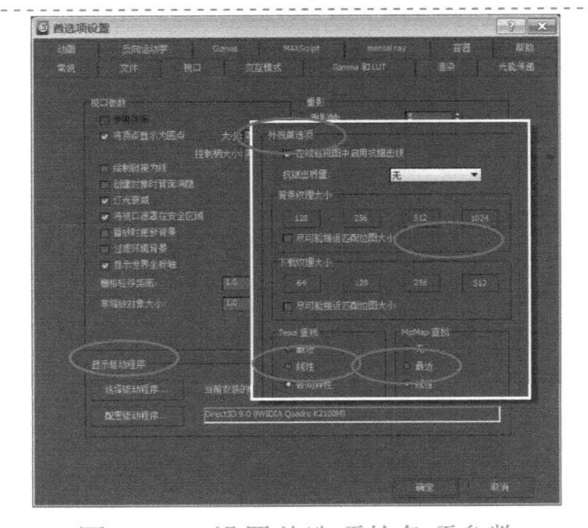

图 4-1-2　设置首选项的各项参数

3 打开提供的模型文件，发现模型表面只有简单的颜色效果，如图 4-1-3 所示。

图 4-1-3 模型效果

4 单击工具栏的【材质编辑器】按钮，弹出【材质编辑器】对话框，默认的材质球已经设置了颜色，而且这些材质已经指定给了场景中的相关模型，可以在这个基础上完成下面的制作，如图 4-1-4 所示 。

注意：材质被使用后，材质球四周有四个灰色的小三角。如果视图中的模型被选中，则相关的材质的灰色三角会变成白色。

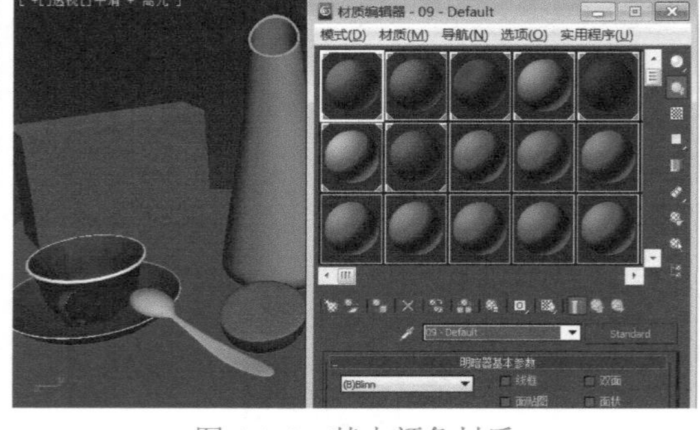

图 4-1-4 基本颜色材质

5 选择场景中最下方的物体，选择对应的材质球，在【漫反射】通道上设置木纹贴图，单击【在视口中显示标准贴图】按钮，如图 4-1-5 所示。

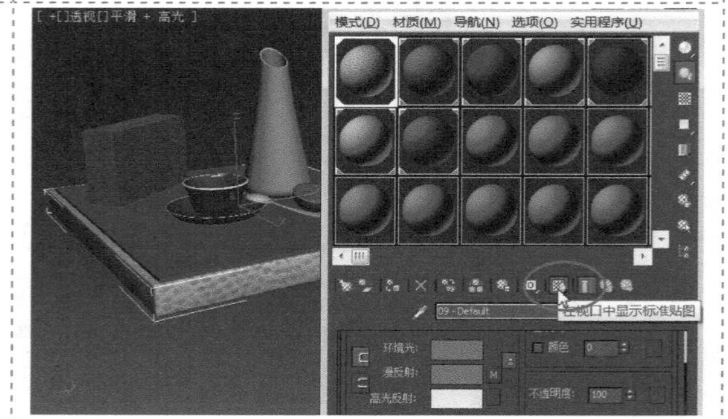

图 4-1-5 木纹贴图

6 选择场景中的纸盒模型，选择对应的材质球，设置漫反射贴图，单击【在视口中显示标准贴图】按钮，如图 4-1-6 所示。

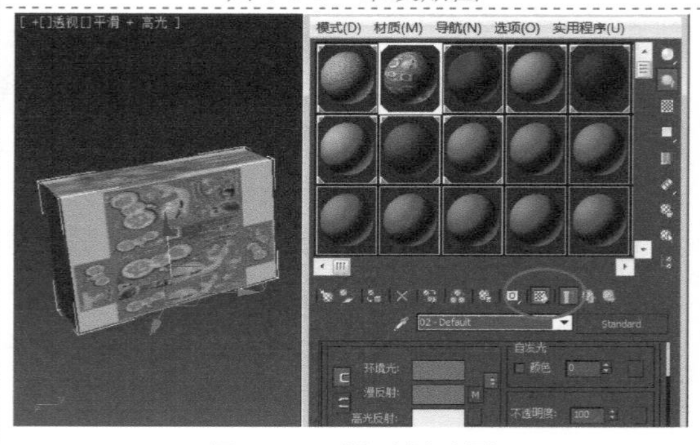

图 4-1-6 漫反射贴图

7 进入【修改】面板，给模型添加【UVW 展开】修改器，如图 4-1-7 所示。

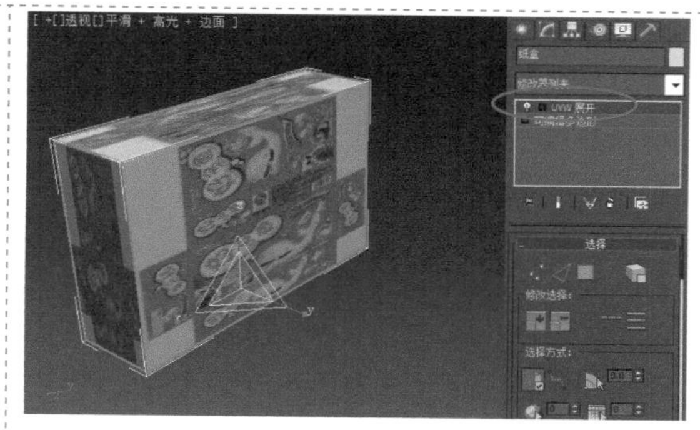

图 4-1-7 添加【UVW 展开】修改器

8 单击【UVW 展开】前面的按钮，选中【面】对象，单击【编辑 UV】卷展栏中的【打开 UV 编辑器】按钮，弹出【编辑 UVW】窗口，如图 4-1-8 所示。

图 4-1-8 编辑 UVW

9 单击【编辑 UVW】窗口工具栏中的下拉按钮，在下拉列表中选择纸盒贴图，在窗口中显示贴图，如图 4-1-9 所示。

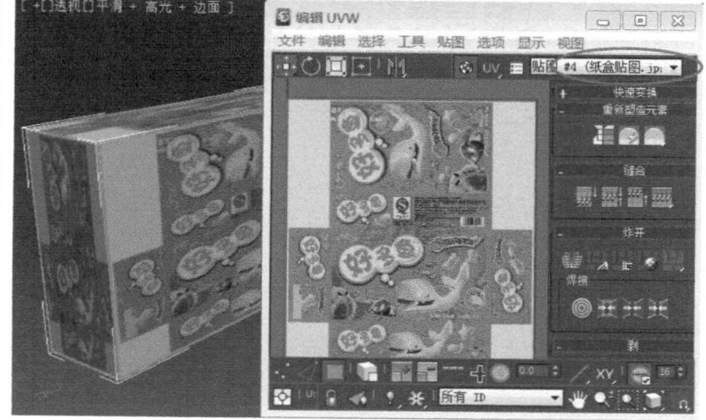

图 4-1-9 显示贴图

10 在视图中选择模型前面的面，在【编辑 UVW】窗口中，单击【自由形式模式】按钮，调整贴图的区域和大小，如图 4-1-10 所示。

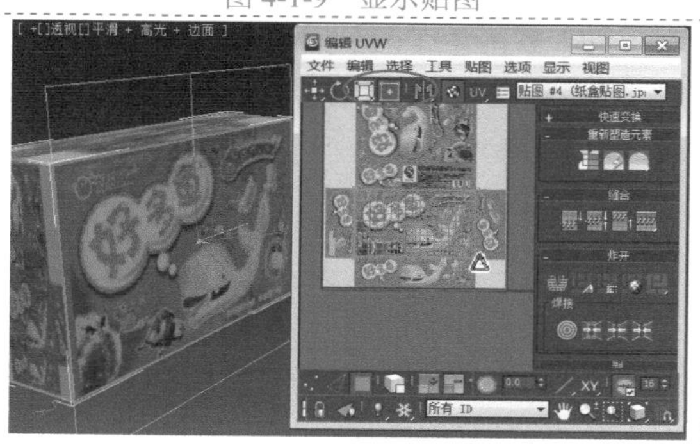

图 4-1-10 调整正面贴图

11 在视图中选择模型的侧面，在【编辑 UVW】窗口中，单击【自由形式模式】按钮，调整贴图的区域和大小，如图 4-1-11 所示。

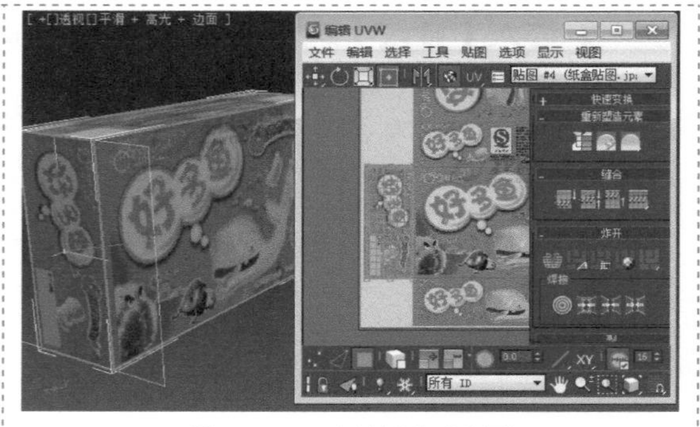

图 4-1-11　调整侧面贴图

12 在视图中选择模型的顶面，在【编辑 UVW】窗口中，单击【自由形式模式】按钮，调整贴图的区域和大小，如图 4-1-12 所示。

图 4-1-12　调整顶面贴图

13 按照同样的方法，完成其余三个面贴图的调整，如图 4-1-13 所示。

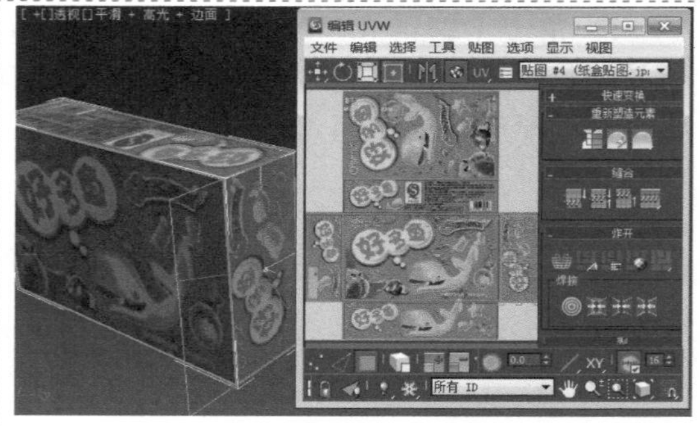

图 4-1-13　完成贴图的调整

14 单击主工具栏的【渲染产品】按钮，设置贴图后的食品包装盒的效果如图 4-1-14 所示。

图 4-1-14　食品包装盒效果

4.2　玻璃材质

3dmax 材质的基本设置

1 在【材质编辑器】对话框中选择第三个材质球，单击材质类型的下拉按钮，在下拉列表中选择【Phong】选项，选中【双面】复选框，如图 4-2-1 所示。

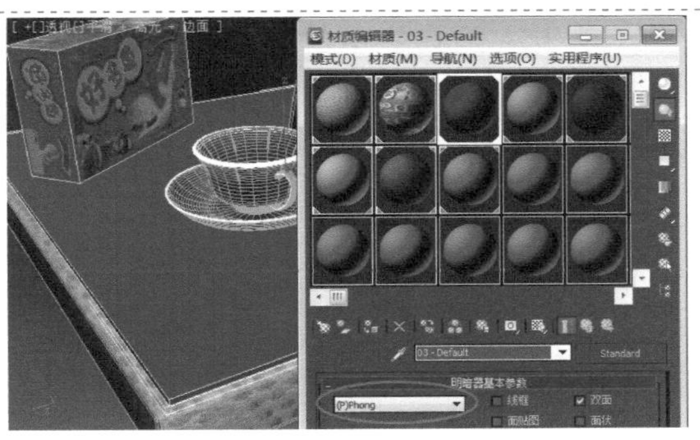

图 4-2-1　选择材质类型

2 单击【漫反射】右侧的空白按钮区域，弹出【颜色选择器：漫反射颜色】对话框，设置【红】为 120，【绿】为 145，【蓝】为 255，单击【确定】按钮退出对话框，设置其【不透明度】为 25，如图 4-2-2 所示。

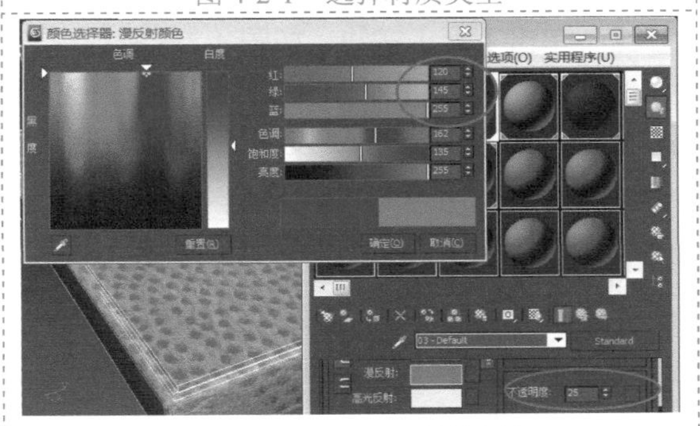

图 4-2-2　设置漫反射的颜色

3 设置【高光级别】为 160，【光泽度】为 90，将视图旋转至合适的角度，单击主工具栏中的【渲染产品】按钮，查看高光效果，如图 4-2-3 所示。

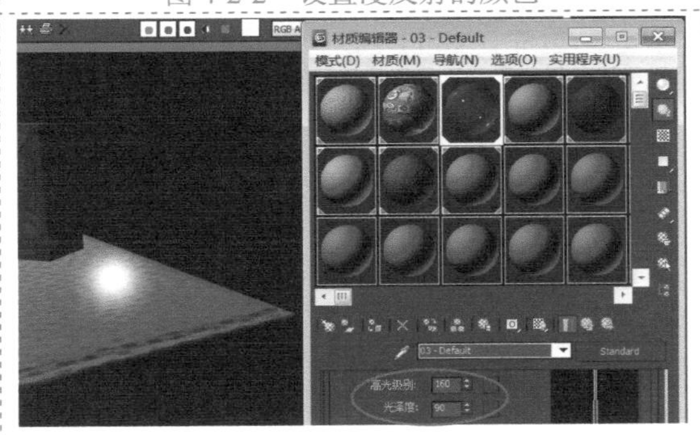

图 4-2-3　调整高光

4 找到【贴图】卷展栏，单击【反射】右侧的【None】按钮，弹出【材质/贴图浏览器】对话框，选择【光线跟踪】选项，如图 4-2-4 所示。

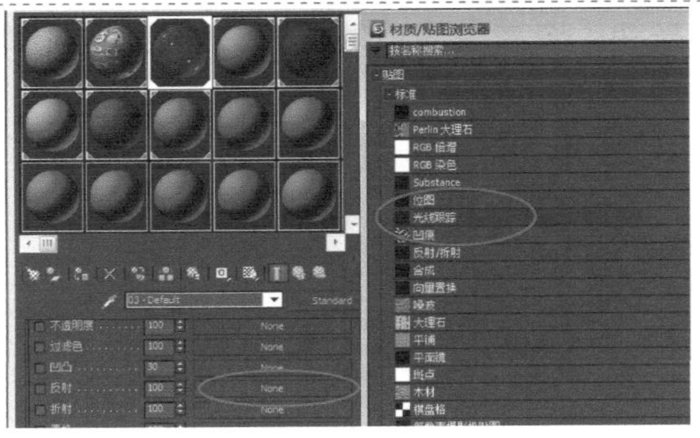

图 4-2-4　设置反射

5 将视图切换为【Camera01】摄像机视图，单击主工具栏中的【渲染产品】按钮，查看玻璃的反射效果，如图 4-2-5 所示。

图 4-2-5 玻璃的反射效果

6 在【Raytrace】通道中找到【背景】选项组，单击【无】按钮，如图 4-2-6 所示。

注意：单击【材质编辑器】对话框中的【材质/贴图导航器】按钮，可以快速浏览材质的设置情况并访问相关通道。

图 4-2-6 设置反射贴图

7 在【选择位图图像文件】对话框中选择背景图片，如图 4-2-7 所示。

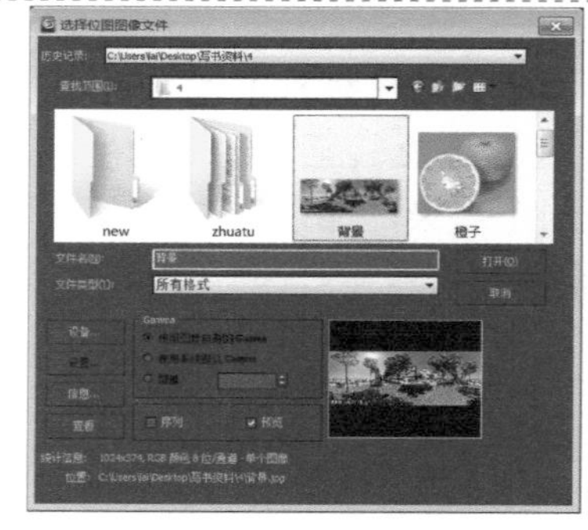

图 4-2-7 选择位图图片

8 单击主工具栏中的【渲染产品】按钮，查看玻璃反射背景图片的效果，如图 4-2-8 所示。

图 4-2-8 玻璃反射背景图片效果

9 单击【材质编辑器】对话框中的【转到父对象】按钮，回到材质顶层，找到【贴图】卷展栏，设置【反射】为 35，如图 4-2-9 所示。

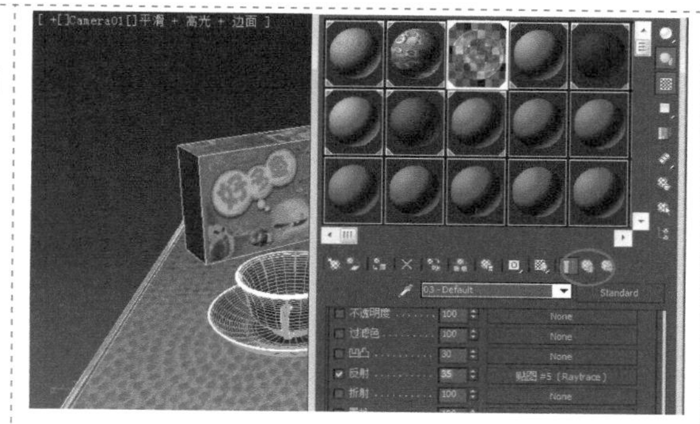

图 4-2-9 设置反射强度

10 单击主工具栏中的【渲染产品】按钮，查看完成后的玻璃效果，如图 4-2-10 所示。

图 4-2-10 调整后的玻璃效果

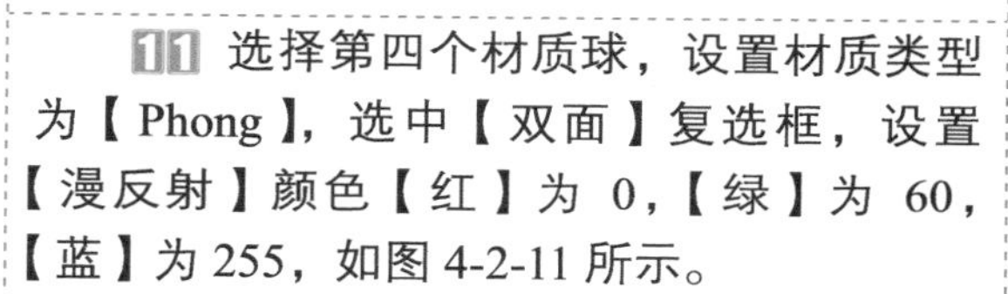

11 选择第四个材质球，设置材质类型为【Phong】，选中【双面】复选框，设置【漫反射】颜色【红】为 0，【绿】为 60，【蓝】为 255，如图 4-2-11 所示。

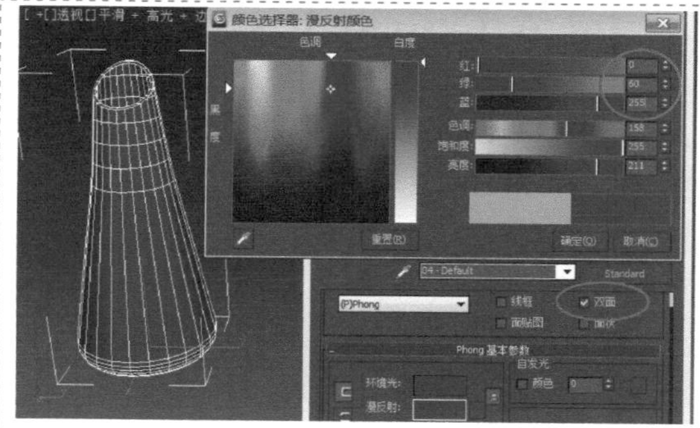

图 4-2-11 设置漫反射参数

12 设置【高光级别】为 160；【光泽度】为 65，如图 4-2-12 所示。

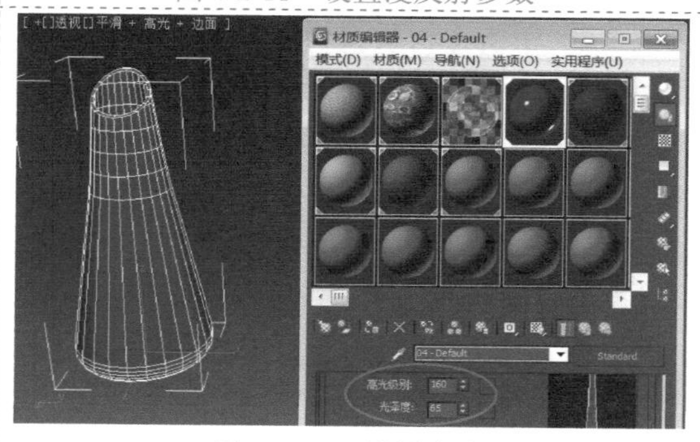

图 4-2-12 设置高光

13 进入【贴图】卷展栏，单击【折射】右侧的【None】按钮，弹出【材质/贴图浏览器】对话框，选择【光线跟踪】选项，如图 4-2-13 所示。

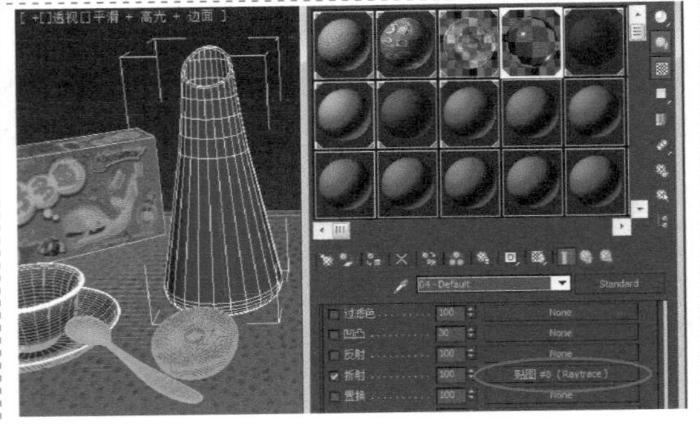

图 4-2-13　设置折射

14 单击主工具栏中的【渲染产品】按钮，查看玻璃瓶的折射效果，如图 4-2-14 所示。

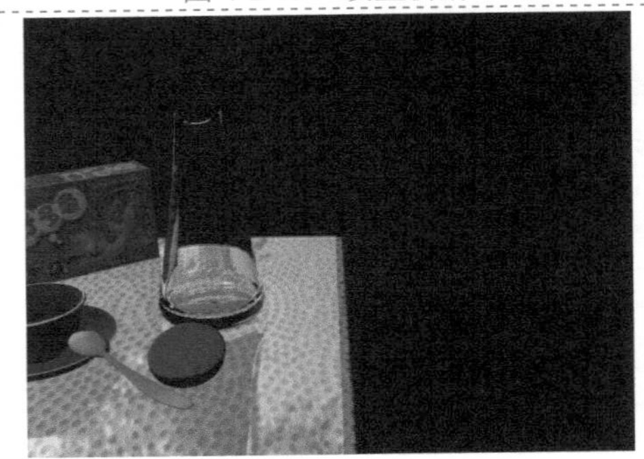

图 4-2-14　玻璃瓶的折射效果

15 在【Raytrace】通道中找到【背景】，单击【无】按钮，弹出【材质/贴图浏览器】对话框，选择【位图】选项，选择背景图片，如图 4-2-15 所示。

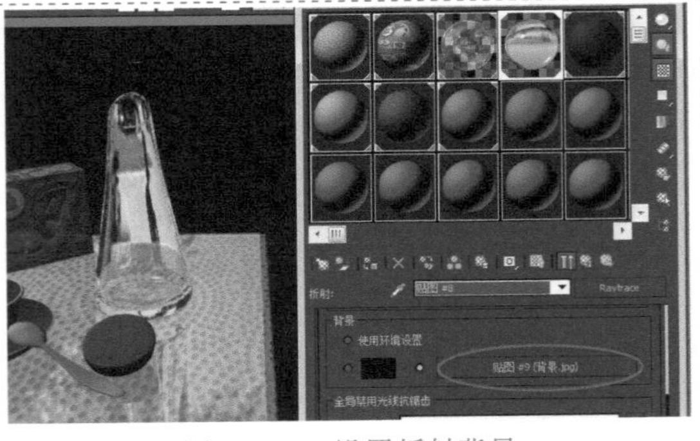

图 4-2-15　设置折射背景

16 单击【材质编辑器】对话框中的【转到父对象】按钮，回到材质顶层，在【贴图】卷展栏，右击【折射】通道，在弹出的快捷菜单中执行【复制】命令，如图 4-2-16 所示。

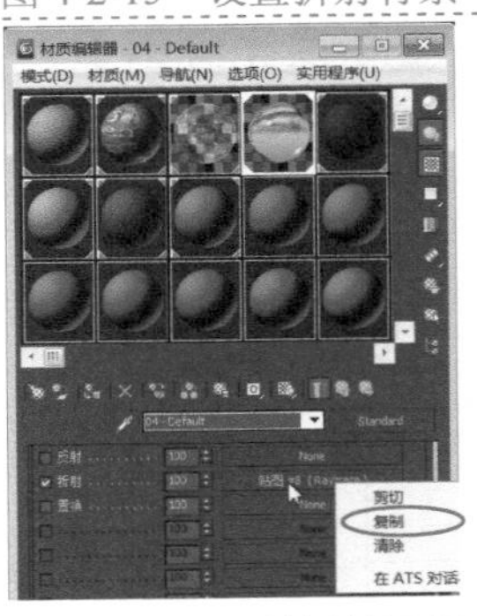

图 4-2-16　复制折射设置

17 右击【反射】通道，在弹出的快捷菜单中执行【粘贴（复制）】命令，如图 4-2-17 所示。

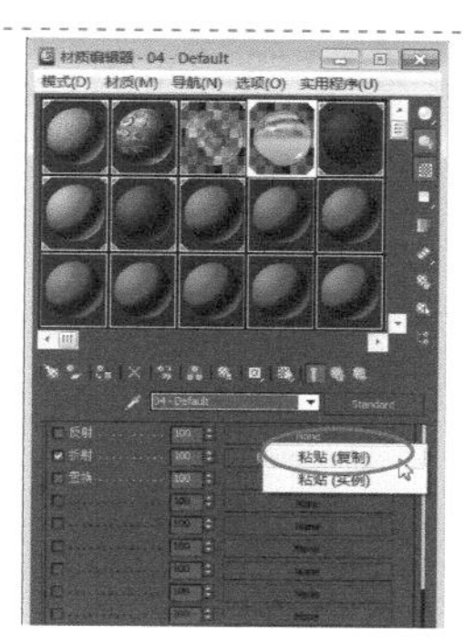

图 4-2-17 粘贴参数

18 设置【反射】为 10，【折射】为 95，单击主工具栏中的【渲染产品】按钮，查看玻璃瓶的最终效果，如图 4-2-18 所示。

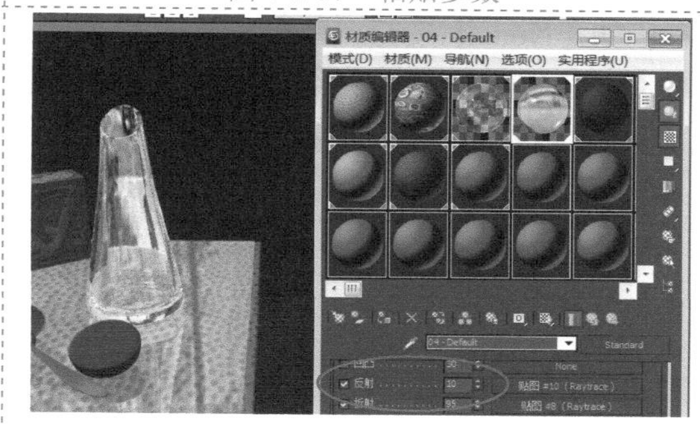

图 4-2-18 玻璃瓶最终效果

4.3 陶瓷及金属材质

【材质编辑器】的使用——材质的设置

1 在【材质编辑器】对话框中选择第五个材质球，设置材质类型为【Phong】，如图 4-3-1 所示。

2 设置【高光级别】为 170，【光泽度】为 70，如图 4-3-2 所示。

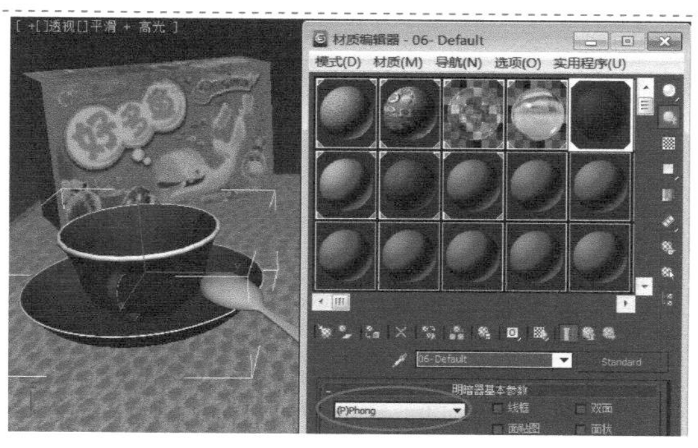

图 4-3-1 选择材质类型

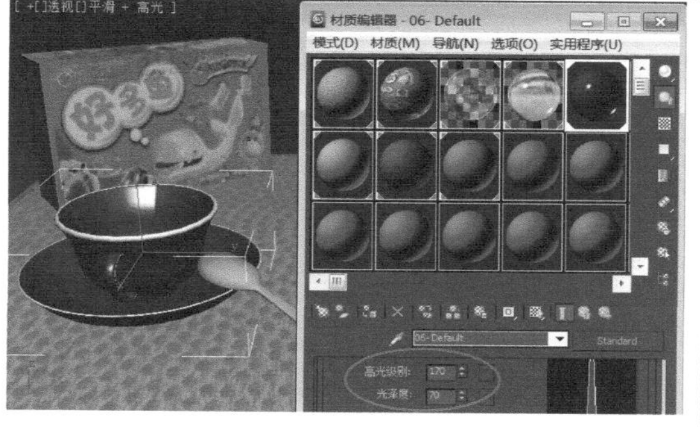

图 4-3-2 设置高光

3 设置漫反射贴图，单击【在视口中显示标准贴图】按钮，如图 4-3-3 所示。

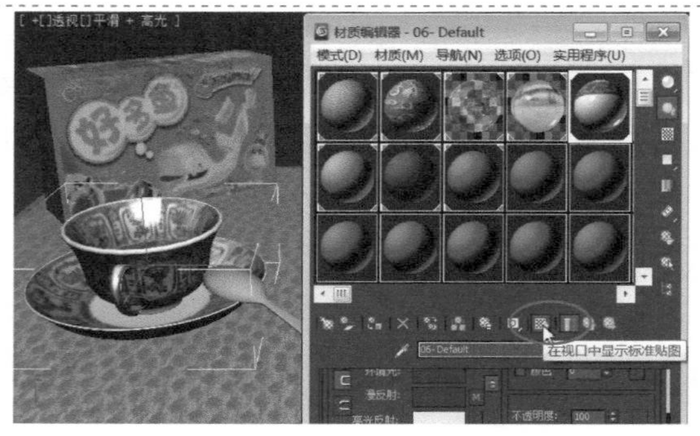

图 4-3-3 设置漫反射贴图

4 找到【贴图】卷展栏，单击【反射】右侧的【None】按钮，弹出【材质/贴图浏览器】对话框，选择【光线跟踪】选项，设置【反射】为 20，如图 4-3-4 所示。

图 4-3-4 设置反射

5 单击主工具栏中的【渲染产品】按钮，查看茶杯的反射效果，如图 4-3-5 所示。

图 4-3-5 茶杯反射效果

6 选择场景中瓷器中的白色物体，在【材质编辑器】对话框中设置一个纯白色的材质，将材质赋予物体，如图 4-3-6 所示。

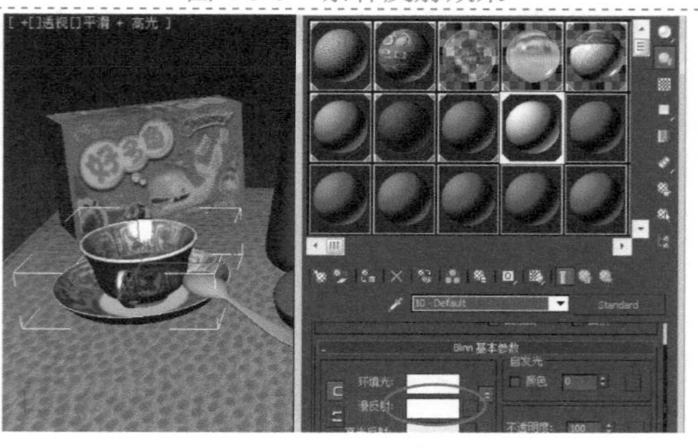

图 4-3-6 设置材质

7 选择场景中的勺子，选择【材质编辑器】对话框中对应的材质球，设置材质类型为【金属】，如图 4-3-7 所示。

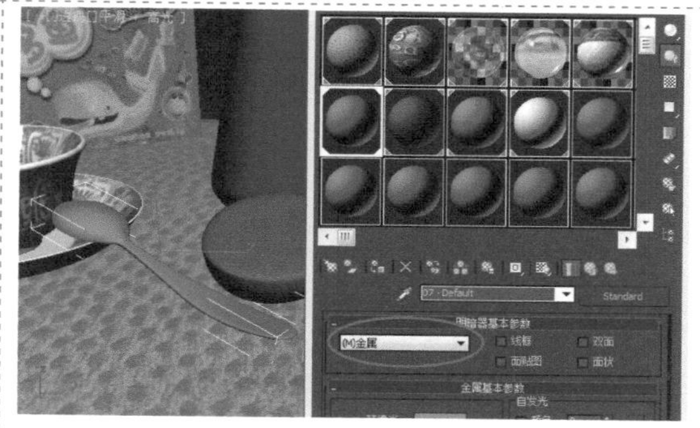

图 4-3-7　选择材质类型

8 设置【漫反射】颜色【红】为 225，【绿】为 225，【蓝】为 230，如图 4-3-8 所示。

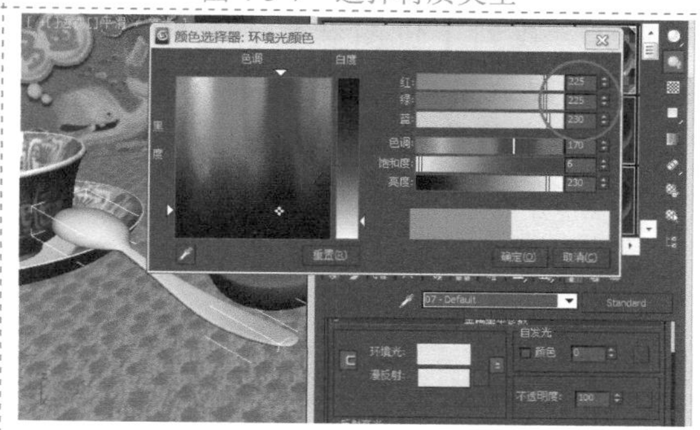

图 4-3-8　设置漫反射颜色

9 设置【高光级别】为 140，【光泽度】为 80，如图 4-3-9 所示。

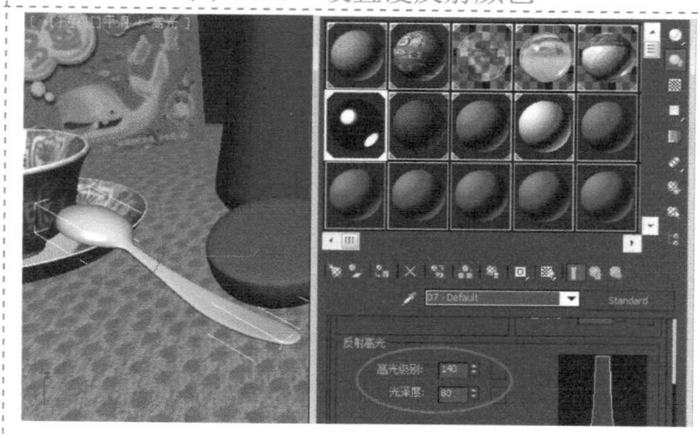

图 4-3-9　设置高光

10 找到【贴图】卷展栏，单击【反射】右侧的【None】按钮，弹出【材质/贴图浏览器】对话框，选择【位图】选项，如图 4-3-10 所示。

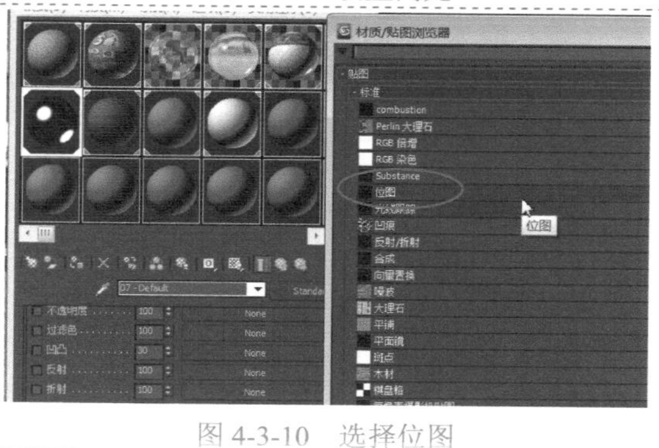

图 4-3-10　选择位图

11 弹出【选择位图图像文件】对话框，找到素材文件，选择【金属贴图】选项，如图 4-3-11 所示。

图 4-3-11　选择金属图片

12 找到【位图参数】卷展栏，选中【应用】复选框，单击【查看图像】按钮，弹出【指定裁剪/放置】对话框，调整贴图区域大小，如图 4-3-12 所示。

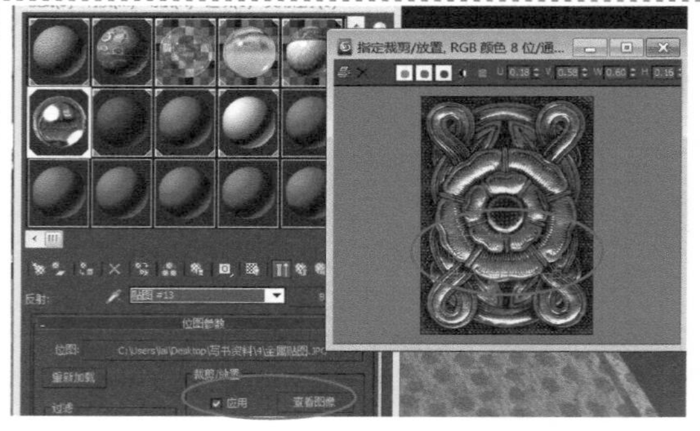

图 4-3-12　调整贴图区域

13 单击【材质编辑器】对话框的【转到父对象】按钮，回到材质顶层，找到【贴图】卷展栏，设置【反射】为 75，如图 4-3-13 所示。

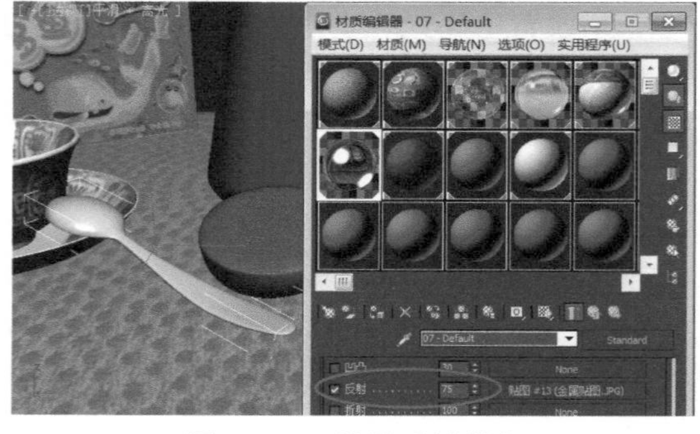

图 4-3-13　设置反射强度

14 放大勺子所在视图，单击主工具栏中的【渲染产品】按钮，查看勺子的金属材质效果，如图 4-3-14 所示。

图 4-3-14　金属效果

4.4 橙子材质

UVW 展开的使用 2

1 选择橙子表面，选择对应的材质球，设置漫反射贴图，单击【在视口中显示标准贴图】按钮，如图 4-4-1 所示。

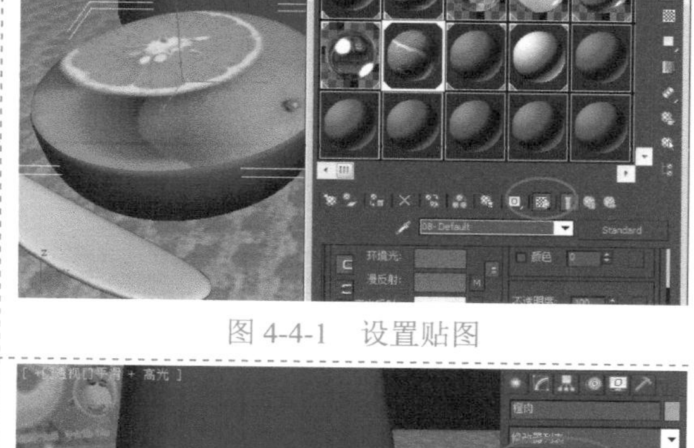

图 4-4-1 设置贴图

2 进入【修改】面板，给模型添加【UVW 展开】修改器，如图 4-4-2 所示。

图 4-4-2 添加【UVW 展开】修改器

3 单击【UVW 展开】前面的按钮，选中【面】对象，单击【编辑 UV】卷展栏中的【打开 UV 编辑器】按钮，弹出【编辑 UVW】窗口，如图 4-4-3 所示。

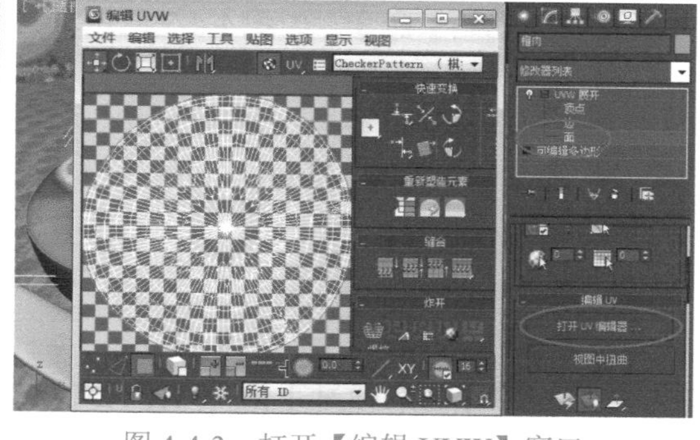

图 4-4-3 打开【编辑 UVW】窗口

4 在【编辑 UVW】窗口中，单击【自由形式模式】按钮，调整贴图的区域和大小，如图 4-4-4 所示。

图 4-4-4 调整贴图区域和大小

5 单击主工具栏中的【渲染产品】按钮，在渲染窗口中按下鼠标【右】键，在图片上移动，可以获取颜色信息，在最接近橙皮颜色的地方按下鼠标【左】键，如图 4-4-5 所示

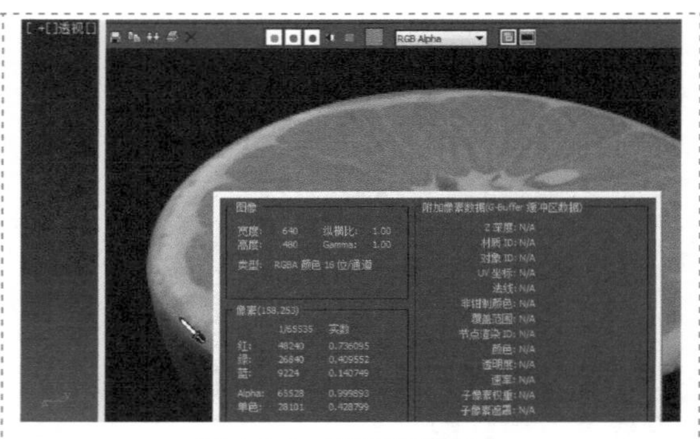

图 4-4-5 获取图像颜色

6 在窗口的工具栏中，右击颜色方框，在弹出的快捷菜单中执行【复制】命令，如图 4-4-6 所示。

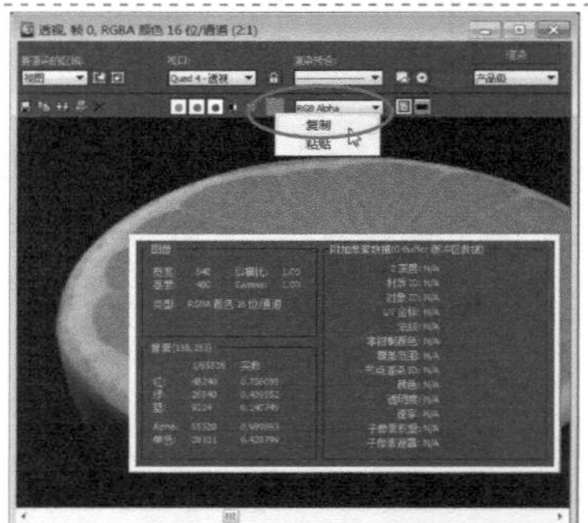

图 4-4-6 复制颜色

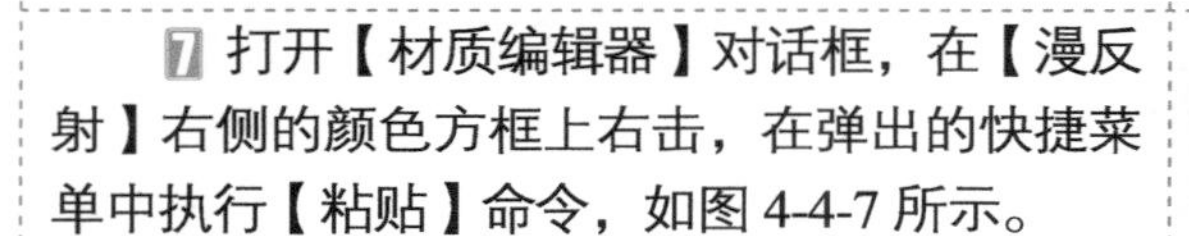
7 打开【材质编辑器】对话框，在【漫反射】右侧的颜色方框上右击，在弹出的快捷菜单中执行【粘贴】命令，如图 4-4-7 所示。

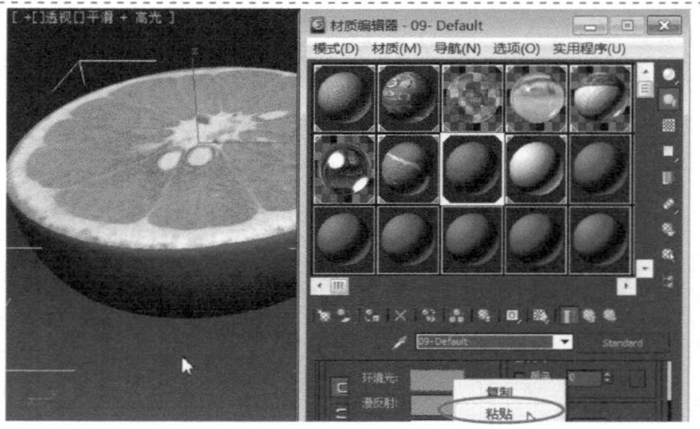

图 4-4-7 粘贴颜色

8 设置【高光级别】为 95，【光泽度】为 18，如图 4-4-8 所示。

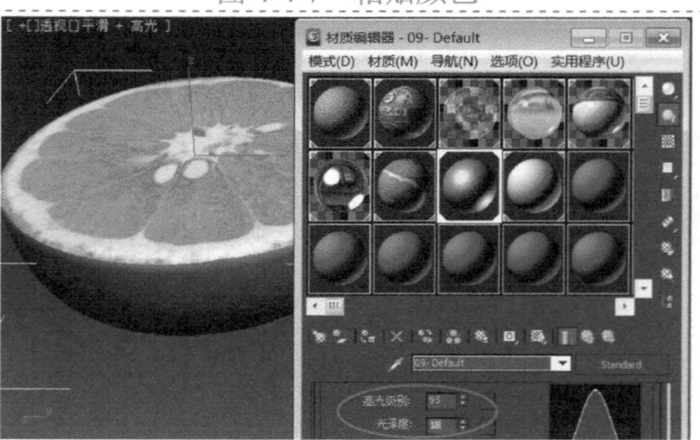

图 4-4-8 设置高光

9 单击主工具栏中的【渲染产品】按钮，查看橙皮的高光效果，如图 4-4-9 所示。

图 4-4-9　高光效果

10 找到【贴图】卷展栏，单击【凹凸】右侧的【None】按钮，弹出【材质/贴图浏览器】对话框，选择【细胞】选项，如图 4-4-10 所示。

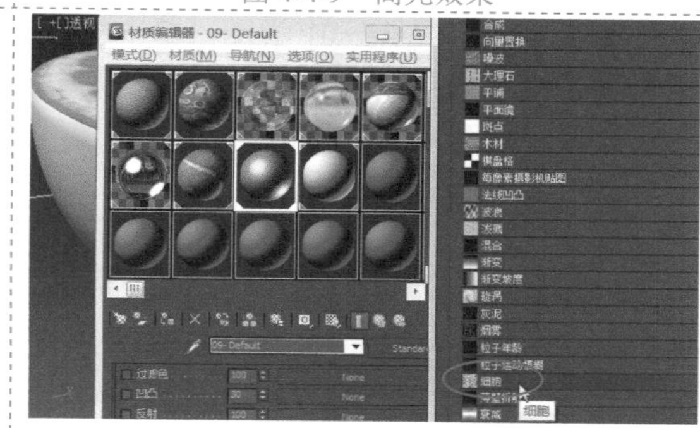

图 4-4-10　设置凹凸贴图

11 单击主工具栏中的【渲染产品】按钮，查看橙皮的凹凸效果，如图 4-4-11 所示。

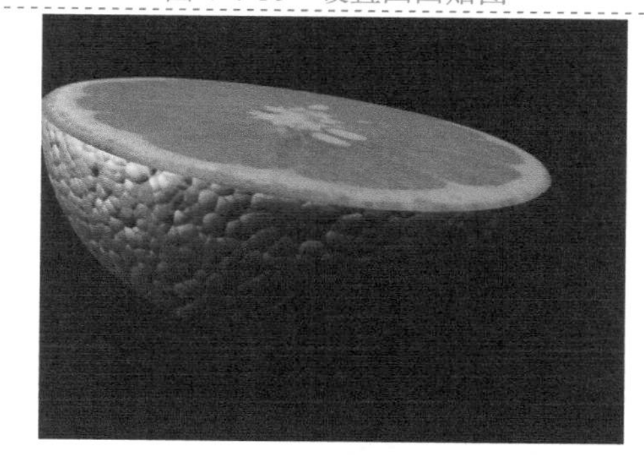

图 4-4-11　凹凸效果

12 在【细胞特性】选项组中设置【大小】为 2，如图 4-4-12 所示。

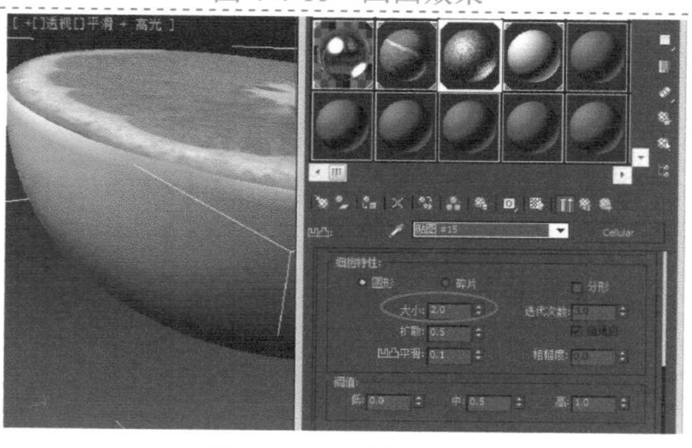

图 4-4-12　调整参数

13 单击主工具栏中的【渲染产品】按钮，查看橙皮的材质效果，如图 4-4-13 所示。

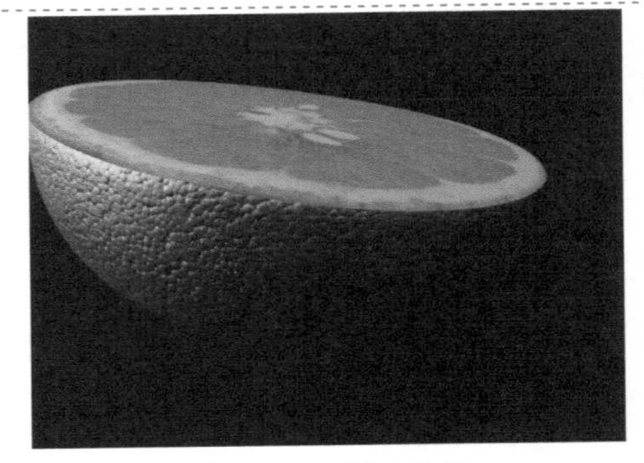

图 4-4-13　橙皮效果

14 切换为 Camera01 视图，单击主工具栏中的【渲染产品】按钮，查看场景中的橙子效果，如图 4-4-14 所示。

图 4-4-14　橙子效果

4.5　背景贴图与渲染

圆柱体贴图方式

1 执行【渲染】→【环境】命令，弹出【环境和效果】对话框，如图 4-5-1 所示。

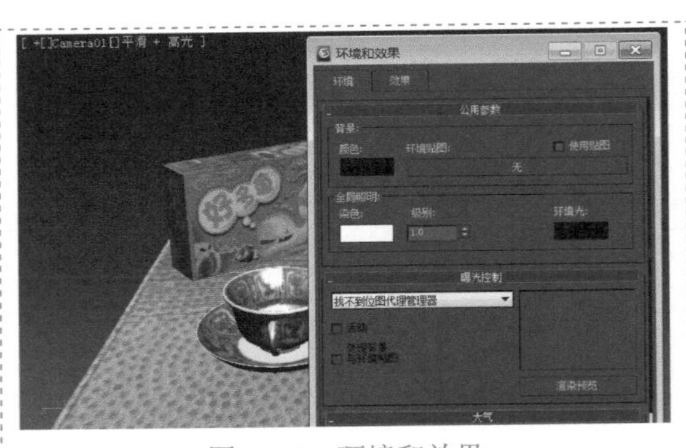

图 4-5-1　环境和效果

2 在【公用参数】卷展栏中，单击颜色右侧的【无】按钮，在弹出的【材质/贴图浏览器】对话框中选择【位图】选项，如图 4-5-2 所示。

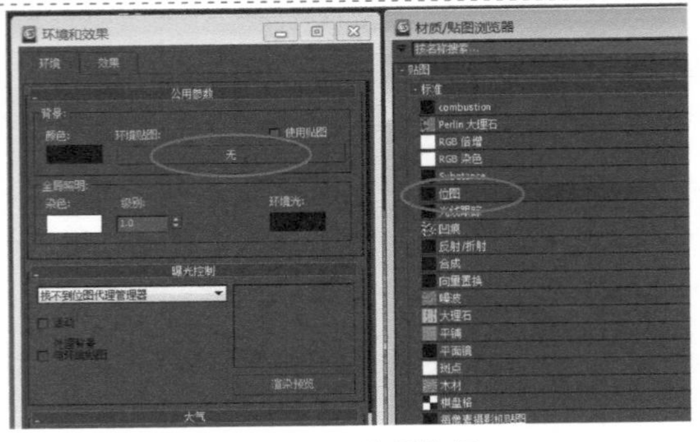

图 4-5-2　选择位图

3 弹出【选择位图图像文件】对话框，找到提供的素材文件，选择【背景】图片，如图 4-5-3 所示。

图 4-5-3 选择位图图片

4 单击主工具栏中的【渲染产品】按钮，查看背景效果，如图 4-5-4 所示。

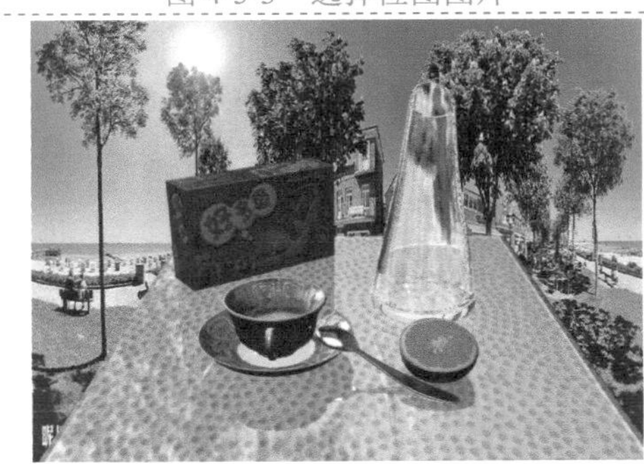

图 4-5-4 背景效果

5 在【环境和效果】窗口中，在【贴图】按钮上按住鼠标左键将贴图拖动到【材质编辑器】对话框的一个新材质球上，弹出【实例（副本）贴图】对话框，选中【实例】单选按钮，如图 4-5-5 所示。

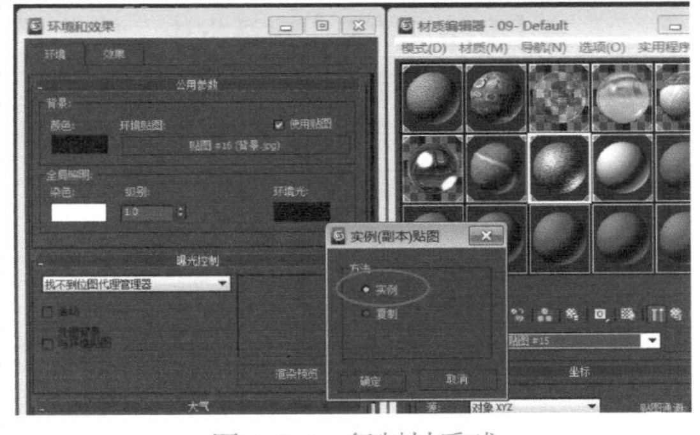

图 4-5-5 复制材质球

6 在【坐标】卷展栏中，单击【贴图】右侧的下拉按钮，在下拉列表中选择【柱形环境】选项，如图 4-5-6 所示。

图 4-5-6 调整贴图

7 设置【模糊偏移】为 0.008，如图 4-5-7 所示。

图 4-5-7　设置模糊偏移

8 单击主工具栏中的【渲染产品】按钮，设置好背景效果，如图 4-5-8 所示。

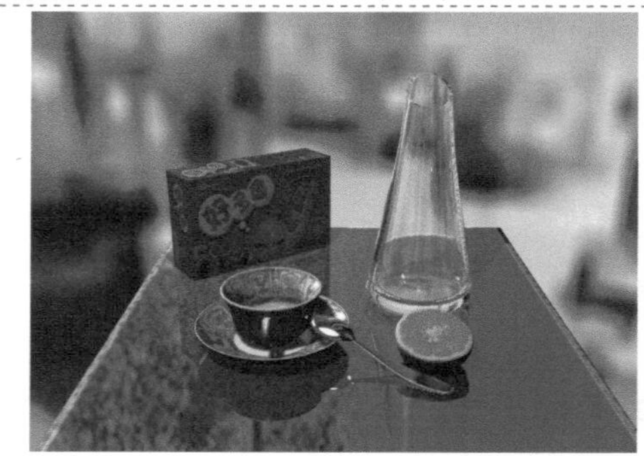

图 4-5-8　完成的背景

9 在【环境和效果】对话框中，单击【环境光】下面的颜色按钮，将【白黑】滑块向下方移动，增加环境光的亮度，如图 4-5-9 所示。

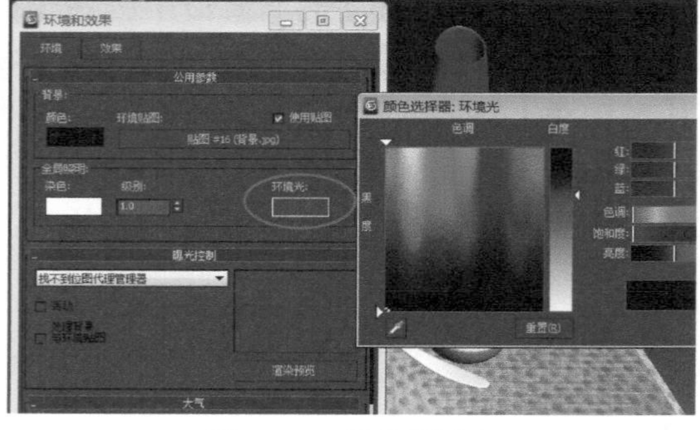

图 4-5-9　调整环境光

10 单击主工具栏中的【渲染产品】按钮，环境光加亮后的效果如图 4-5-10 所示。

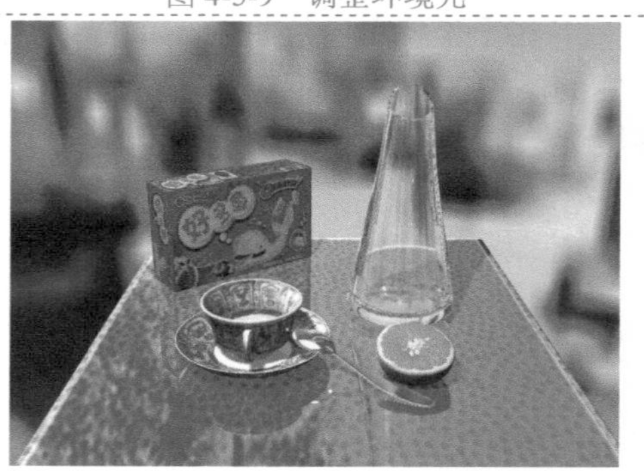

图 4-5-10　环境光加亮后的效果

11 执行【渲染设置】命令，弹出【渲染设置：默认扫描线渲染器】窗口，在【输出大小】选项组中设置【宽度】为 900，【高度】为 500，如图 4-5-11 所示。

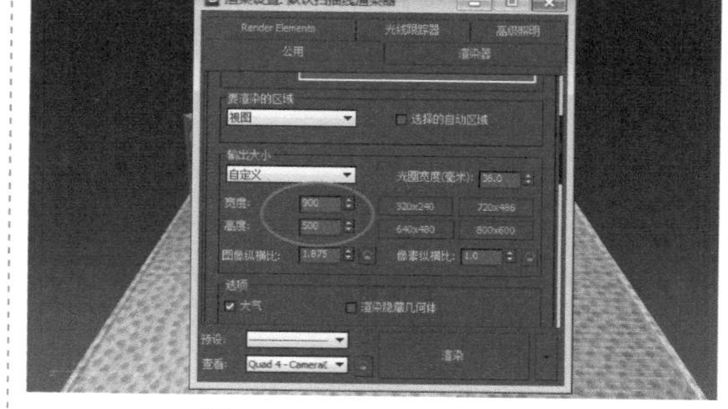

图 4-5-11　设置渲染尺寸

12 在视图左上角 Camera01 上右击，在弹出的快捷菜单中执行【显示安全框】命令，如图 4-5-12 所示。

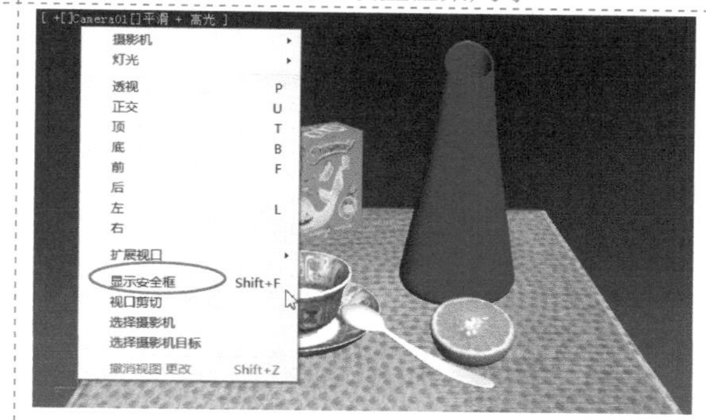

图 4-5-12　显示安全框

13 使用视图调整工具调整场景的视图，如图 4-5-13 所示。

注意：使用安全框可以查看图像输出的区域。

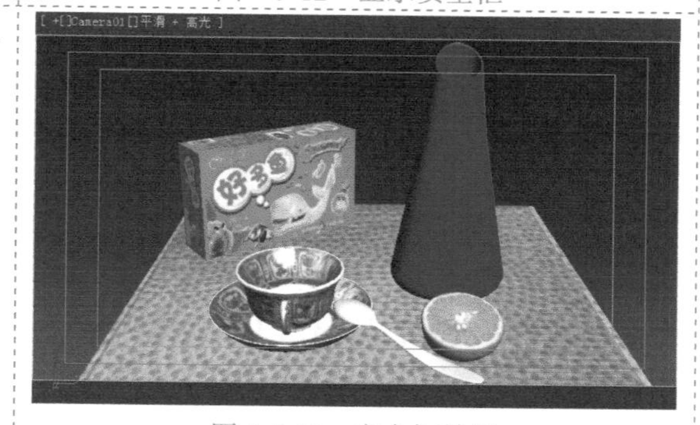

图 4-5-13　安全框效果

14 单击主工具栏中的【渲染产品】按钮，完成所有材质的设置，场景的效果如图 4-5-14 所示。

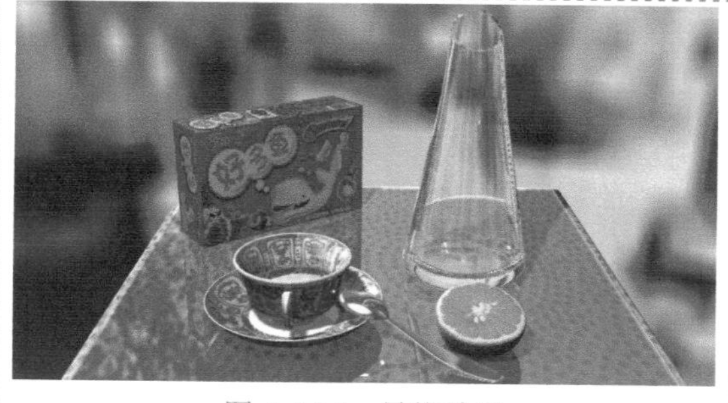

图 4-5-14　最终效果

4.6 相关知识

【材质编辑器】的使用——材质的设置

1. 复制材质

在【材质编辑器】对话框中通过拖动一个材质球到另一个材质球进行复制，如图 4-6-1 和图 4-6-2 所示。

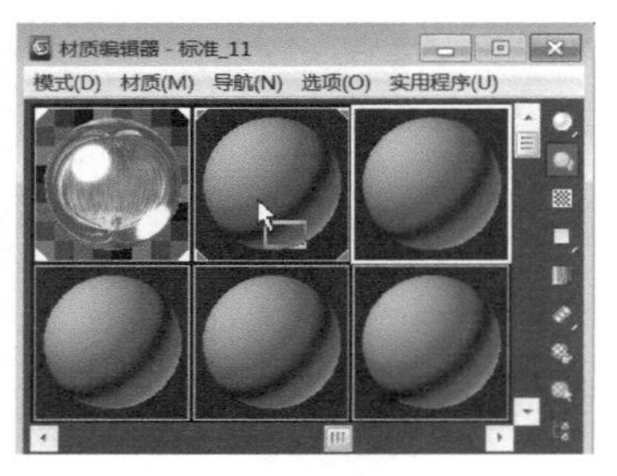

图 4-6-1　拖动材质球

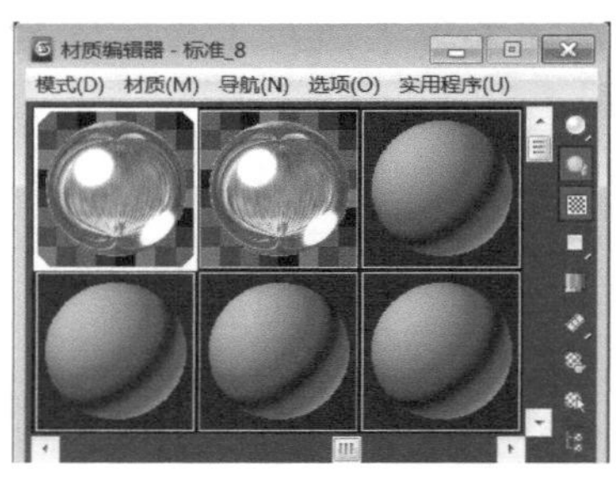

图 4-6-2　完成复制

2. 赋予材质

赋予材质有如下两种方法。

方法一：选择场景中的物体，单击【材质编辑器】对话框中的【将材质指定给选定的对象】按钮。

方法二：直接将设置好材质的材质球拖动到场景中的模型上。

3. 获取材质

单击【从对象拾取材质】按钮，在视图中拾取对象，对象上的材质将会被拾取到选定的材质球上，如图 4-6-3 和图 4-6-4 所示。

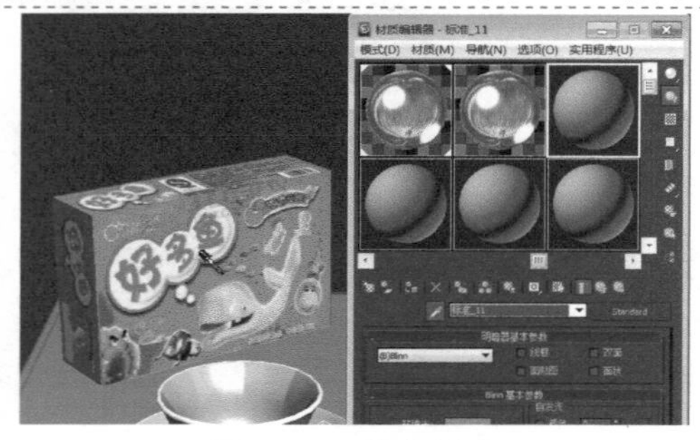

图 4-6-3　拾取材质

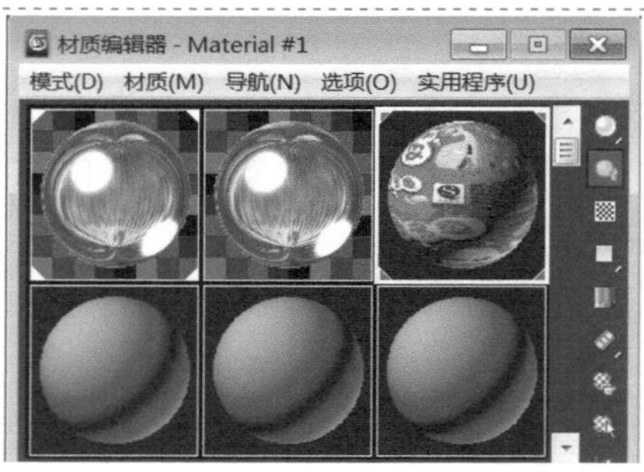

图 4-6-4　获取后的材质

4. 保存材质

可以通过保存材质来累积自己的材质库，从而弥补软件提供材质不足的问题。

选择需要保存的材质，单击【材质编辑器】对话框中的【放入库】按钮，输入材质名称，单击【确定】按钮，完成材质的保存，如图 4-6-5 所示。

图 4-6-5 材质保存

5. 删除材质

当不需要某种材质时，可以将【材质编辑器】和场景中的材质删除，或仅将【材质编辑器】中的材质删除，而保留场景中对象的材质。在【材质编辑器】对话框中单击【重置贴图/材质为默认设置】按钮，当删除冷材质时，将弹出【材质编辑器】对话框，提示是否删除材质，单击【是】按钮即可将材质实例窗口中的材质删除，如图 4-6-6 所示；删除热材质时，将弹出【重置材质/贴图参数】对话框，提示在删除材质时是否影响场景中对象的材质，可根据情况选择不同的选项，如图 4-6-7 所示。

冷材质指设置的材质球未被场景中的物体使用的材质。

热材质指设置的材质已被场景中的物体使用的材质。

图 4-6-6 删除冷材质

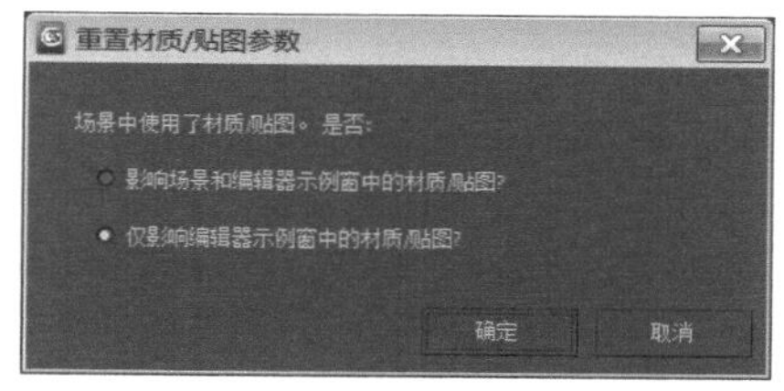

图 4-6-7 删除热材质

4.7 实战演练

金属边框的近视眼镜，放在一张风景照片上，透过眼镜可以看到变形的纹理，根据项目所学内容，完成本实战演练的制作，如图 4-7-1 所示。

图 4-7-1 眼镜和照片

制作要求如下

（1）打开提供的素材文件。
（2）设置木地板、照片贴图。
（3）设置金属效果、玻璃效果。
（4）渲染输出。

制作提示

（1）金属和地板需要添加反射效果。
（2）为玻璃镜片制作折射效果。
（3）调整反射和折射参数。

项目评价

项目实训评价表						
	内　容		评订等级			
	学习目标	评价项目	4	4	2	1
职业能力	能熟练掌握 UVW 展开修改器的使用	能给物体不同面设置不同贴图				
		能正确调整贴图区域大小				
	能熟练掌握【材质编辑器】的使用	能熟练对材质球进行各种操作				
		能熟练调整材质的常见参数				
	熟悉场景材质效果	能设置金属材质				
		能设置玻璃材质				
		能设置陶瓷材质				
	熟练设置场景背景和环境	能设置场景背景				
		能设置场景环境				
综合评价						

项 目

5

建筑效果图

项目描述

随着计算机技术的发展，使用三维软件制作建筑效果图变得越来越方便。建筑效果图因为能把施工后的实际效果用真实和直观的视图表现出来，使大家能够一目了然地看到施工后的实际效果而受到了社会的普遍欢迎。本项目将完成一副建筑效果图的制作，着重讲解制作建筑模型的快捷方法，其中建筑贴图、Photoshop 后期处理不是本项目的重点，将简单带过，本项目的最终效果如图 5—0—1 所示。

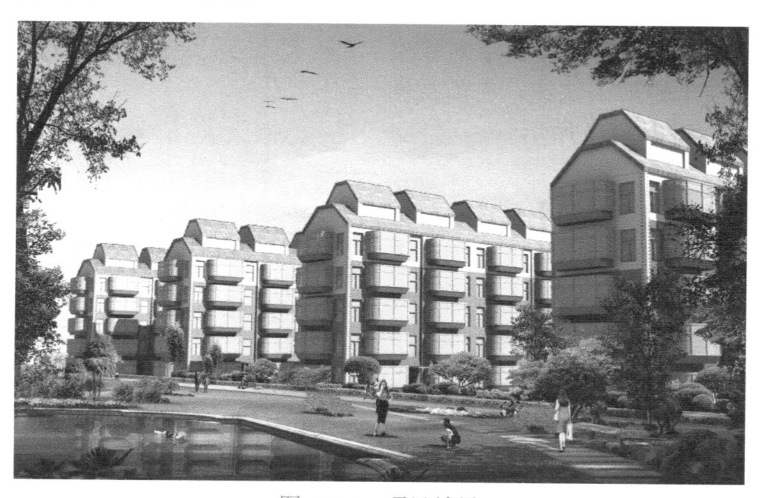

图 5-0-1　项目效果

学习目标

- 基本物体的创建
- 图形的可渲染设置
- 可编辑的多边形的使用

- 自动栅格的使用

项目分析

从创建基本体着手，使用相关工具调整物体的子对象，从而得到所需的模型结构，为了精确制作物体模型，在建模过程中应灵活开启角度捕捉、三维捕捉。本模型主要使用了可编辑多边形的相关命令，主要需要完成以下六个环节。

① 一楼外墙制作。

② 外眺窗制作。

③ 公共楼墙制作。

④ 门及整体楼墙制作。

⑤ 房顶制作。

⑥ 灯光设置。

实现步骤

5.1　一楼外墙制作

二维图形的创建——客厅墙体的制作

1 单击【图形】按钮，在【对象类型】卷展栏中单击【矩形】按钮，在前视图中绘制一个矩形，如图 5-1-1 所示。

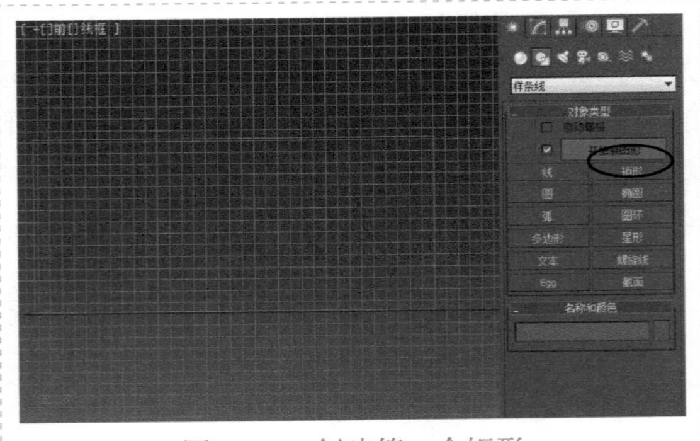

图 5-1-1　创建第一个矩形

2 取消选中【开始新图形】复选框，继续使用【矩形】工具绘制两个矩形，使这三个矩形成一个图形，进入【修改】面板调整图形子对象，最终结果如图 5-1-2 所示。

图 5-1-2　矩形创建结果

3 选中图形，进入【修改】面板，增加【挤出】修改器，挤出【数量】为 15，按【P】键切换为透视图查看效果，如图 5-1-3 所示。

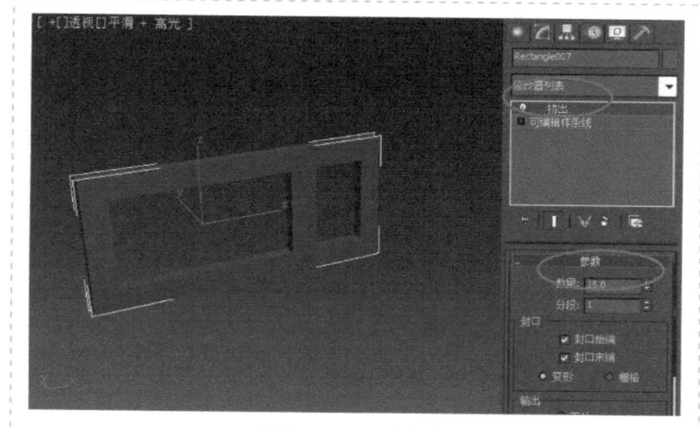

图 5-1-3 挤出

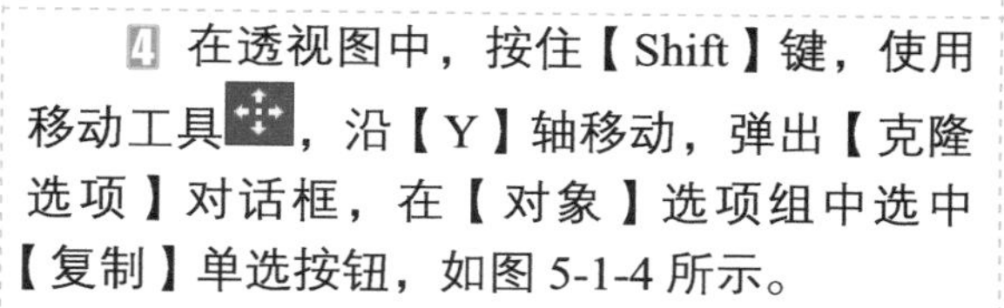

4 在透视图中，按住【Shift】键，使用移动工具，沿【Y】轴移动，弹出【克隆选项】对话框，在【对象】选项组中选中【复制】单选按钮，如图 5-1-4 所示。

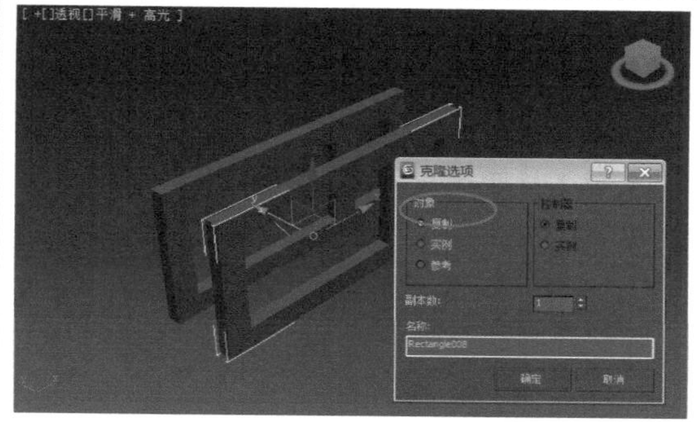

图 5-1-4 复制物体

5 选择复制后的物体中，在【修改】面板中，单击按钮，删除【挤出】修改器，找到【渲染】卷展栏，选中【在渲染中启用】和【在视口中启用】复选框，选择【矩形】，设置【长度】为 8，【宽度】为 4，如图 5-1-5 所示。

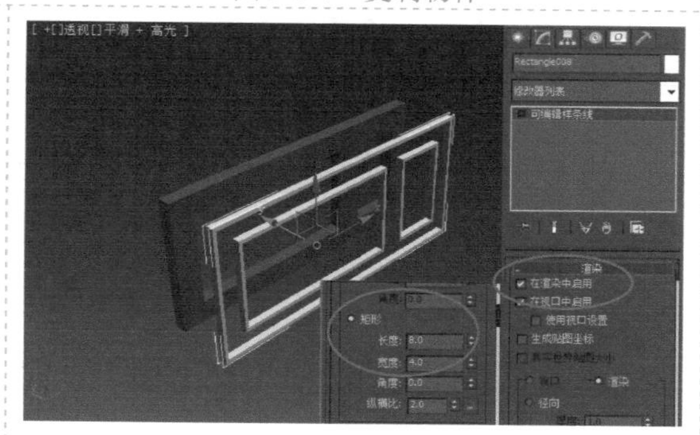

图 5-1-5 设置渲染

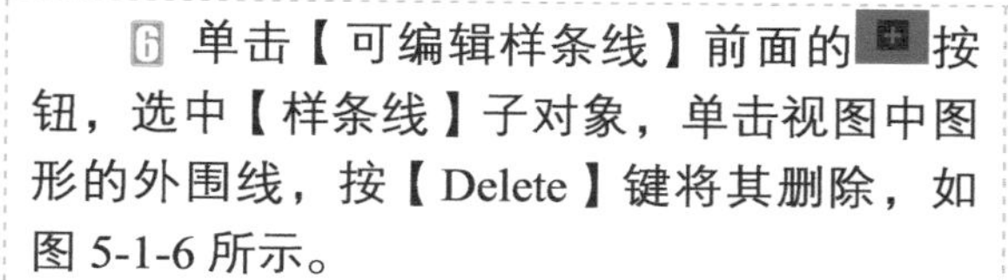

6 单击【可编辑样条线】前面的按钮，选中【样条线】子对象，单击视图中图形的外围线，按【Delete】键将其删除，如图 5-1-6 所示。

注意：【Alt+X】组合键能将选择的物体半透明显示。

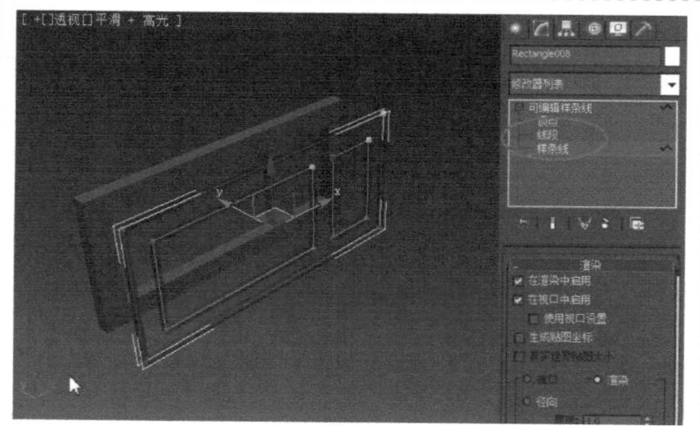

图 5-1-6 选择外圈样条线并删除

7 选择【可编辑样条线】选项，退出子对象，使用【选择并移动】工具，沿【Y】轴将图形移动到墙体内，如图 5-1-7 所示

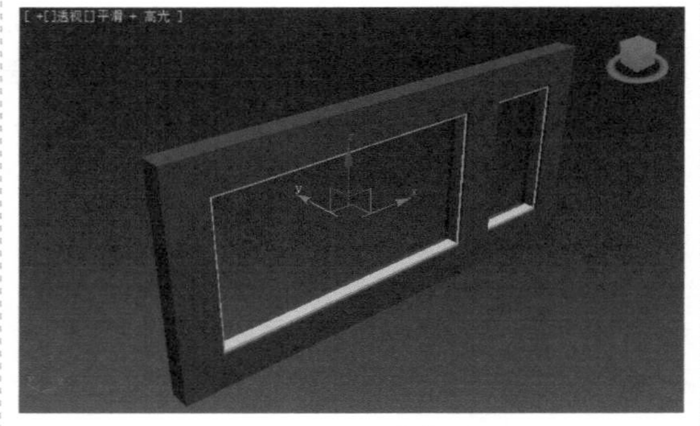
图 5-1-7 调整位置

8 单击【图形】按钮，在【对象类型】卷展栏中单击【线】按钮，按住【Shift】键，在前视图中绘制直线，设置渲染参数，【长度】为 5，【宽度】为 3，如图 5-1-8 所示。

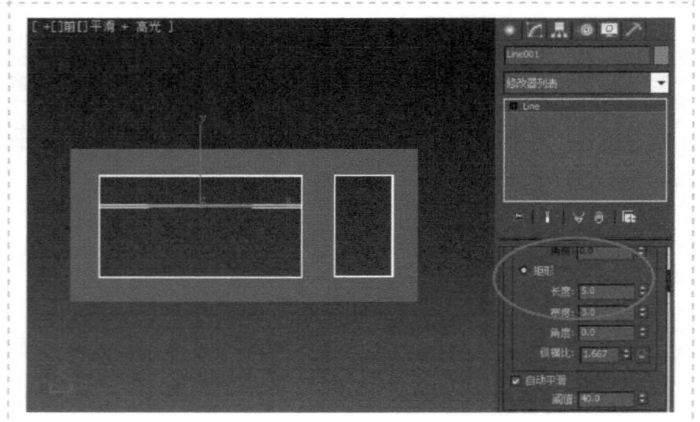
图 5-1-8 绘制线

9 使用【线】工具，按住【Shift】键，在前视图中绘制其余直线，如图 5-1-9 所示。

注意：【Shift】键的功能之一是绘制水平直线或垂直直线。

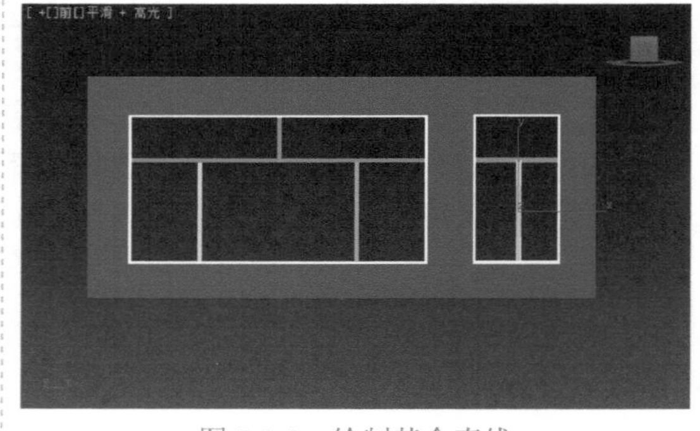
图 5-1-9 绘制其余直线

10 按【P】键将视图切换为透视图，将绘制的直线移动到窗框内，选择窗框图形，单击【修改】→【几何体】面板，单击【附加】按钮，分别单击视图中的直线，将它们附加成一个图形，如图 5-1-10 所示。

图 5-1-10 附加图形

11 单击【创建】→【几何体】面板，在【对象类型】卷展栏中单击【平面】按钮，在【参数】卷展栏中设置【长度分段】为 1，【宽度分段】为 1，在前视图中创建一个平面，如图 5-1-11 所示。

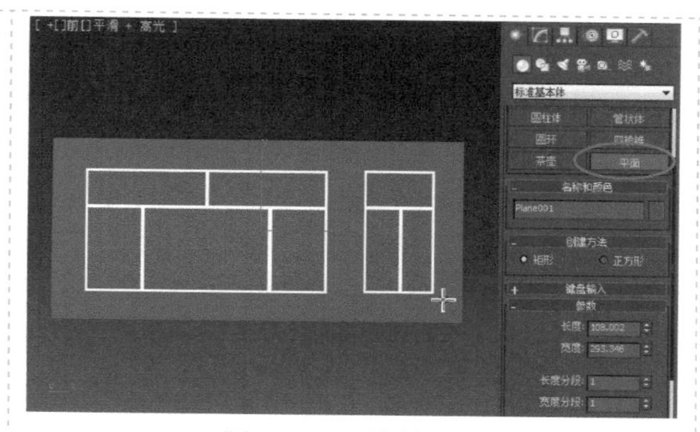

图 5-1-11　绘制平面

12 按【M】键弹出【材质编辑器】对话框，选择一个材质球，设置【漫反射】颜色为淡蓝色，【透明度】为 65，将材质指定给平面。其效果如图 5-1-12 所示。

图 5-1-12　设置透明

5.2　外眺窗制作

连接命令的使用

1 单击【图形】按钮，在【对象类型】卷展栏中单击【矩形】按钮，在顶视图中绘制一个矩形，如图 5-2-1 所示。

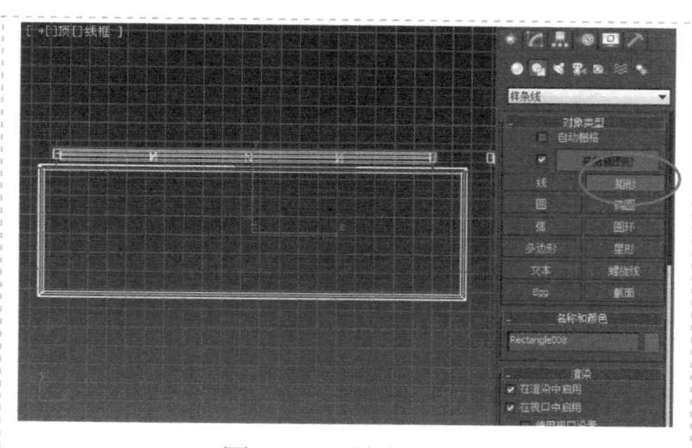

图 5-2-1　绘制矩形

2 将视图切换为透视图，选中矩形，在视图中右击，在弹出的快捷菜单中执行【转换为】→【转换为可编辑样条线】命令，如图 5-2-2 所示。

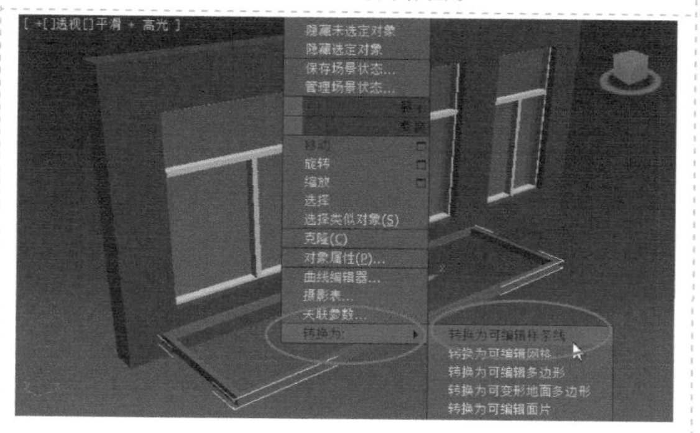

图 5-2-2　转换为可编辑样条线

3 进入【修改】面板，单击【可编辑样条线】前面的按钮，选中【点】子对象，选择靠外的两个点，如图 5-2-3 所示。

注意：【Ctrl】键，加选物体；【Alt】键，减选物体；键盘上的【1】、【2】、【3】——分别对应子对象的【顶点】、【线段】、【样条线】。在图形转换成可编辑的样条线的情况下，可用这几个键快速访问相应的子对象。

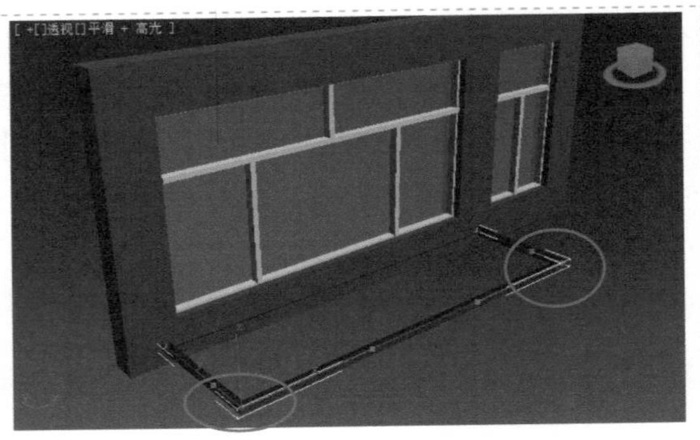

图 5-2-3　选择点

4 在【几何体】面板中单击【圆角】按钮，在视图中选择的顶点上按住鼠标左键并向上拖动，选中的顶点会变成圆角，如图 5-2-4 所示。

图 5-2-4　圆角

5 退出顶点子对象，给图形添加【挤出】修改器，设置挤出【数量】，使物体包住窗户，如图 5-2-5 所示。

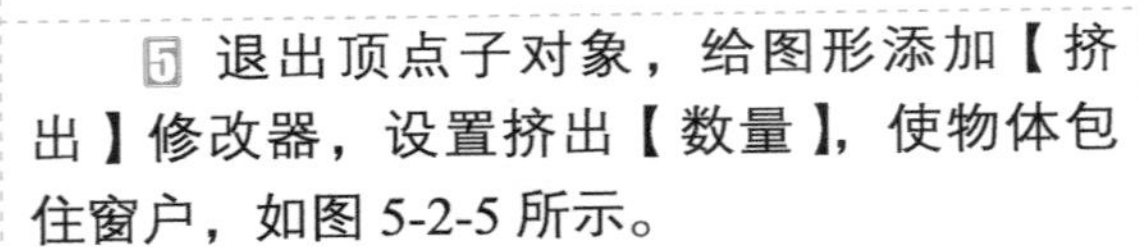

注意：这里的挤出数量只作为参考，大家可根据自己模型的实际情况进行设置。

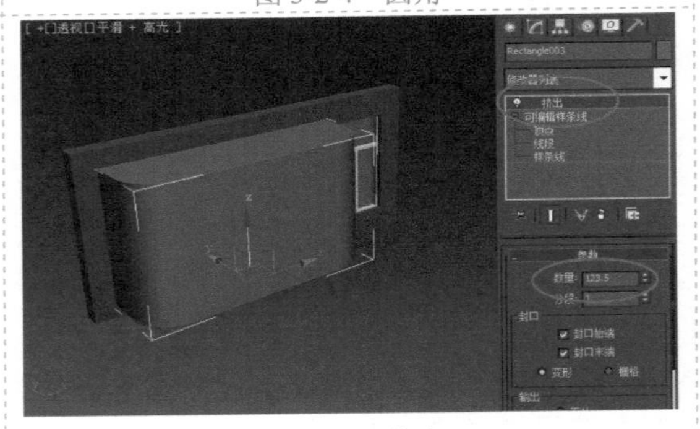

图 5-2-5　挤出

6 在视图中右击，在弹出的快捷菜单中执行【转换为】→【转换为可编辑多边形】命令，将物体转换为可编辑的多边形，如图 5-2-6 所示。

注意：单击视图下方的【孤立当前选择切换】按钮，或按【Alt+Q】组合键，可以使选择的物体从当前场景中孤立显示。

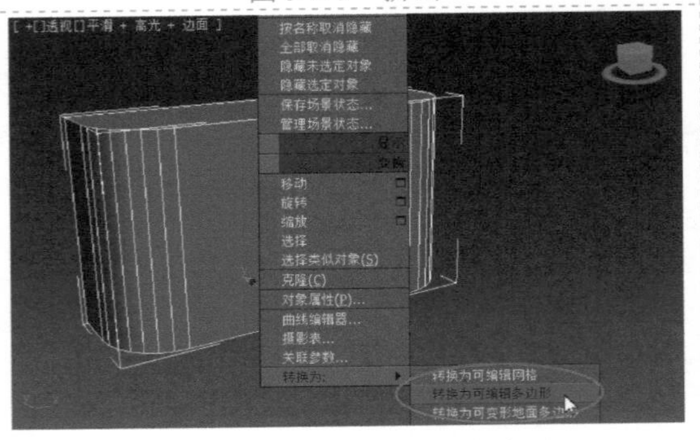

图 5-2-6　转换为可编辑多边形

7 进入【修改】面板，单击【选择】卷展栏中的【多边形】按钮（或按键盘上的4），进入多边形子对象，选择视图中的背面，按【Delete】键将其删除，如图 5-2-7 所示。

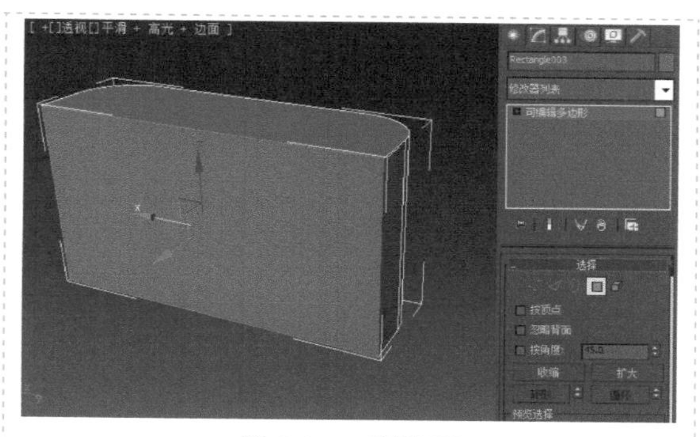

图 5-2-7 删除面

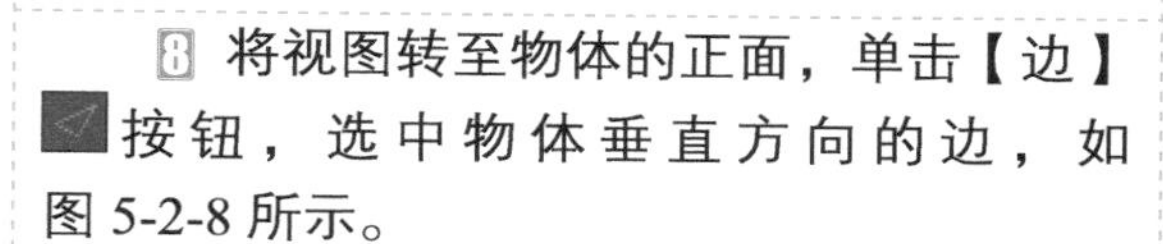

8 将视图转至物体的正面，单击【边】按钮，选中物体垂直方向的边，如图 5-2-8 所示。

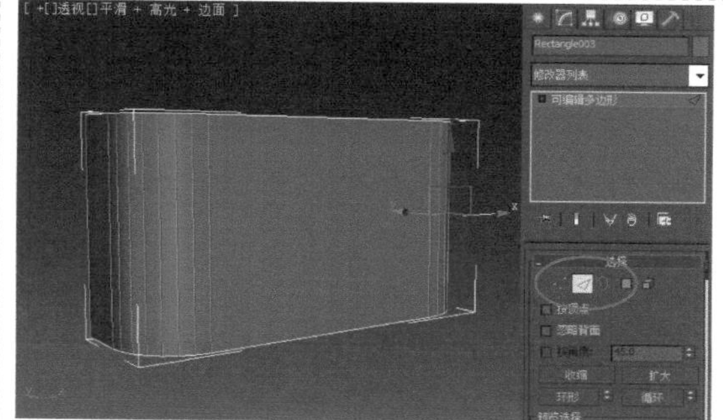

图 5-2-8 选择边

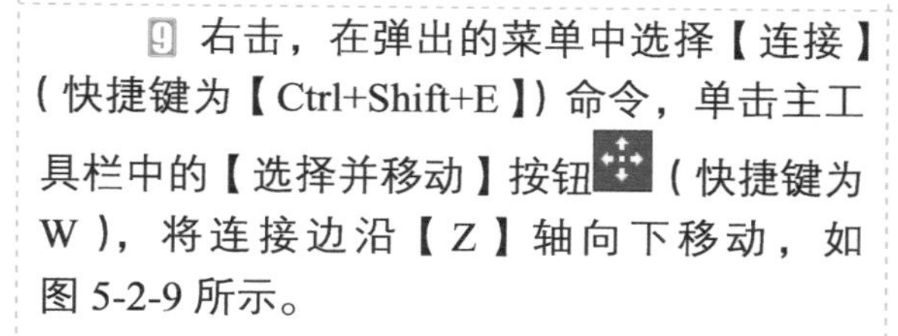

9 右击，在弹出的菜单中选择【连接】（快捷键为【Ctrl+Shift+E】）命令，单击主工具栏中的【选择并移动】按钮（快捷键为W），将连接边沿【Z】轴向下移动，如图 5-2-9 所示。

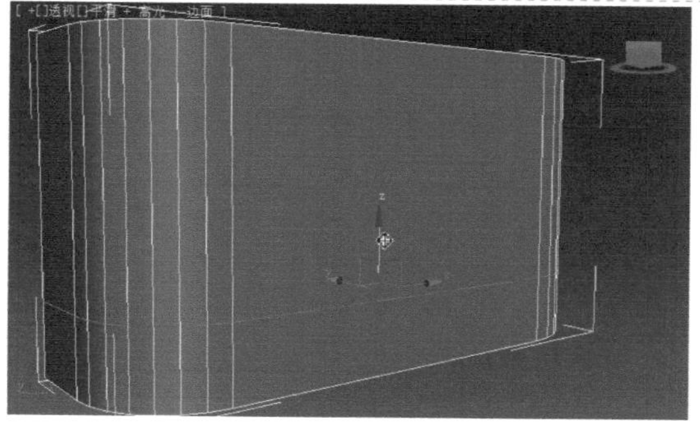

图 5-2-9 连接

10 以同样的方法生成连线，将连线沿【Z】轴向上移动，如图 5-2-10 所示。

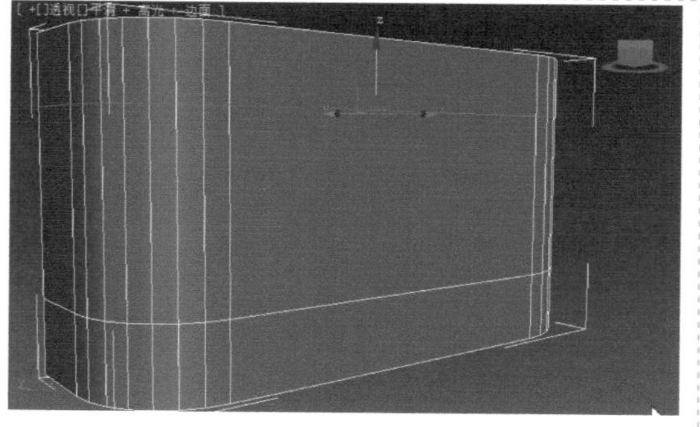

图 5-2-10 生成连线并移动

11 选择中间两根线，继续增加一根连线，如图 5-2-11 所示。

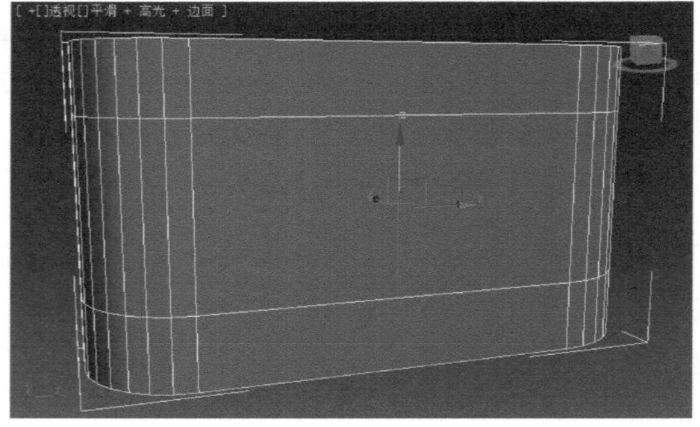

图 5-2-11　增加连线

12 选择将作为窗框的边，如图 5-2-12 所示。

注意：选择边的时候，配合【选择】卷展栏中的【循环】按钮，可以快速选择首尾相连的循环边。

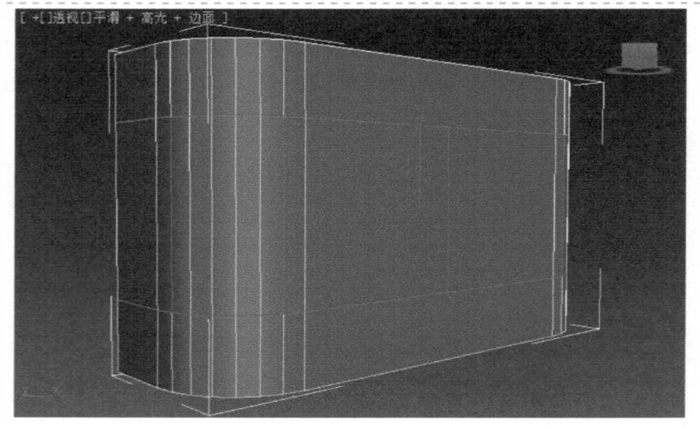

图 5-2-12　选择边

13 右击，在弹出的快捷菜单中执行【创建图形】命令，弹出【创建图形】对话框，选中【线性】单选按钮，单击【确定】按钮退出对话框，如图 5-2-13 所示。

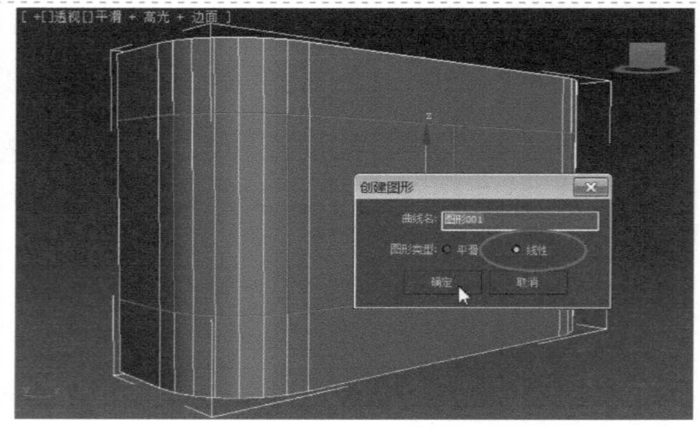

图 5-2-13　创建图形

14 退出【边】子对象，选中刚创建的图形，设置渲染的【长度】和【宽度】，并设置白色材质，如图 5-2-14 所示。

图 5-2-14　设置渲染

15 选择窗户物体，单击【修改】面板中的【多边形】按钮，进入【多边形】子对象，选择如图 5-2-15 所示的面，单击【编辑几何体】卷展栏中的【分离】按钮，将其分离。选择【多边形】选项退出选中子对象状态。

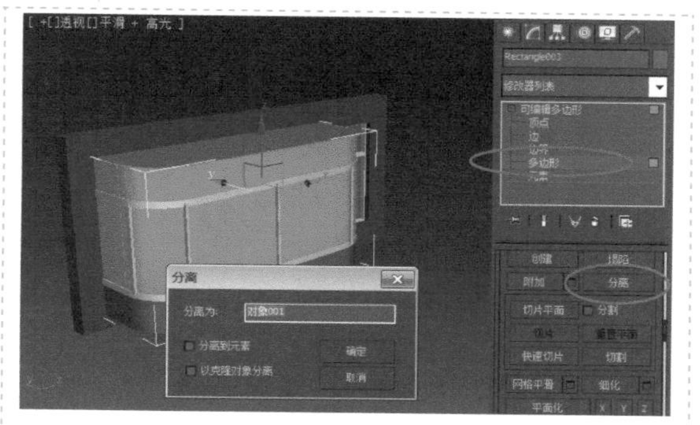

图 5-2-15 面分离

16 选择分离出来的面，将前面设置过的透明材质指定给它，效果如图 5-2-16 所示。

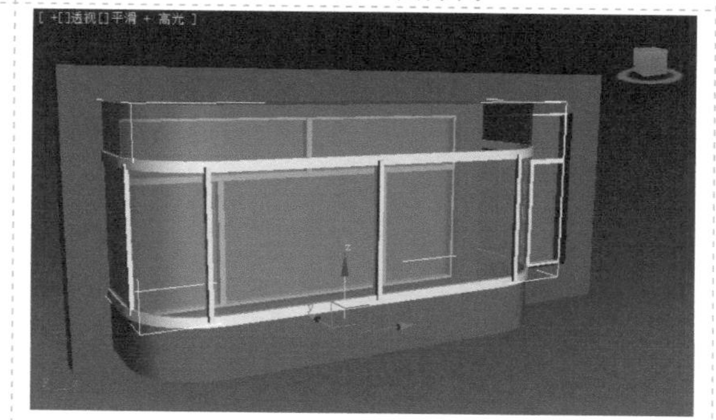

图 5-2-16 设置透明

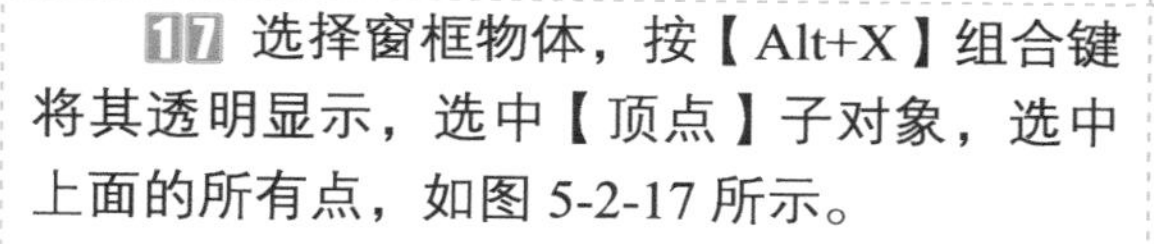

17 选择窗框物体，按【Alt+X】组合键将其透明显示，选中【顶点】子对象，选中上面的所有点，如图 5-2-17 所示。

图 5-2-17 选中点

18 使用【选择并移动】工具将顶点沿【Z】轴往上移动到顶面物体位置，如图 5-2-18 所示。

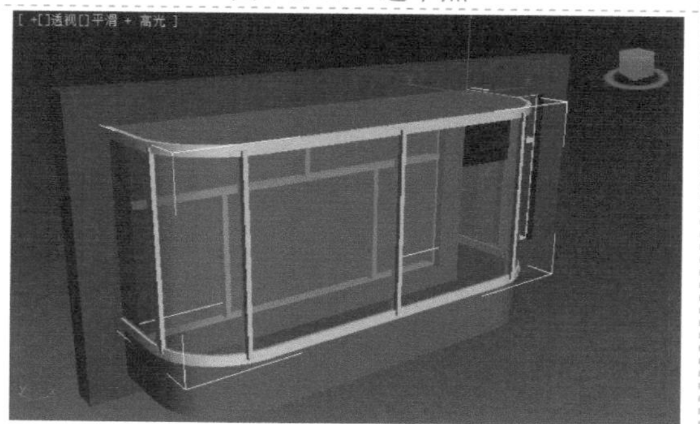

图 5-2-18 移动点

19 选中【线段】子对象，选中上面的所有线段，如图 5-2-19 所示。

注意：在选择子对象过程中，灵活按【Alt+X】组合键可将物体透明显示切换。

图 5-2-19　选中线段

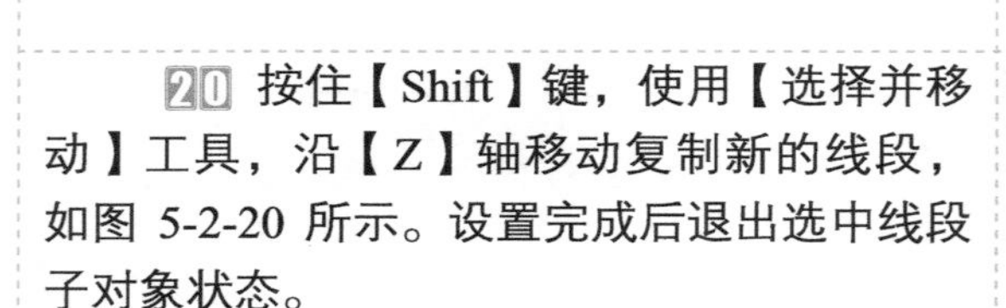

20 按住【Shift】键，使用【选择并移动】工具，沿【Z】轴移动复制新的线段，如图 5-2-20 所示。设置完成后退出选中线段子对象状态。

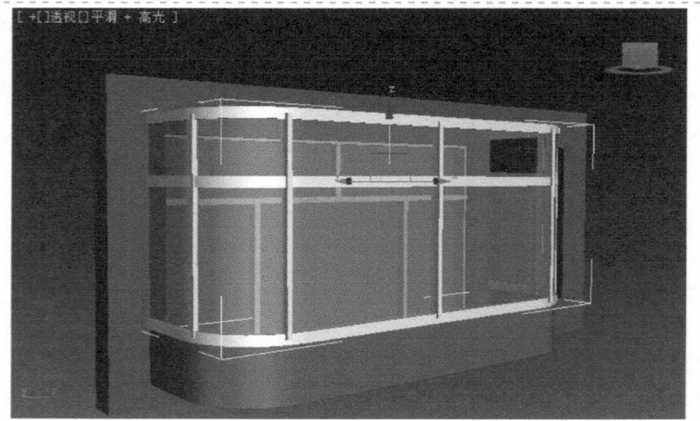

图 5-2-20　复制新线段

21 选择窗户物体，选中【顶点】子对象，选中下面所有顶点，如图 5-2-21 所示。

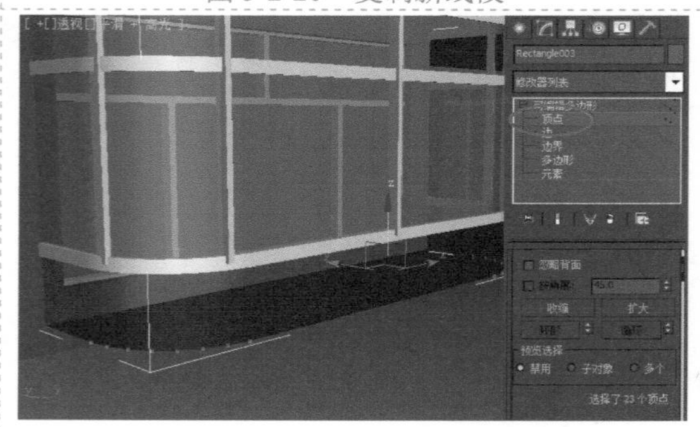

图 5-2-21　选择所有顶点

22 单击【选择并均匀缩放】工具，将点往向里缩放，再使用【选择并移动】工具将点沿【Y】轴移动，如图 5-2-22 所示。设置完成后退出选中点子对象状态。

图 5-2-22　调整点

5.3　公共楼墙制作

二维图形的创建——客厅墙体的制作

1 选择墙面及墙内窗户，按住【Shift】键，使用【选择并移动】工具沿【X】轴复制，如图 5-3-1 所示。

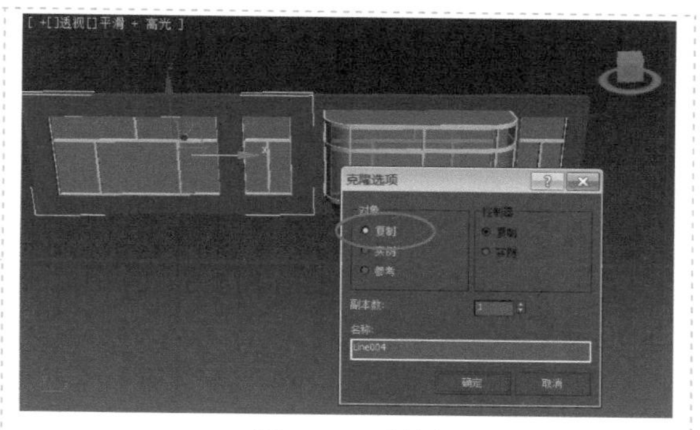

图 5-3-1　复制

2 选择复制后的墙体，在【修改】面板中，选中【样条线】，选择墙体左侧的样条线，按【Delete】键将其删除，如图 5-3-2 所示。

图 5-3-2　删除样条线

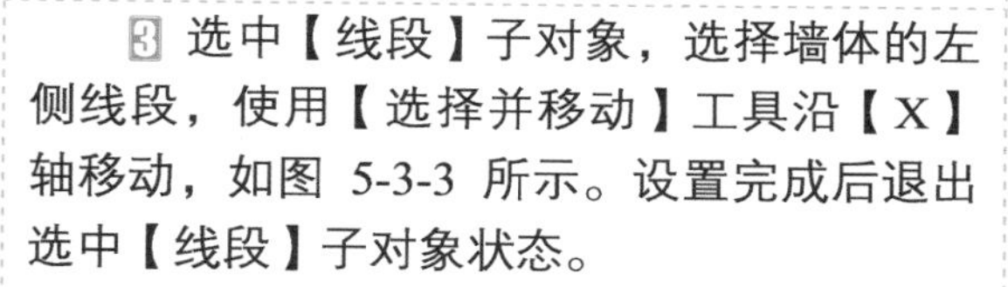

3 选中【线段】子对象，选择墙体的左侧线段，使用【选择并移动】工具沿【X】轴移动，如图 5-3-3 所示。设置完成后退出选中【线段】子对象状态。

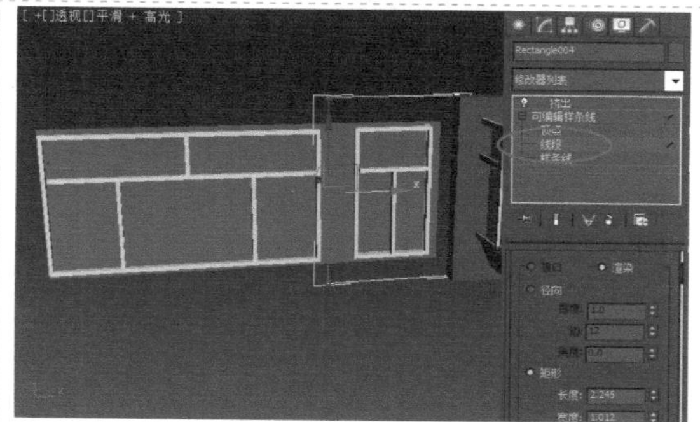

图 5-3-3　移动线段

4 选择窗框物体，选中【线段】子对象，选择大窗框的所有线段，按【Delete】键将其删除，如图 5-3-4 所示。设置完成后，退出选中【线段】子对象状态。

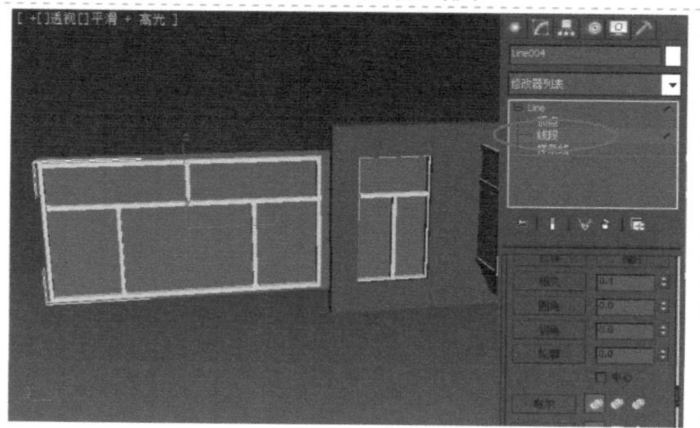

图 5-3-4　删除线段

5 选择玻璃物体，使用【选择并移动】和【选择并均匀缩放】工具将其调整至合适大小和位置，如图 5-3-5 所示 。

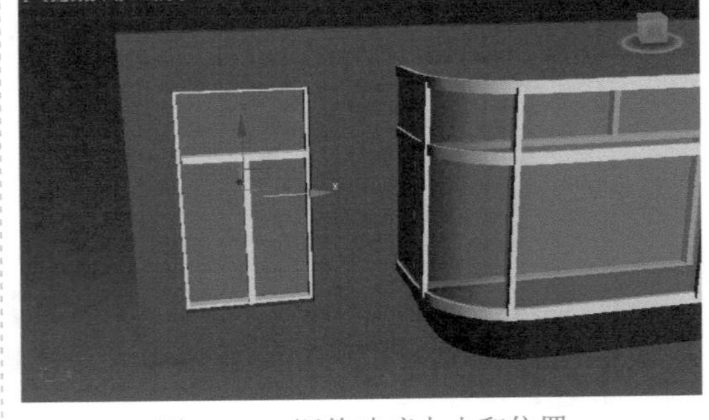

图 5-3-5　调整玻璃大小和位置

6 选择调整后的单元，使用【选择并移动】工具沿【Y】轴移动，如图 5-3-6 所示。

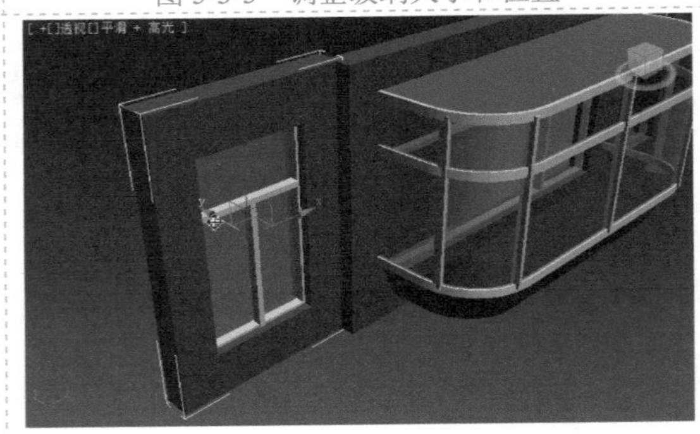

图 5-3-6　移动单元

7 选择窗框物体，进入【修改】面板，选中【线段】子对象，选择窗框中间的一条线段将其删除，使用【选择并移动】工具将水平方向的线段沿【Z】轴移动，如图 5-3-7 所示，设置完成后退出选中【线段】子对象状态。

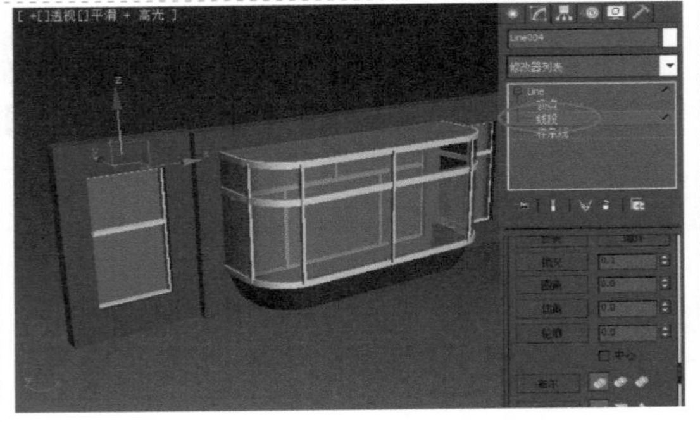

图 5-3-7　调整窗格

8 选择除公共墙体以外的物体，按住【Shift】键，使用【选择并移动】工具沿【X】轴复制，如图 5-3-8 所示。

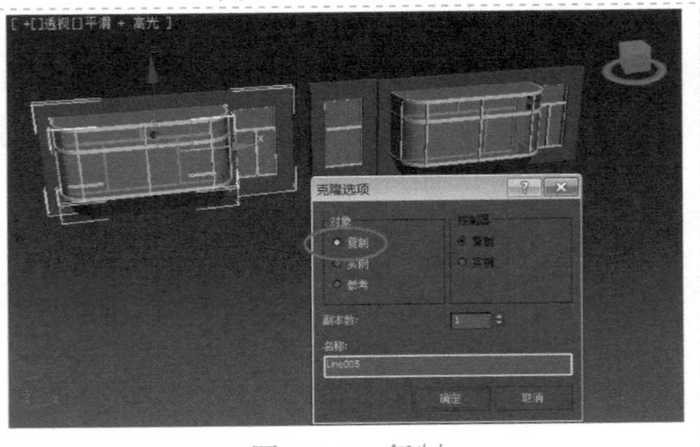

图 5-3-8　复制

9 选择复制后的物体，单击主工具栏中的【镜像】按钮，弹出【镜像：世界 坐标】对话框，设置【镜像轴】为 X，并选择【不克隆】的方式，如图 5-3-9 所示。

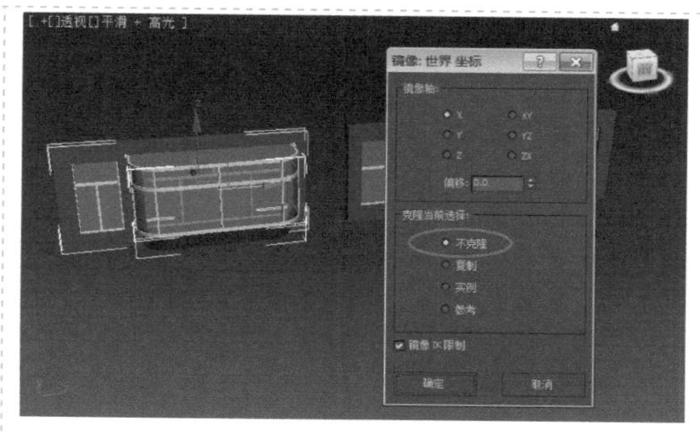

图 5-3-9 镜像

10 使用【移动】工具将镜像后的物体沿【X】轴移动到合适的位置，如图 5-3-10 所示。

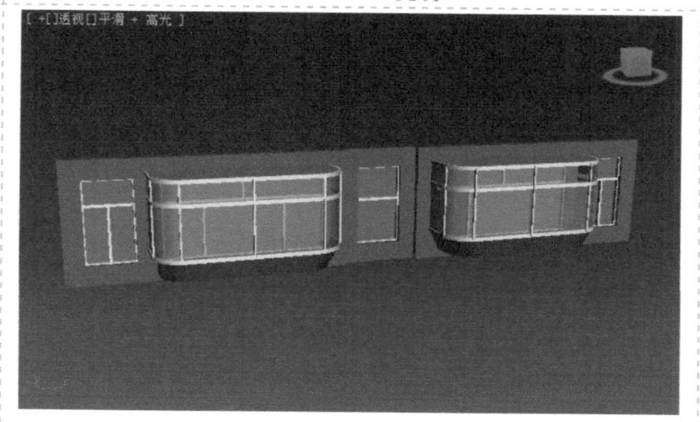

图 5-3-10 调整位置

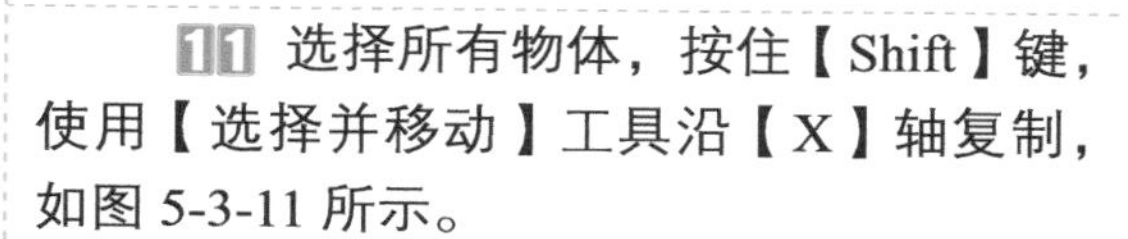

11 选择所有物体，按住【Shift】键，使用【选择并移动】工具沿【X】轴复制，如图 5-3-11 所示。

注意：使用【Ctrl+A】组合键可以快速选择场景中的所有物体。

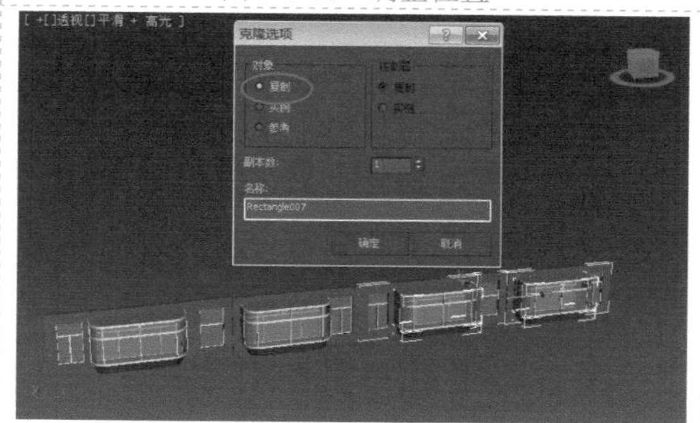

图 5-3-11 复制所有物体

12 再次选择视图中的所有物体，按住【Shift】键，使用【选择并移动】工具沿【Z】轴复制四份，如图 5-3-12 所示。

图 5-3-12 复制四份所有物体

5.4 门及整体楼墙制作

三维物体的创建

1 选择视图中的公共墙体，进入【修改】面板，选中【样条线】子对象，将窗洞的样条线选择后删除，如图 5-4-1 所示。设置完成后退出选中【样条线】子对象状态。

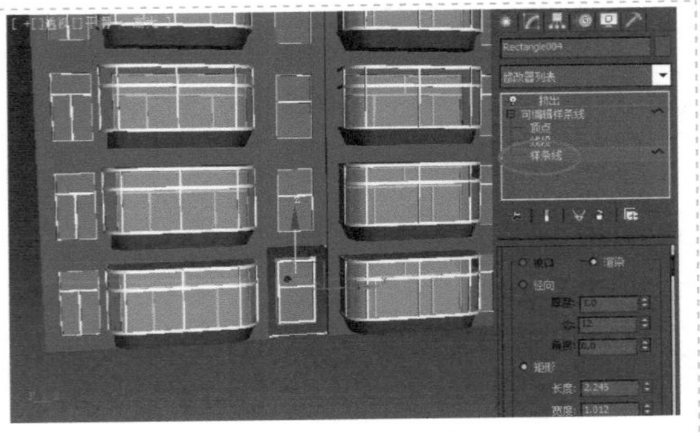

图 5-4-1 删除样条

2 删除原窗口中的框架和玻璃物体，如图 5-4-2 所示。

注意：选择墙体内部物体的时候，可以将墙体透明显示（按【Alt+X】组合键），也可以按【F3】键将物体切换至线框显示。

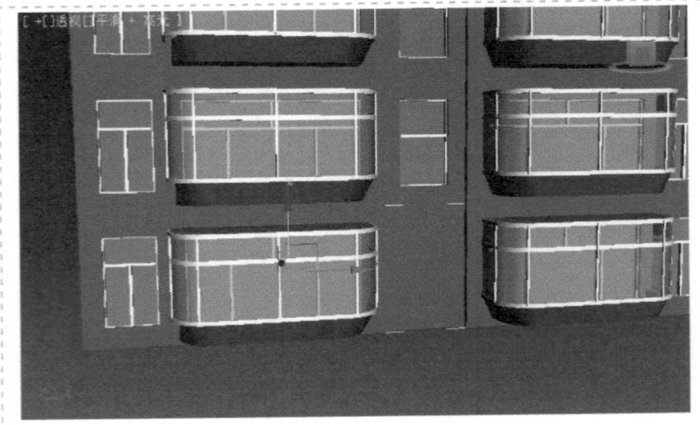

图 5-4-2 删除窗格

3 单击【创建】→【几何体】面板，在【对象类型】卷展栏中单击【长方体】按钮，选中【自动栅格】复选框，在墙体位置创建一个长方体，作为大楼的门，如图 5-4-3 所示。

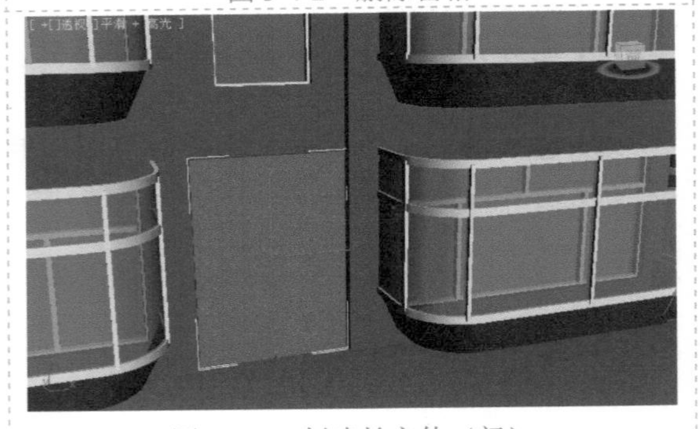

图 5-4-3 创建长方体（门）

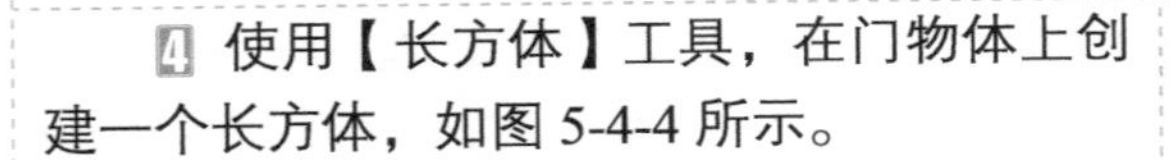

4 使用【长方体】工具，在门物体上创建一个长方体，如图 5-4-4 所示。

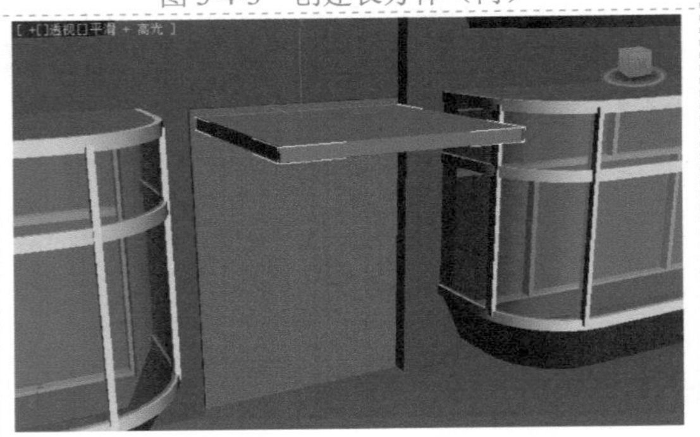

图 5-4-4 再次创建长方体

5 继续在门物体上创建一个长方体，作为大楼的小门，如图 5-4-5 所示。

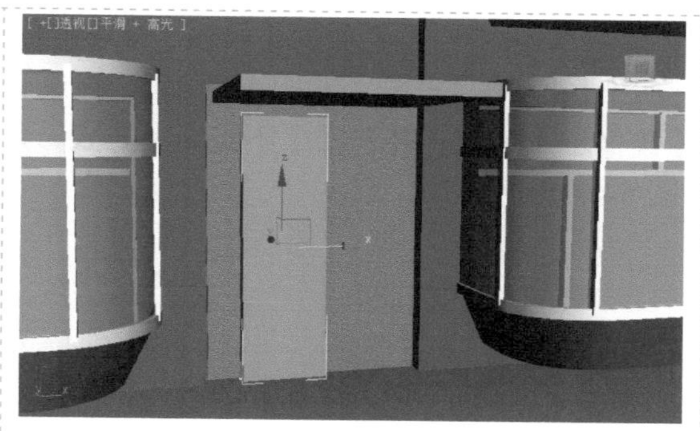
图 5-4-5 创建长方体（小门）

6 创建一个长方体物体，作为对讲机，修改颜色为白色，如图 5-4-6 所示。

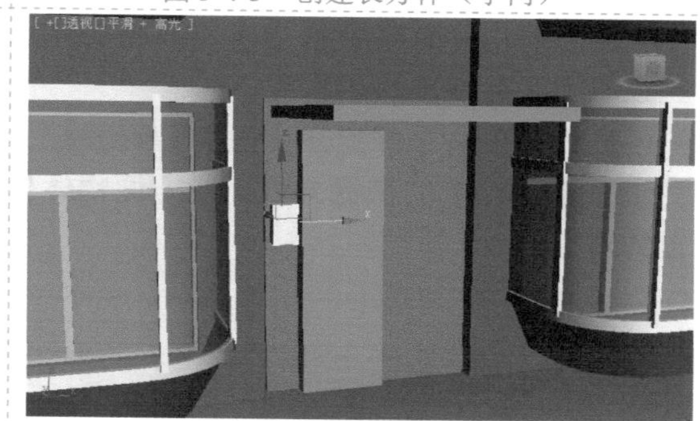
图 5-4-6 创建长方体（对讲机）

7 选择最左边的楼层单元的墙体，如图 5-4-7 所示。

图 5-4-7 选择墙体

8 单击【角度捕捉切换】按钮，按住【Shift】键，使用【选择并旋转】工具，旋转 90° 复制新物体，如图 5-4-8 所示。

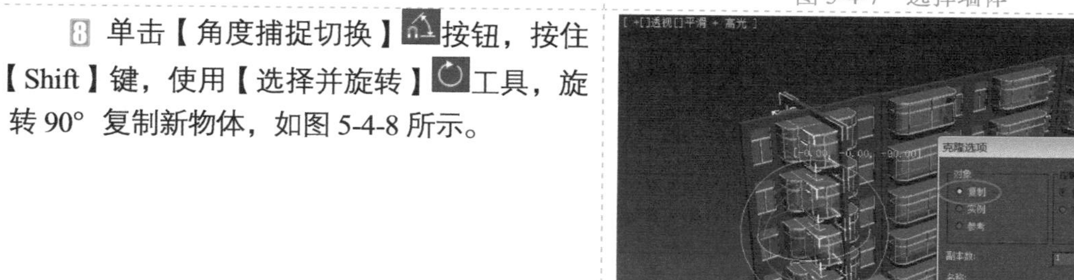

图 5-4-8 复制

9 单击主工具栏中的【镜像】按钮，弹出【镜像：世界 坐标】对话框，设置【镜像轴】为 Y，并选择【不克隆】方式，如图 5-4-9 所示。

图 5-4-9　镜像

10 使用【选择并移动】工具将物体调整至如图 5-4-10 所示的位置。

注意：单击【捕捉开关切换】按钮，并设置【顶点】的捕捉方式，能方便物体位置的对齐。

图 5-4-10　调整位置

11 将墙体底部的视图放大，单击【创建】→【几何体】面板，在【对象类型】卷展栏中单击【长方体】按钮，在墙体下创建一个长方体，如图 5-4-11 所示。

图 5-4-11　创建长方体

12 在长方体上再创建一个小一些的长方体，如图 5-4-12 所示。

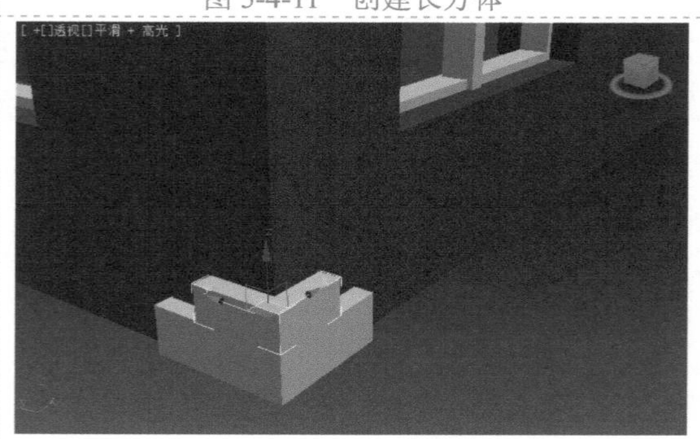

图 5-4-12　再次创建长方体

13 右击工具栏中的【捕捉开关】按钮，弹出【栅格和捕捉设置】对话框，勾选中【顶点】复选框，退出对话框后开启捕捉开关，选择视图中的两个长方体，如图 5-4-13 所示。

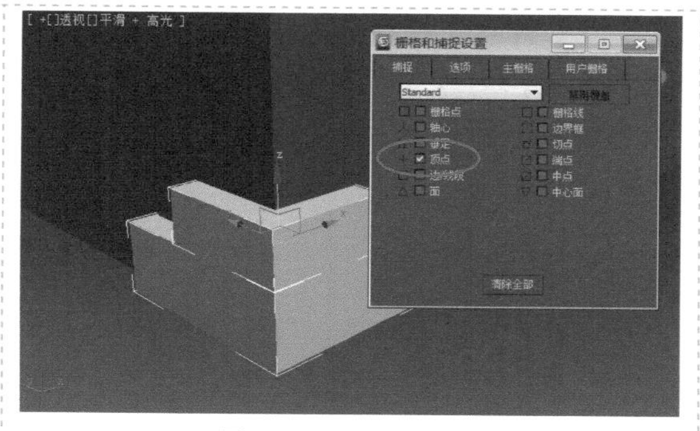

图 5-4-13 设置捕捉

14 按住【Shift】键，使用【选择并移动】工具，鼠标指针定位至下方长方体的府下顶点，沿【Z】轴往上移动，顶点对齐上方长方体的顶点，在弹出的【克隆选项】对话框中，输入【副本数】70，单击【确定】按钮退出对话框，如图 5-4-14 所示。

注意：副本数的多少以复制的物体能超过楼层为准。

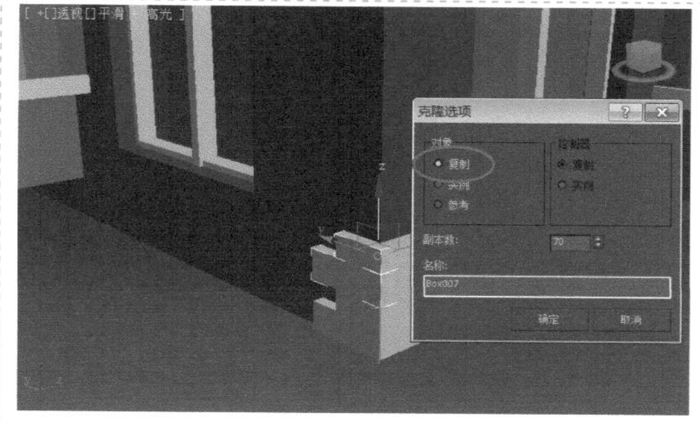

图 5-4-14 复制

15 视图移动至楼层上方，把多复制出来的物体删除，整理后的效果如图 5-4-15 所示。

图 5-4-15 整理后的效果

16 选择视图中所有物体，单击主工具栏中的【镜像】按钮，弹出【镜像：世界坐标】对话框，设置【镜像轴】为 XY，并选择【复制】方式，如图 5-4-16 所示。

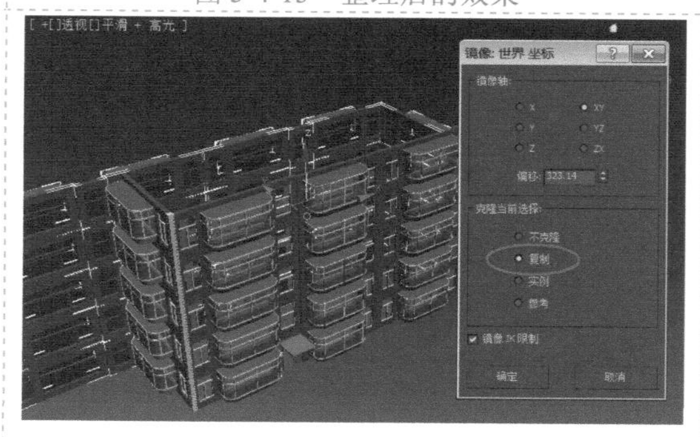

图 5-4-16 镜像复制

17 开启【捕捉开关】，使用【选择并移动】工具，对镜像后的物体进行位置调整，如图 5-4-17 所示。

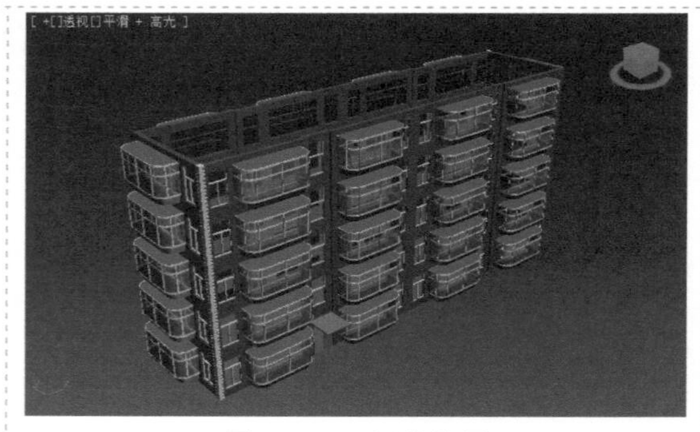
图 5-4-17　调整位置

5.5　房顶制作

编辑多边形运用

1 单击【创建】→【几何体】面板，在【对象类型】卷展栏中单击【长方体】按钮，在顶视图中创建一个长方体，如图 5-5-1 所示。

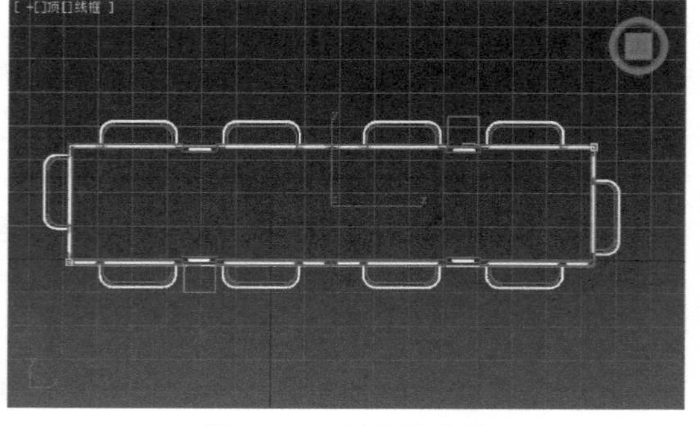
图 5-5-1　创建长方体

2 调整长方体的参数，并使用【选择并移动】工具将长方体移动至视图中的位置，如图 5-5-2 所示。

图 5-5-2　调整参数

3 选择长方体，进入【修改】面板，在【参数】卷展栏中设置【长度分段】为 3，如图 5-5-3 所示。

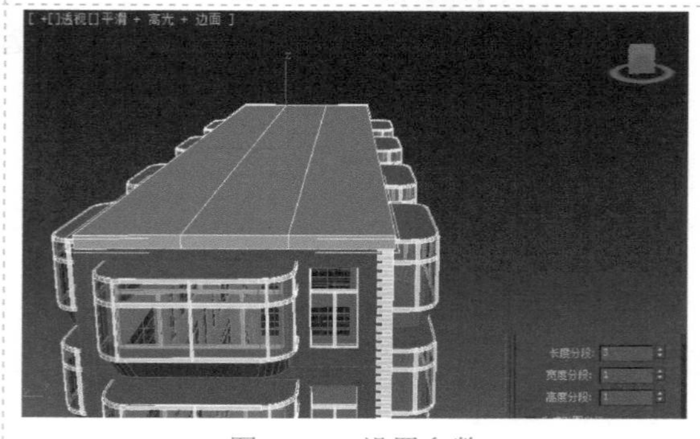
图 5-5-3　设置参数

4 选中【顶点】子对象，选择长方体中间的顶点，使用【选择并移动】工具沿【Z】轴往上移动，如图 5-5-4 所示。

图 5-5-4 调整点

5 单击【图形】按钮 ，在【对象类型】卷展栏中单击【线】按钮，选中【自动栅格】复选框，在视图中创建图形，如图 5-5-5 所示。

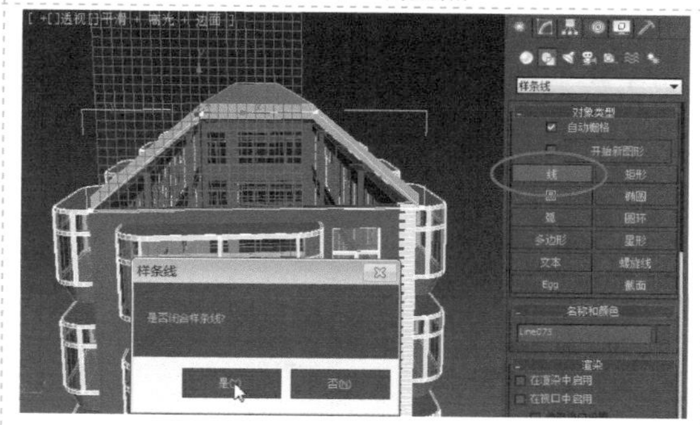

图 5-5-5 绘制线

6 给图形添加【挤出】修改器，设置挤出【数量】为 25，使用【选择并移动】工具将物体沿【X】轴移动，如图 5-5-6 所示。

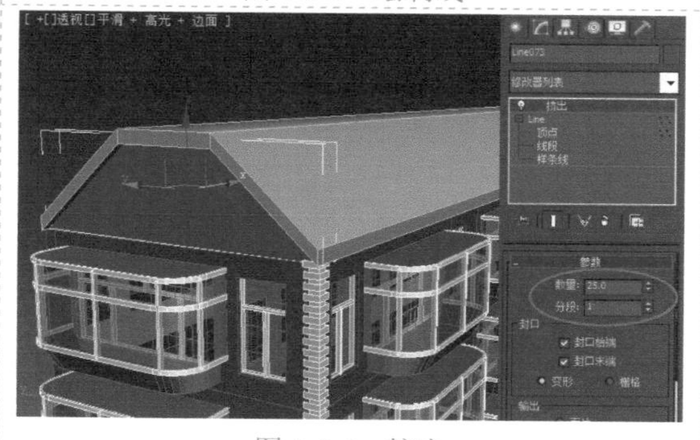

图 5-5-6 挤出

7 在顶视图中，按住【Shift】键，使用【选择并移动】工具，复制一个物体至房顶右侧，如图 5-5-7 所示。

图 5-5-7 复制物体

8 选择房顶物体，包括左边的挡板，按住【Shift】键，使用【选择并移动】工具沿【Z】轴往上复制，如图 5-5-8 所示。

图 5-5-8　复制房顶

9 选择复制后的房顶物体，进入【修改】面板，选中【顶点】子对象，选择房顶右侧顶点，使用【选择并移动】工具沿【Z】轴移动调整其大小，如图 5-5-9 所示。

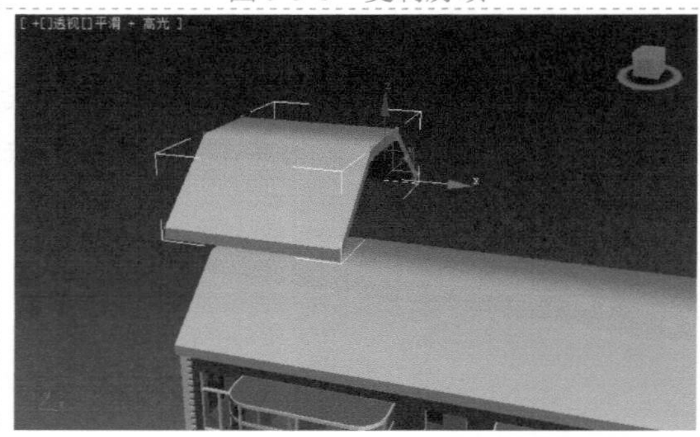

图 5-5-9　移动点

10 选择挡板物体，复制一个挡板至如图 5-5-10 所示位置。

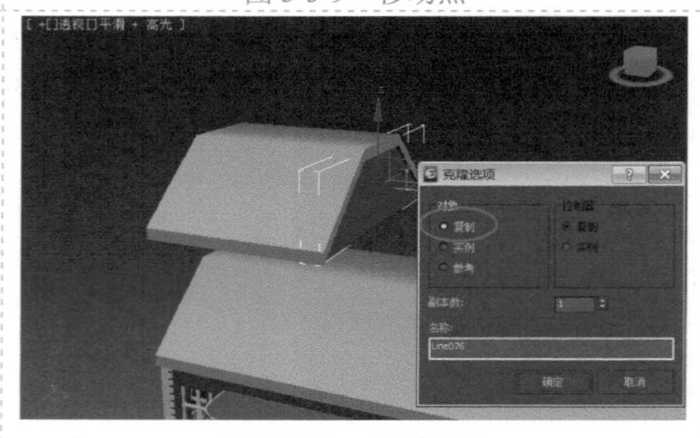

图 5-5-10　复制挡板

11 选择复制后的挡板，进入【修改】面板，选中【顶点】子对象，使用【优化】工具在下方线段的两端增加两个顶点，如图 5-5-11 所示。

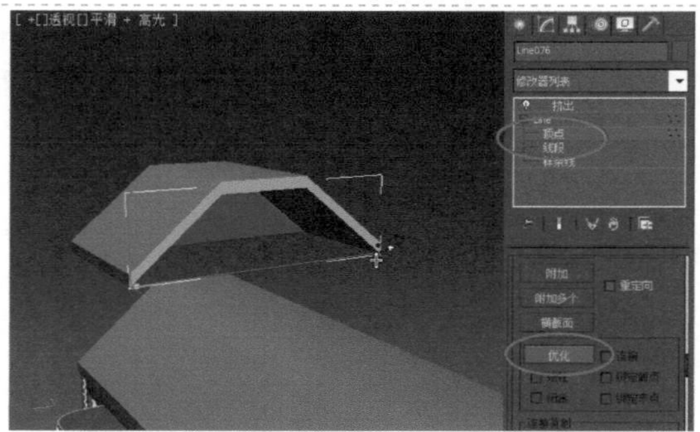

图 5-5-11　插入点

12 选中【线段】子对象，选择中间的线段，使用【选择并移动】工具沿【Z】轴往下移动，如图 5-5-12 所示。

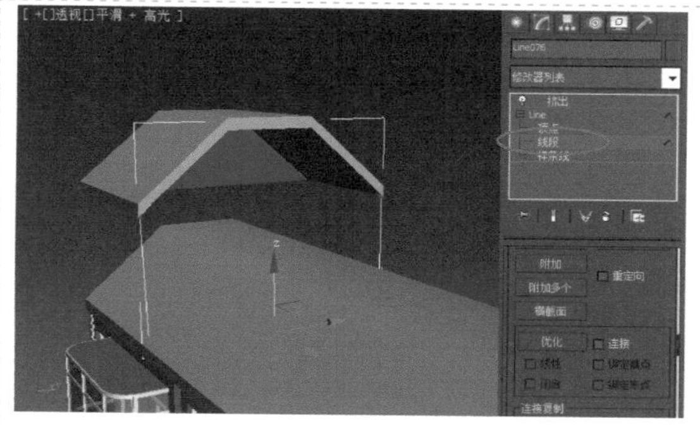
图 5-5-12 移动线段

13 把修改过的挡板复制一份至左边，将左边原来的挡板删除，选择上面的三个物体，使用【选择并均匀缩放】工具调整物体的大小，如图 5-5-13 所示。

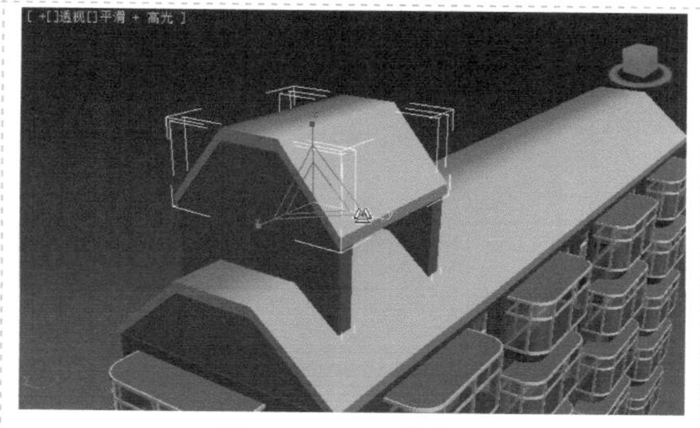
图 5-5-13 调整大小

14 单击【图形】按钮，在【对象类型】卷展栏中单击【矩形】按钮，选中【自动栅格】复选框，在视图中创建矩形，如图 5-5-14 所示。

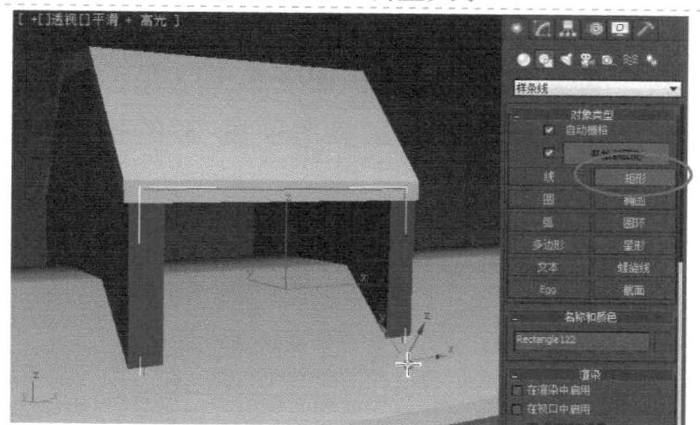
图 5-5-14 创建矩形

15 给图形添加【挤出】修改器，设置挤出【数量】为-9，使用【选择并移动】工具将物体沿【Y】轴移动，如图 5-5-15 所示。

图 5-5-15 挤出

16 按住【Shift】键，使用【选择并移动】工具沿【Y】轴复制一个挡板到后面，如图 5-5-16 所示。

图 5-5-16　复制挡板

17 选择作为天窗的所有物体，按住【Shift】键，使用【选择并移动】工具沿【X】轴复制三次，如图 5-5-17 所示。

图 5-5-17　复制

18 选择整栋物体，按住【Shift】键，使用【选择并移动】工具沿【Y】轴复制另外三栋，调整摄像机角度，如图 5-5-18 所示。

贴图部分请大家参考项目 3 的操作，自行完成。

图 5-5-18　确定视图

5.6　灯光设置

室外布光技巧

1 将视图切换为顶视图，显示所有建筑，单击【创建】→【灯光】按钮，在下拉列表中选择【标准】选项，单击【目标聚光灯】按钮，在视图中创建一个目标聚光灯，如图 5-6-1 所示。

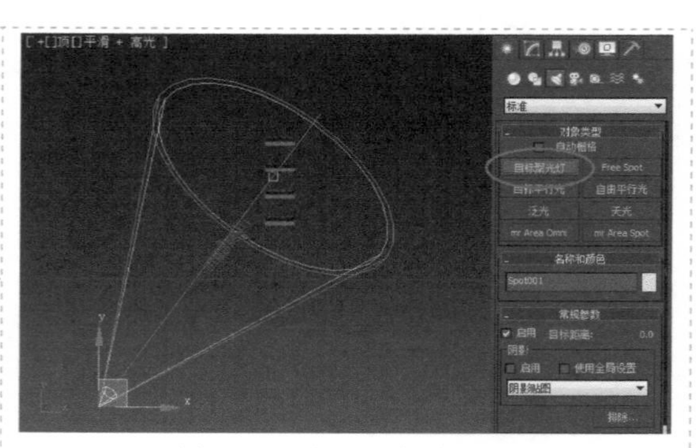
图 5-6-1　创建目标聚光灯

2 将视图切换为前视图，使用【选择并移动】工具沿【Z】轴将聚光灯的起始点往上移动，选中【启用】复选框，在下拉列表中选择【光线跟踪阴影】选项，如图 5-6-2 所示。

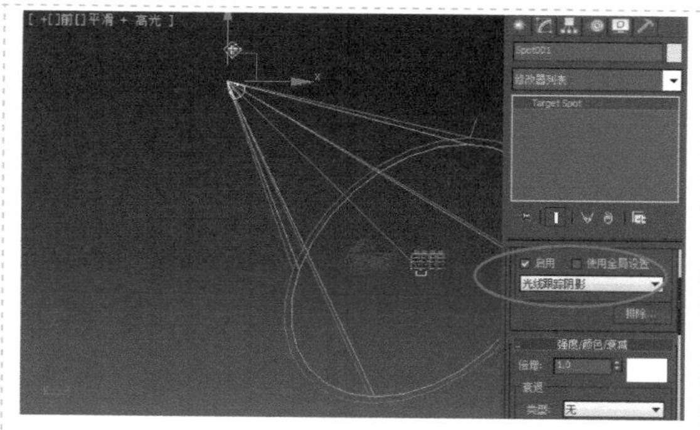

图 5-6-2　设置参数

3 选择聚光灯，进入【修改】面板，在【强度/颜色/衰减】卷展栏中，单击颜色区域，弹出【颜色选择器：灯光颜色】对话框，设置【红】为 255，【绿】为 244，【蓝】为 231，如图 5-6-3 所示。

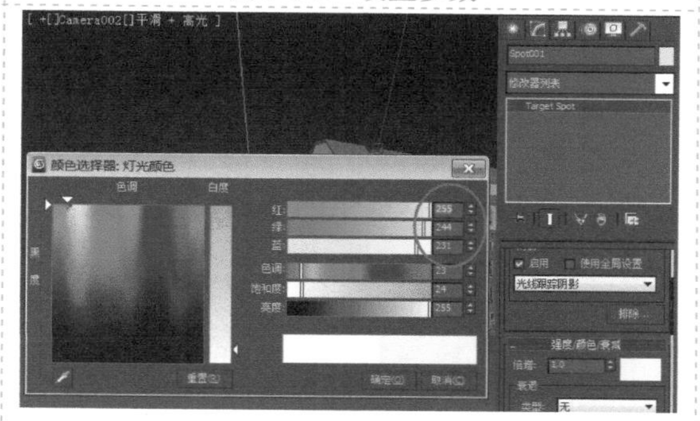

图 5-6-3　设置颜色

4 单击【天光】按钮，在视图中创建一个天光，进入【修改】面板，设置【倍增】为 0.35，选中【投射阴影】复选框，如图 5-6-4 所示。

注意：天光对位置没有具体要求，可以放在场景中的任何位置。

图 5-6-4　创建天光

5 执行【渲染】→【渲染设置】命令，弹出渲染设置对话框，设置【宽度】为 900，【高度】为 600，在【查看】右侧的下拉列表中选择【Camera01】选项，如图 5-6-5 所示。

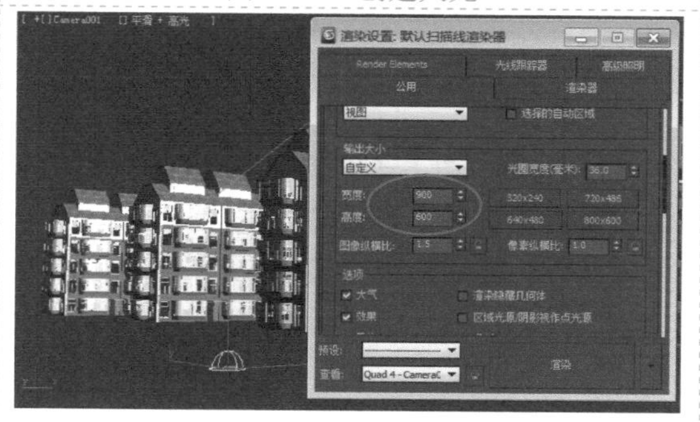

图 5-6-5　渲染设置

6 渲染后的场景如图 5-6-6 所示，将图像保存成 JPG 格式。

图 5-6-6　渲染图

7 使用 Photoshop 给场景添加配景后的效果图如图 5-6-7 所示。

注意：Photoshop 操作部分不在本书的范围，请大家根据提供的素材自行完成。

图 5-6-7　生成的效果图

5.7　相关知识

1 选中【边】子对象，选择视图中的一条边，单击【选择】卷展栏中的【循环】按钮，可以选择一圈循环边，如图 5-7-1 所示。

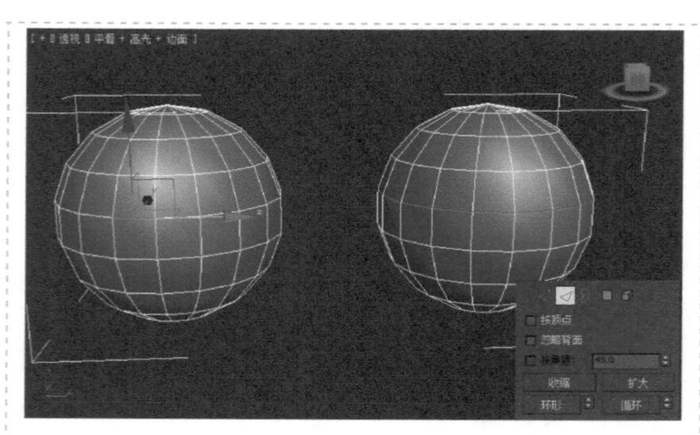
图 5-7-1　选择循环边

2 选中【边】子对象，选择视图中的一条边，单击【选择】卷展栏中的【环形】按钮，可以选择一圈间隔边，如图 5-7-2 所示。

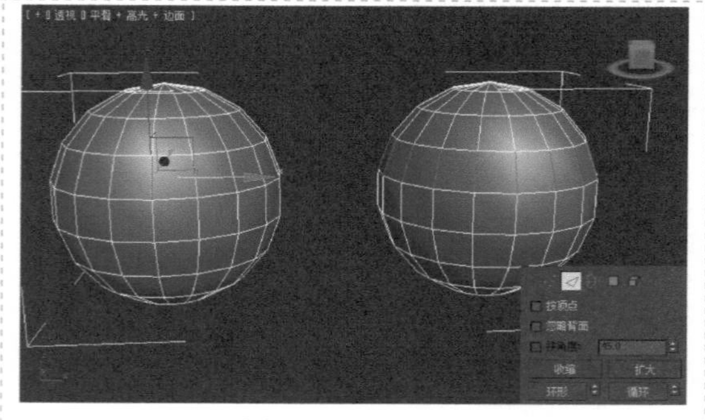
图 5-7-2　环形边

3 选择环形边并右击，在弹出的快捷菜单中执行【转换到面】命令，可以选择相关的一圈面，如图 5-7-3 所示。

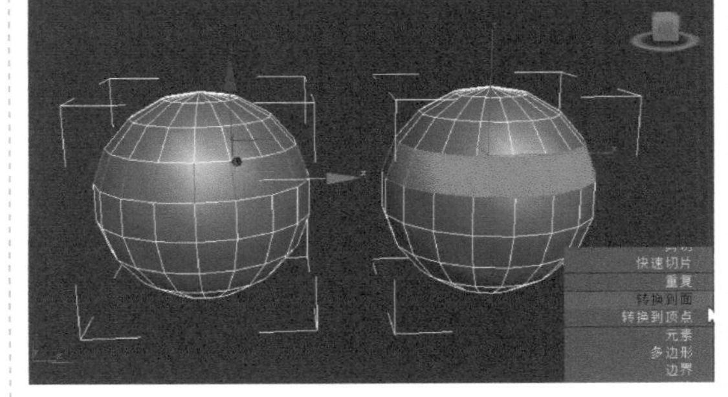

图 5-7-3 转换到面

4 选择环形边并右击，在弹出的快捷菜单中执行【转换到顶点】命令，可以选择相关的顶点，如图 5-7-4 所示。

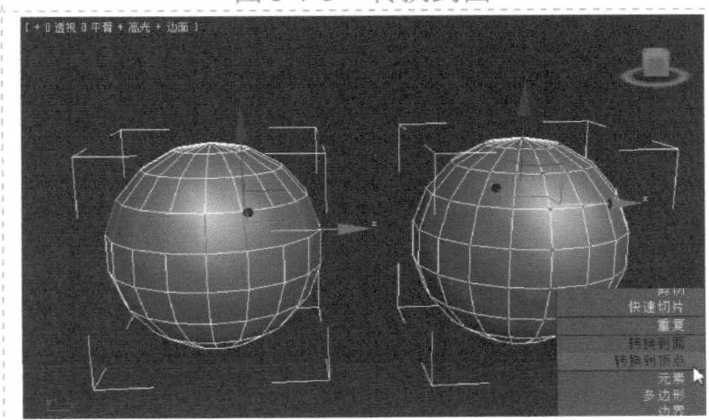

图 5-6-4 转换到顶点

5 选择一条边，按住【Shift】键，单击旁边的一条边可以选中一圈边，单击间隔的一条边，可以选择一圈间隔的边；多边形和顶点选择的操作类似，如图 5-7-5 所示。

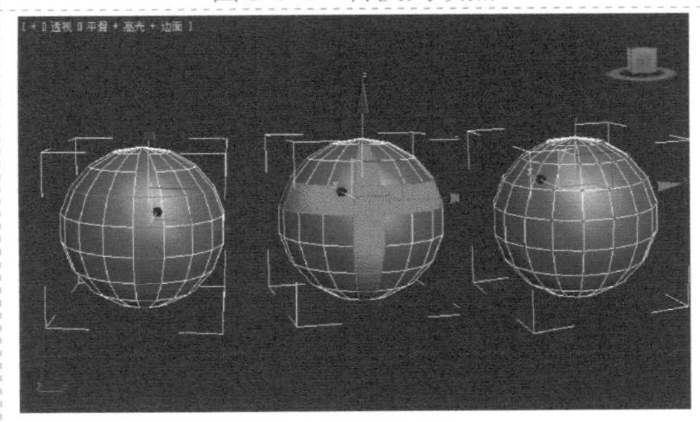
图 5-7-5 选择间隔的边

6 在【边】子对象中，双击某一条边，能选择所在的一圈边，可按住【Ctrl】键加选其他循环边，如图 5-7-6 所示。

注意：双击选择循环子对象只有对边子对象有效。

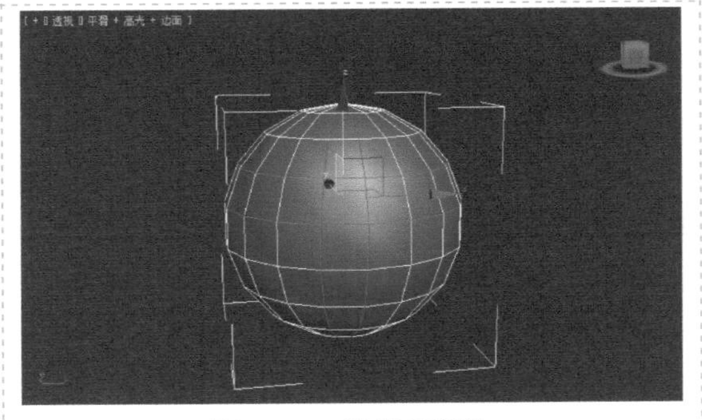
图 5-7-6 选择循环边

5.8　实战演练

当完成了建筑效果图制作后，相信用户一定对效果图制作的过程比较熟悉了，是不是对自己制作效果图的能力充满信心了呢？

某厂房白天效果图如图 5-8-1 所示，请动手试着制作。

图 5-8-1　某厂房白天效果图

制作要求如下

（1）模型建立准确，命名合理。

（2）材质表现较生动，灯光有主次之分，层次比较明显。

（3）能在 Photoshop 中进行简单的图片合成及颜色调整。

制作提示

（1）由墙面建模入手，通过【线】和【矩形】工具结合【挤压】修改器完成墙面的建模。

（2）窗户的建模可通过【编辑多边形】完成。

（3）楼梯的建模直接用 3ds Max 提供的标准【楼梯】模型完成。

项目评价

项目实训评价表						
	内　容		评定等级			
	学习目标	评价项目	4	3	2	1
职业能力	能熟练掌握效果图的建模过程	能看懂模型结构				
		能找到建模的突破口				
	能熟练掌握效果图的制作技术	能创建位置准确的模型				
		能灵活使用可编辑多边形				
	能熟练设置场景灯光效果	能使用不同的灯光				
		能设置灯光参数				
		能对场景灯光进行整体把握				
	能熟练设置摄像机	能设置合适的渲染视图				
		能设置摄像机参数				
综合评价						

项　目

6

游戏道具——战锤

项目描述

随着计算机游戏和手机游戏的迅猛发展，需要越来越多的人从事相关的三维制作工作，在各种三维游戏中，游戏道具是非常重要的，游戏道具虽然在很大程度上只是“配角”，但它们也是不可或缺的，好的游戏道具，能突出主要角色的特点，增强游戏的吸引力；为了让游戏运行流畅，需要用最少的面来表现物体，模型的大部分细节可用贴图表现，本项目的最终效果如图 6–0–1 所示。

图 6-0-1　项目效果

学习目标

- 可编辑多边形运用

- 【UVW 展开】修改器的运用
- 道具效果的表现

项目分析

仔细分析战锤模型，可以从制作圆柱体开始，通过修改相关的子对象制作战锤的模型结构，然后使用【UVW 展开】修改器来设置战锤的贴图，最后编辑多边形，修改或增加战锤的细节，主要需要完成以下四个环节。

① 战锤模型创建。
② 战锤贴图设置。
③ 战锤结构修改。
④ 战锤效果表现。

实现步骤

6.1 战锤模型创建

编辑多边形运用

1 单击【创建】→【几何体】面板，单击【圆柱体】工具，在前视图中创建一个圆柱体，如图 6-1-1 所示。

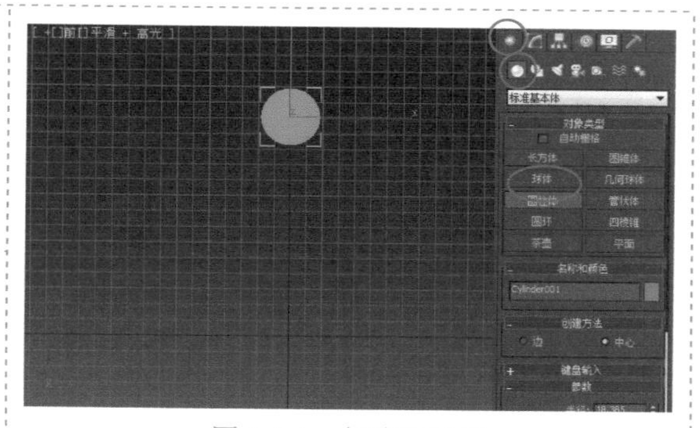

图 6-1-1　创建圆柱体

2 进入【修改】面板，设置圆柱体【半径】为 18，【高度】为 105，【高度分段】为 6，【边数】为 8，如图 6-1-2 所示。

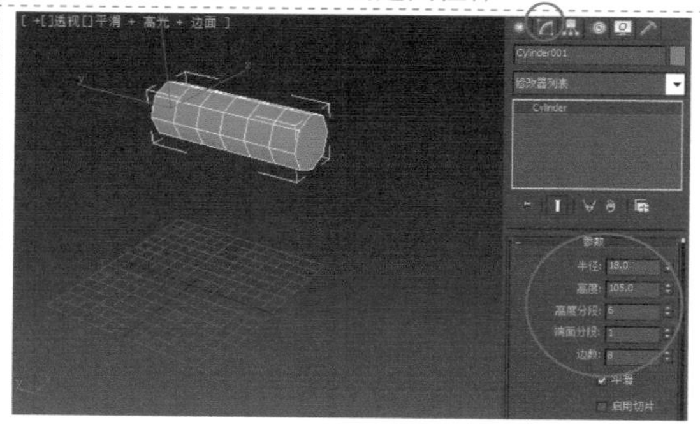

图 6-1-2　修改参数

3 右击，在弹出的快捷菜单中执行【转换为】→【转换为可编辑多边形】命令，将圆柱体转换为可编辑多边形，如图 6-1-3 所示。

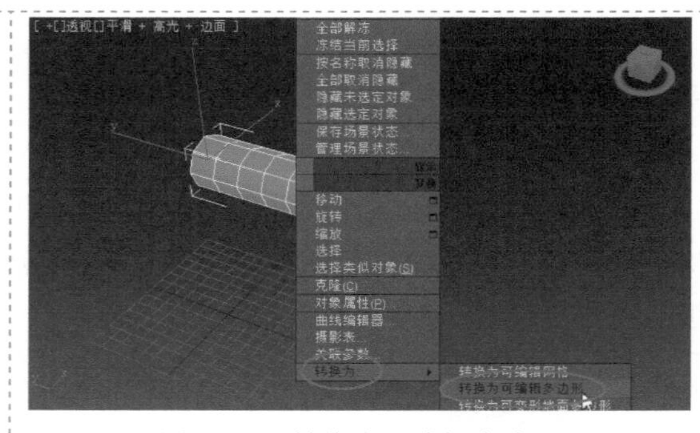

图 6-1-3　转换为可编辑多边形

4 选中【顶点】对象，选择圆柱体中间部分的顶点，如图 6-1-4 所示。

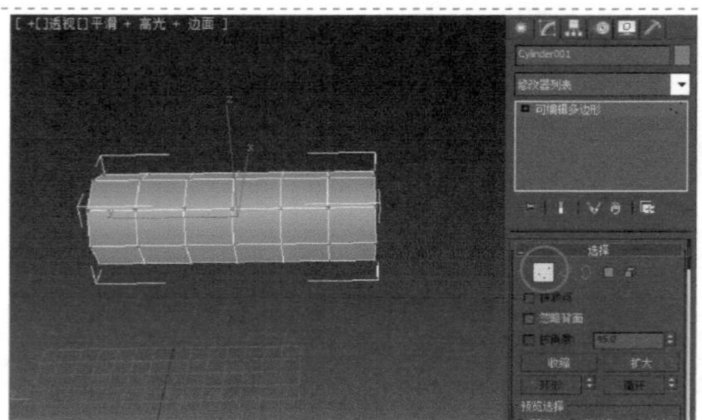

图 6-1-4　选择点

5 在顶视图中使用【选择并均匀缩放】工具，沿着 Y 轴与 Z 轴组成的平面对选择的顶点进行收缩，如图 6-1-5 所示。

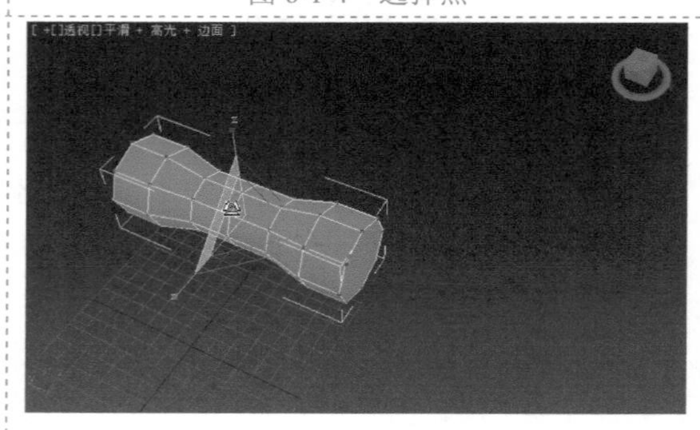

图 6-1-5　缩放点

6 参考以上操作，继续选择圆柱体中间一圈的顶点，对其进行放大操作，如图 6-1-6 所示。

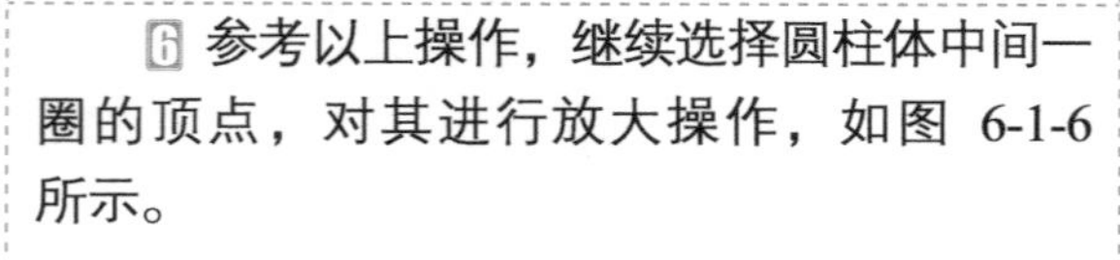

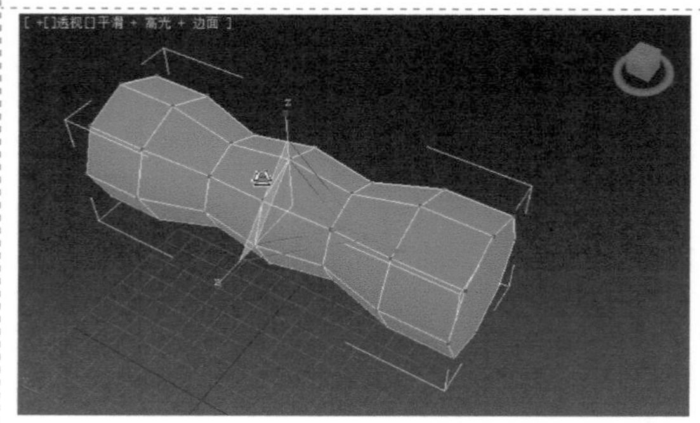

图 6-1-6　继续缩放点

7 选择圆柱体一端的两圈顶点，使用【选择并移动】工具调整其位置，如图 6-1-7 所示。

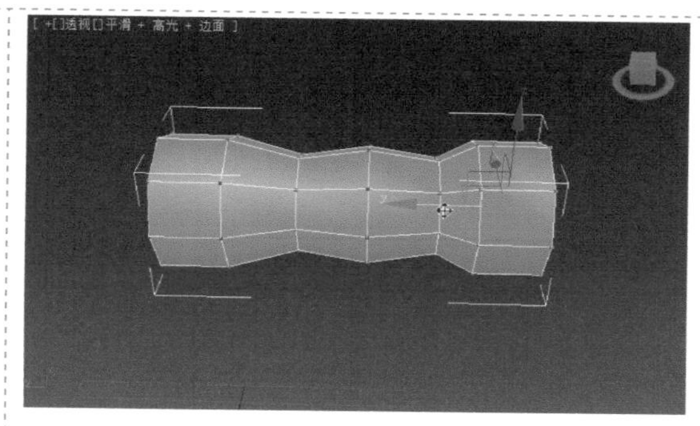

图 6-1-7　调整点

8 参考以上操作，继续调整圆柱体另一端的两圈顶点，如图 6-1-8 所示。

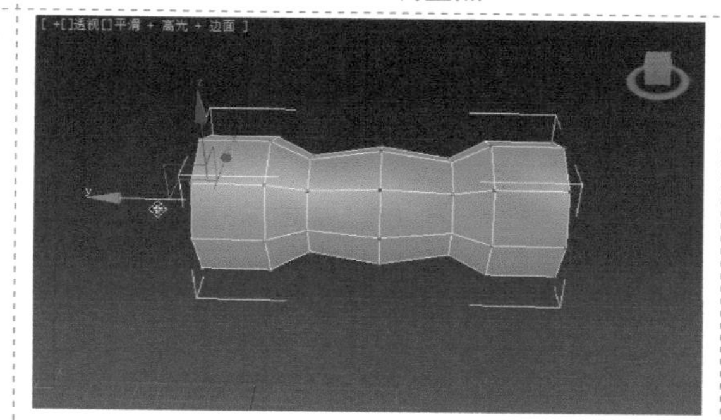

图 6-1-8　继续调整点

9 选中【多边形】对象，选择圆柱体一端的面，使用【选择并移动】工具调整其位置，如图 6-1-9 所示。

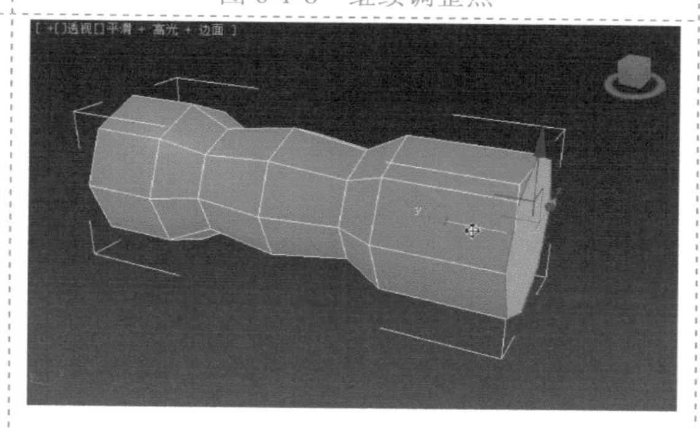

图 6-1-9　调整面

10 参考以上操作，继续调整圆柱体另一端的面，如图 6-1-10 所示。

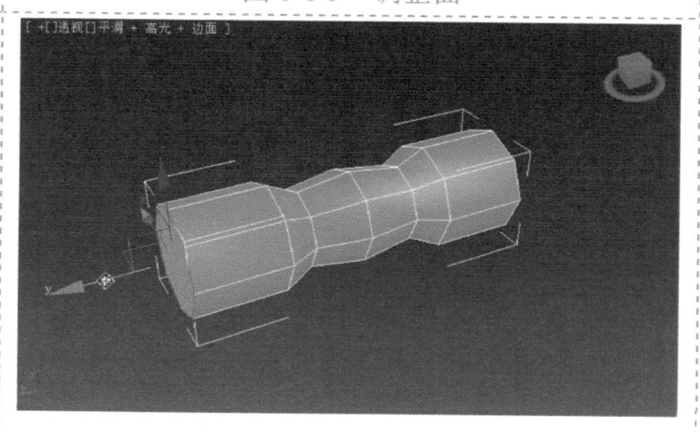

图 6-1-10　继续调整面

11 单击【创建】→【几何体】面板，单击【圆柱体】按钮，在顶视图中创建一个圆柱体，如图 6-1-11 所示。

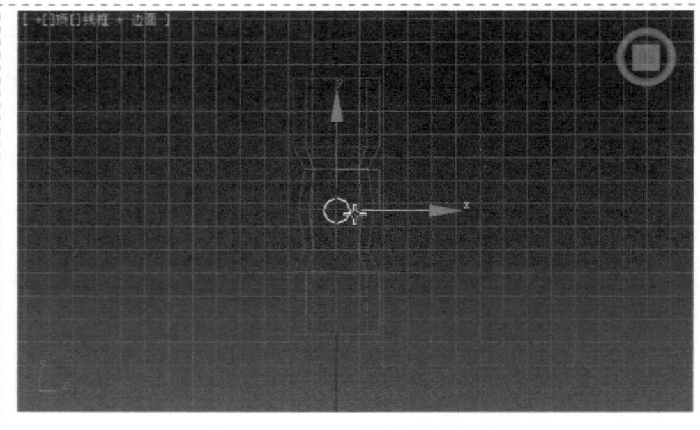

图 6-1-11　创建圆柱体

12 进入【修改】面板，设置圆柱体【半径】为 5,【高度】为 130,【高度分段】为 1,【边数】为 8，如图 6-1-12 所示。

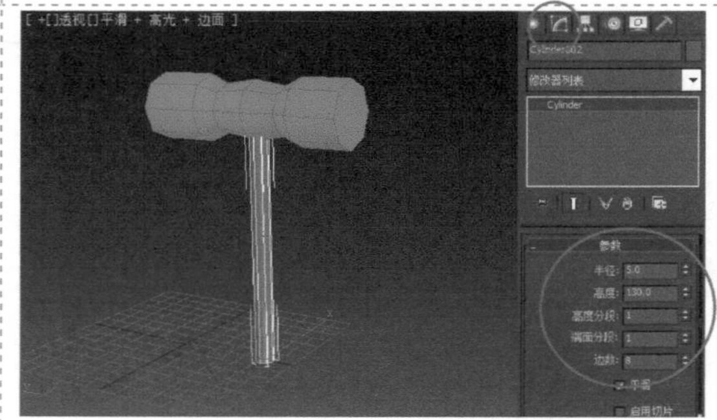

图 6-1-12　设置参数

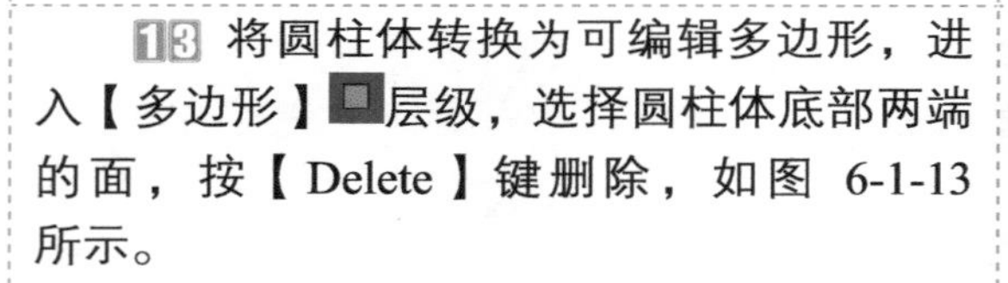

13 将圆柱体转换为可编辑多边形，进入【多边形】层级，选择圆柱体底部两端的面，按【Delete】键删除，如图 6-1-13 所示。

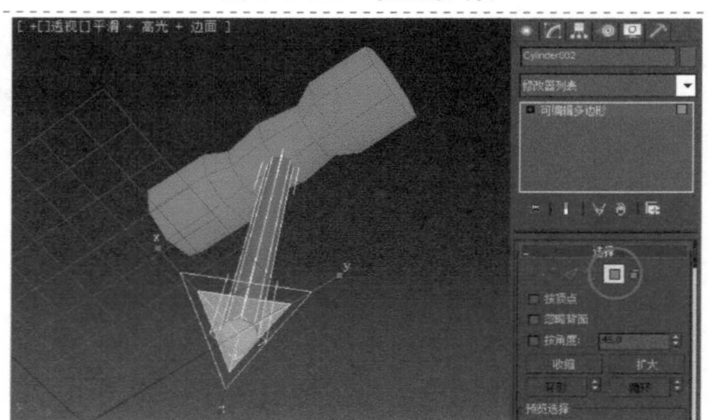

图 6-1-13　删除面

14 选中【元素】对象，按【Shift】键，使用【选择并均匀缩放】工具沿 Z 轴进行收缩，复制新的圆柱体，如图 6-1-14 所示。

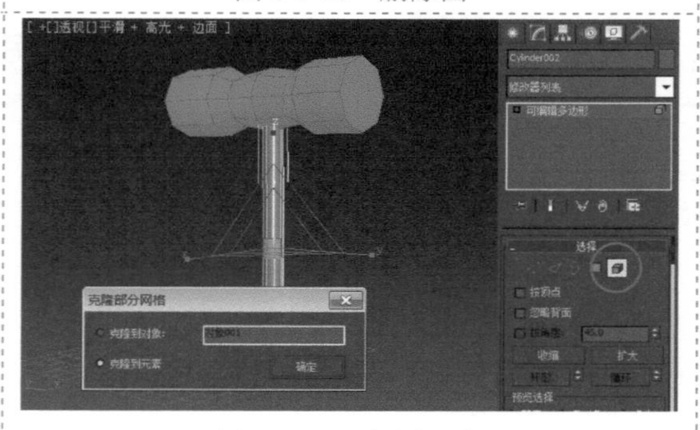

图 6-1-14　复制元素

15 将新复制的圆柱体移动到底部，使用【选择并均匀缩放】工具沿着 X 轴与 Y 轴组成的平面放大，如图 6-1-15 所示。

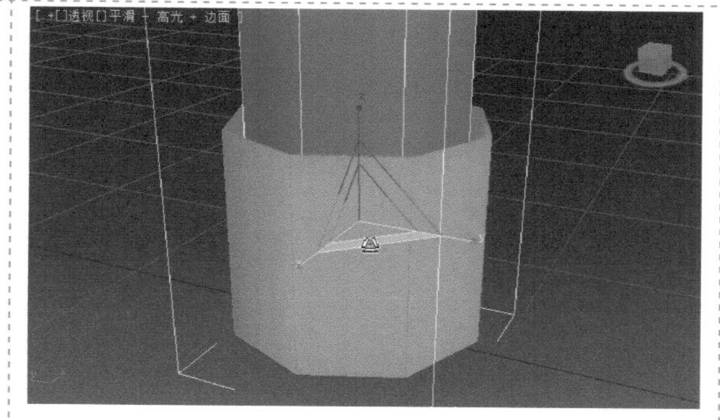

图 6-1-15 调整元素

16 按【Shift】键，使用【选择并移动】工具向上移动，复制新的圆柱体，如图 6-1-16 所示。

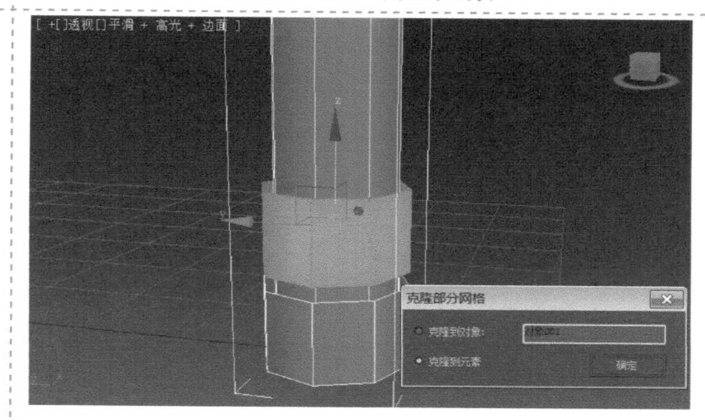

图 6-1-16 复制新的圆柱体

17 选中【边】对象，选择圆柱体表面任意一条竖直方向的边，在【选择】卷展栏中单击【环形】按钮，选择所有平行的竖直边，如图 6-1-17 所示。

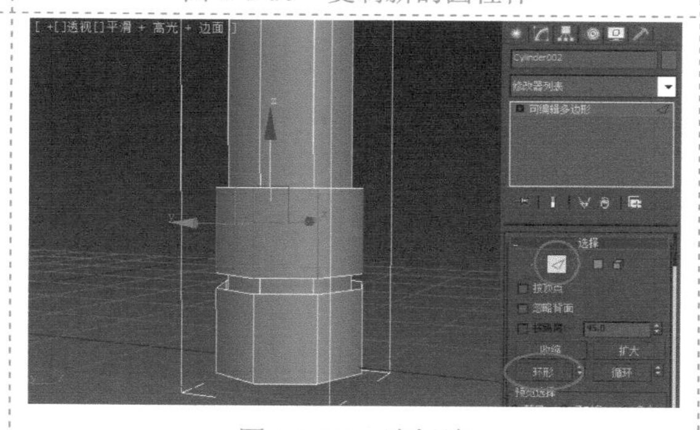

图 6-1-17 选择边

18 在【选择】卷展栏中单击【连接】按钮，在圆柱体中生成一圈新的边，使用【选择并均匀缩放】工具调整其大小，如图 6-1-18 所示。

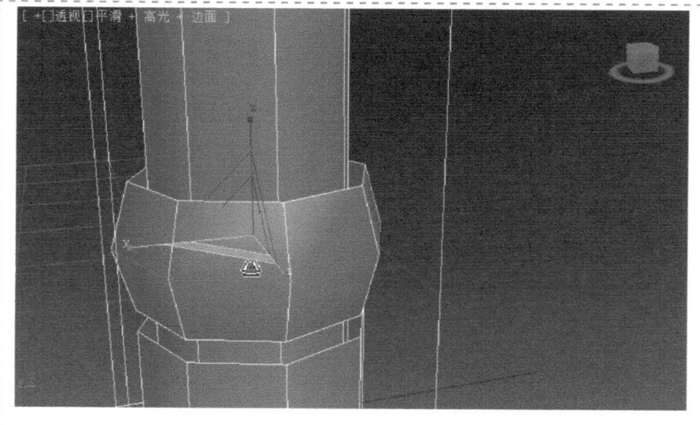

图 6-1-18 连线与调整

19 继续使用【选择并均匀缩放】工具，沿 Z 轴进行缩放，调整圆柱体大小，如图 6-1-19 所示。

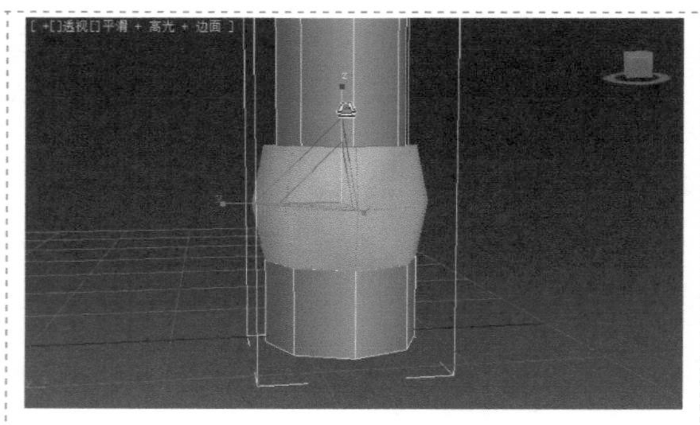

图 6-1-19 调整圆柱体大小

20 至此完成战锤建模部分的制作，如图 6-1-20 所示。

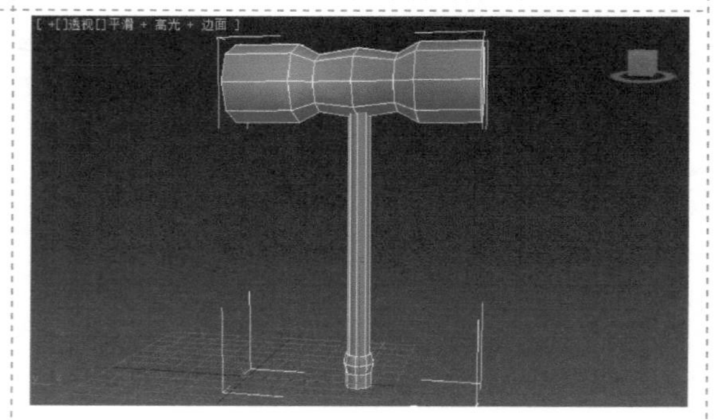

图 6-1-20 战锤模型

6.2 战锤贴图设置

UVW 展开的使用 2

1 按【M】键弹出【材质编辑器】对话框，选择战锤对象，选择第一个材质球，单击【将材质指定给选定对象】按钮，将材质球赋予模型，如图 6-2-1 所示。

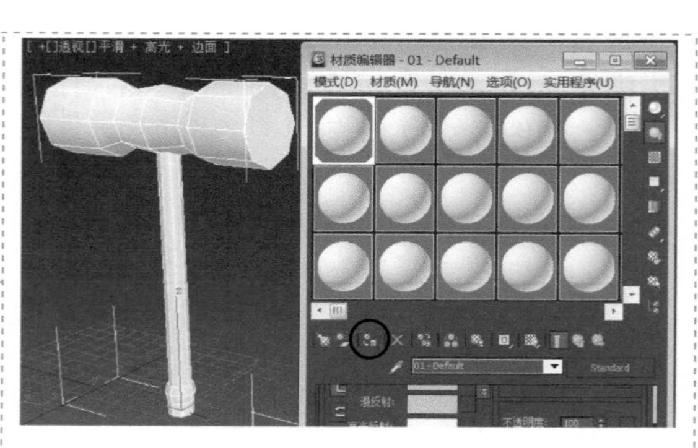

图 6-2-1 赋予材质

2 单击漫反射颜色右侧的贴图按钮，弹出【材质/贴图浏览器】对话框，选择【位图】贴图，弹出【选择位图图像文件】对话框，选择战锤贴图文件，如图 6-2-2 所示。

图 6-2-2 选择贴图

3 单击【在视口中显示标准贴图】按钮，将贴图显示在模型表面上。进入【修改】面板，单击【修改器列表】下拉按钮，在下拉列表中选择【UVW 展开】修改器，如图 6-2-3 所示。

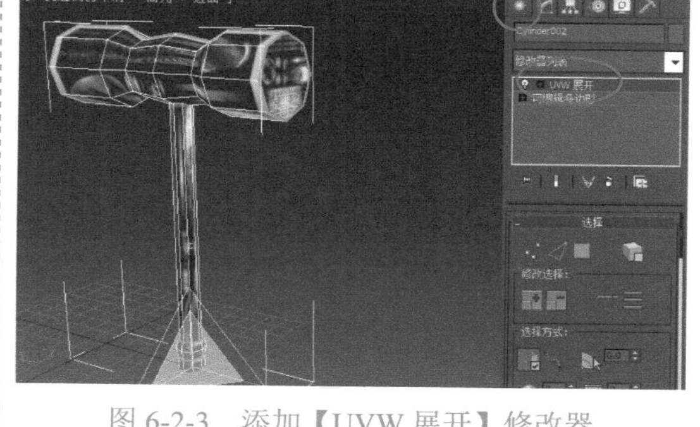
图 6-2-3 添加【UVW 展开】修改器

4 选中【多边形】对象，选择战锤手柄上的面，如图 6-2-4 所示。

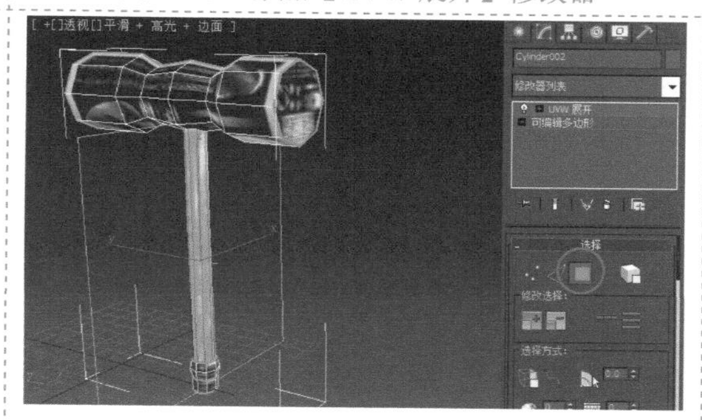
图 6-2-4 选择面

5 在【编辑 UV】卷展栏中单击【打开 UV 编辑器】按钮，在弹出的【编辑 UVW】窗口中单击右上角的【CheckerPattern（棋盘格）】下拉按钮，在下拉列表中选择【贴图 #2（贴图.jpg）】贴图，将贴图纹理显示在窗口背景上，如图 6-2-5 所示。

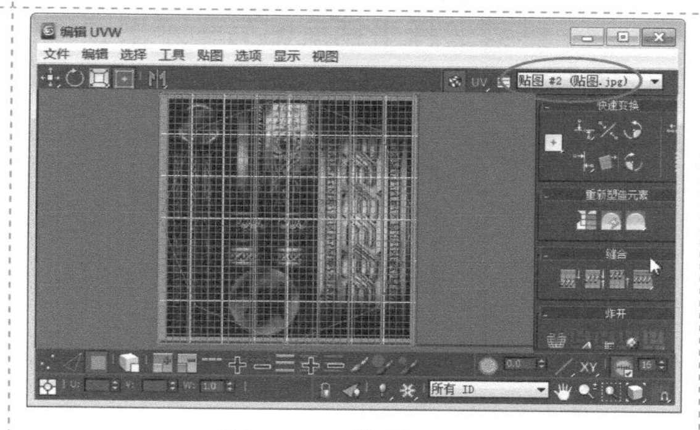
图 6-2-5 编辑 UVW

6 使用【自由形式模式】工具调整面的大小、角度与位置，使其与贴图上的手柄部分对齐，如图 6-2-6 所示。

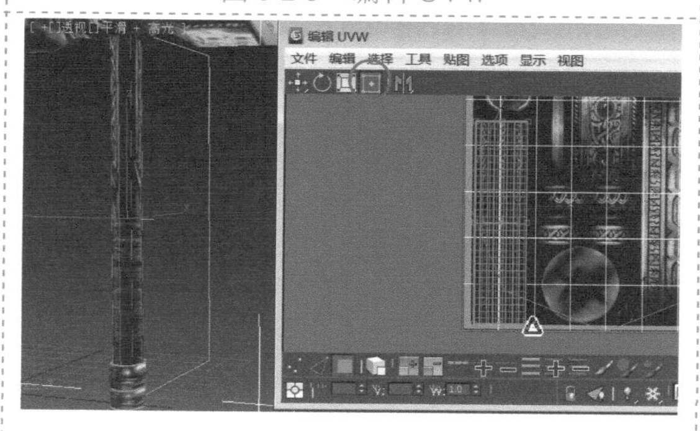
图 6-2-6 调整 UVW 修改器

7 继续选择手柄顶部圆柱体的面，如图 6-2-7 所示。

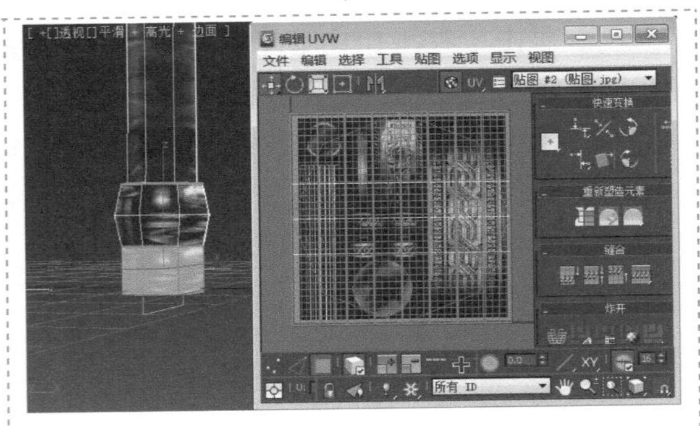

图 6-2-7　选择面

8 在【编辑 UVW】窗口中调整面的大小、角度与位置，使其与贴图上的手柄底部装饰环部分对齐，如图 6-2-8 所示。

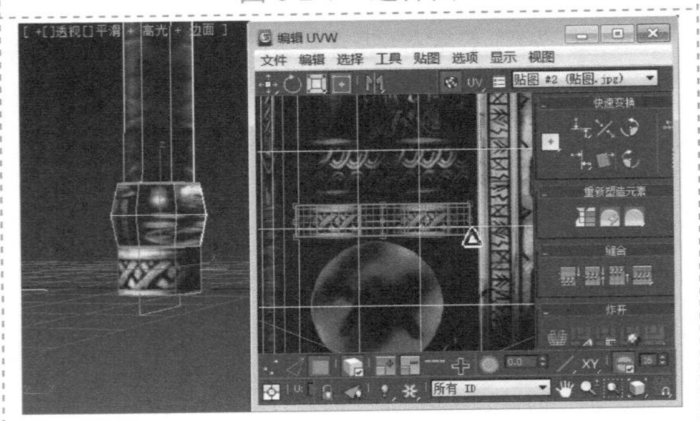

图 6-2-8　调整面

9 继续选择手柄底部另一个圆柱体的面，如图 6-2-9 所示。

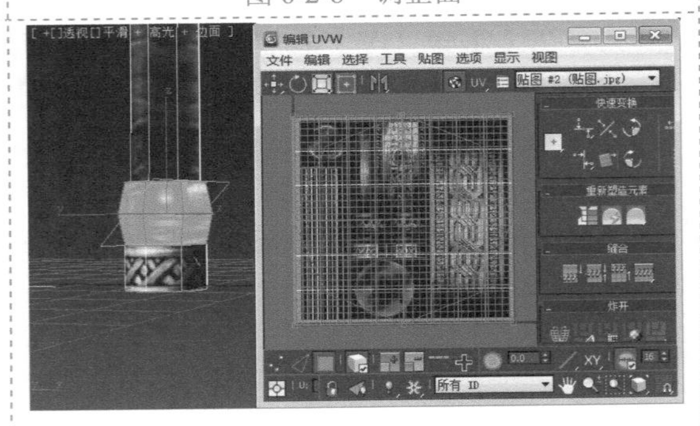

图 6-2-9　选择另一个圆柱体的面

10 在【编辑 UVW】窗口中调整面的大小、角度与位置，使其与贴图上的纹理对齐，如图 6-2-10 所示。

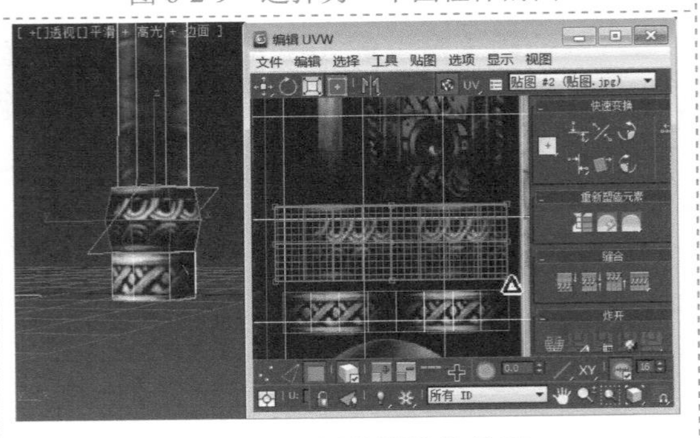

图 6-2-10　调整圆柱体的面

11 选中战锤对象并右击，在弹出的快捷菜单中执行【转换为】→【转换为可编辑多边形】命令，将其转换为可编辑多边形，如图 6-2-11 所示。

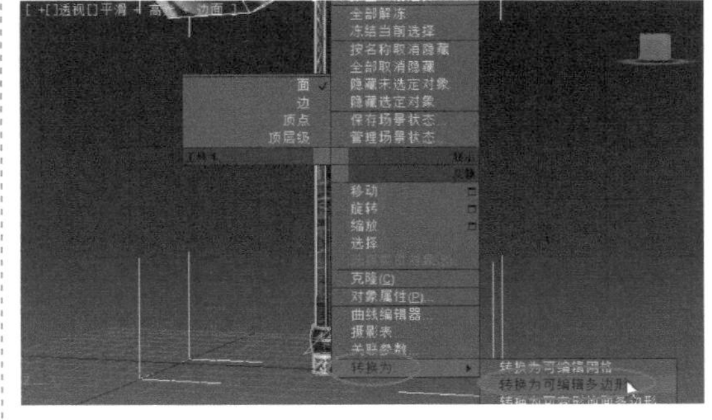

图 6-2-11　转换为可编辑多边形

12 选择手柄底部的装饰圆环，按住【Shift】键，使用【选择并移动】工具将其沿 Z 轴向上移动，复制新的圆环，如图 6-2-12 所示。

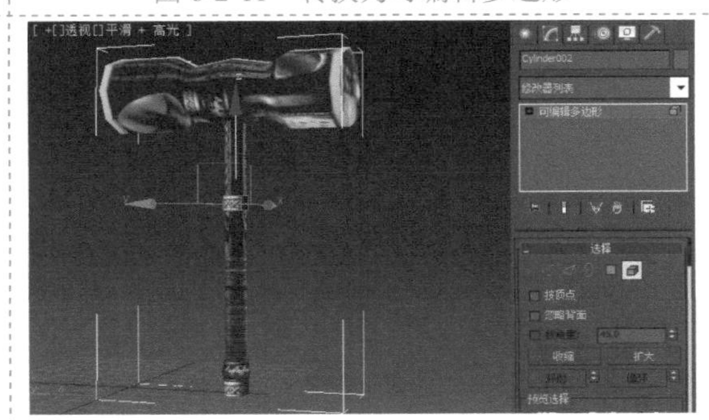

图 6-2-12　复制元素

13 在弹出的【克隆部分网格】对话框中选中【克隆到元素】复选框，单击【确定】按钮复制新的圆环，如图 6-2-13 所示。

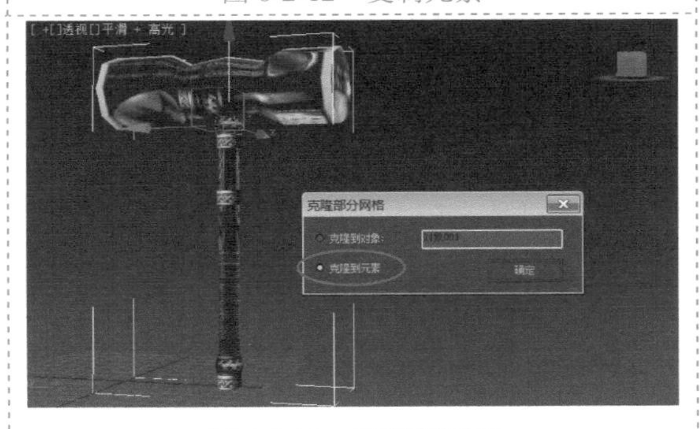

图 6-2-13　复制新圆环

14 单击【修改器列表】下拉按钮，在下拉列表中选择【UVW 展开】修改器，如图 6-2-14 所示。

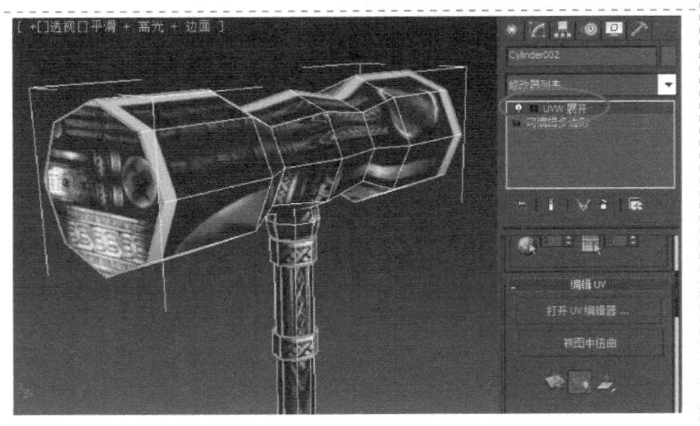

图 6-2-14　添加 UVW 贴图

15 选择战锤头部一端的面，在【编辑 UVW】窗口中调整其大小、角度与位置，使其与贴图上的纹理对齐，如图 6-2-15 所示。

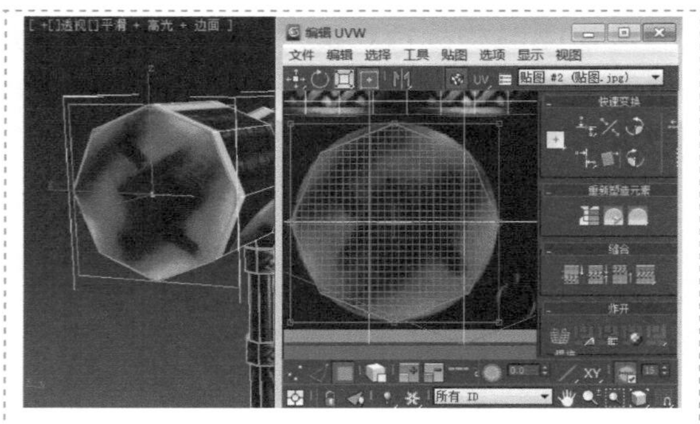

图 6-2-15 调整贴图

16 参考以上操作，调整战锤头部另一端的纹理贴图，如图 6-2-16 所示。

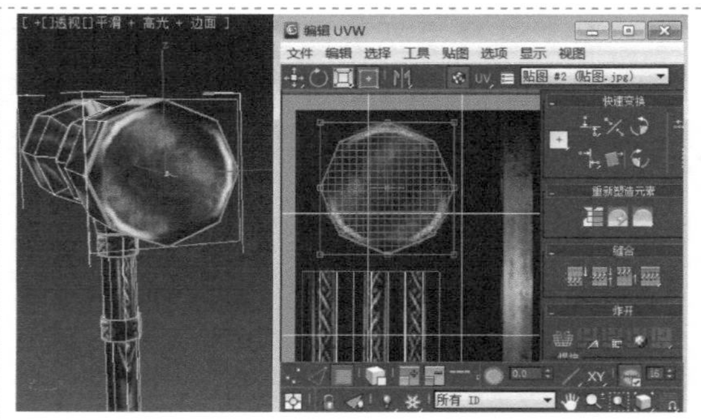

图 6-2-16 调整另一端的贴图

17 选中【边】对象，选择战锤头部的一条边，单击【编辑 UVW】窗口下方的【循环 UV】按钮，选择与其相邻的一圈边，如图 6-2-17 所示。

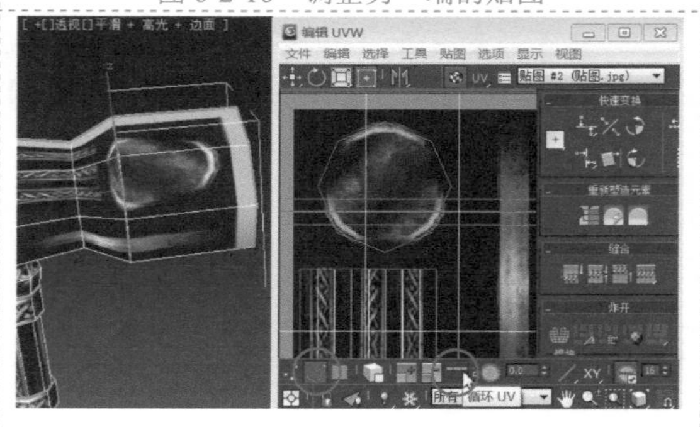

图 6-2-17 选择边

18 在【编辑 UVW】窗口中右击，在弹出的快捷菜单中执行【断开】命令，将面分离，如图 6-2-18 所示。

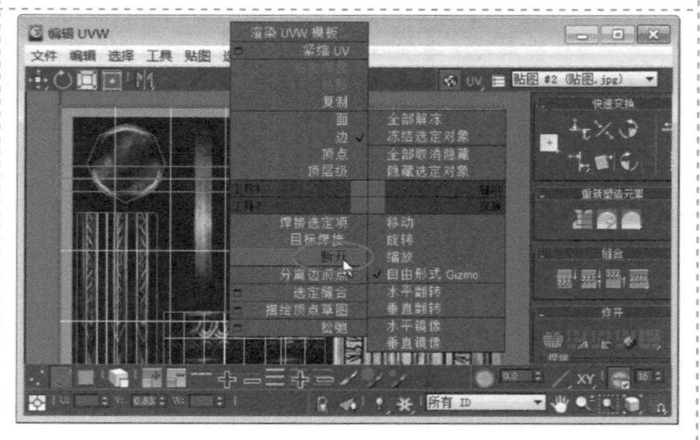

图 6-2-18 分离面

19 选中【多边形】对象，选择战锤头部的一圈面，如图 6-2-19 所示。

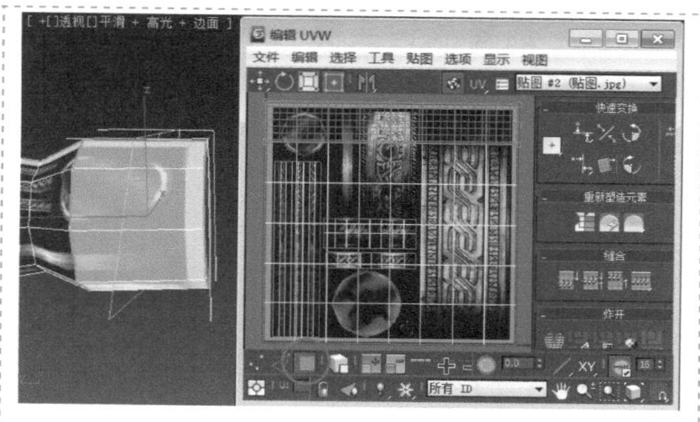
图 6-2-19 选择面

20 在【编辑 UVW】窗口中调整选中面的大小、角度与位置，使其与贴图上的纹理对齐，如图 6-2-20 所示。

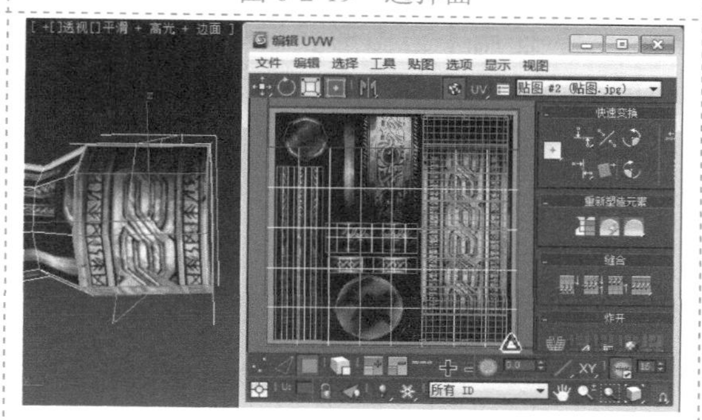
图 6-2-20 调整贴图

21 选中【边】对象，选择战锤头部的四条边，如图 6-2-21 所示。

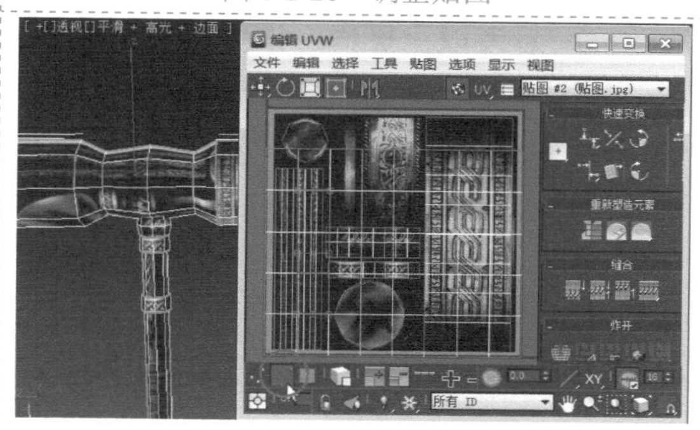
图 6-2-21 选择边

22 单击【编辑 UVW】窗口下方的【循环 UV】按钮，选择战锤头部的四圈边，在【编辑 UVW】窗口中右击，在弹出的快捷菜单中执行【断开】命令，将面分离，如图 6-2-22 所示。

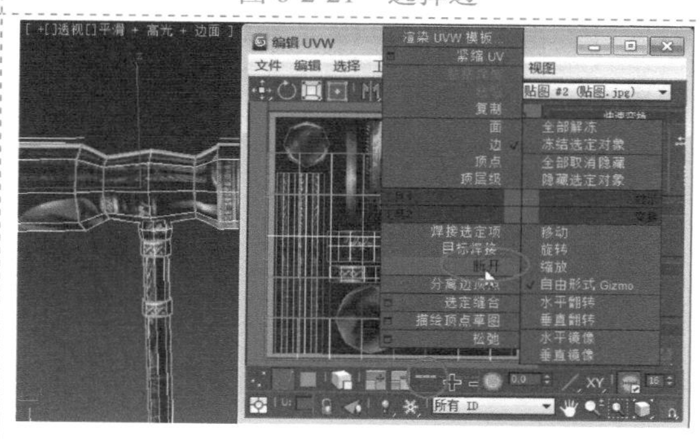
图 6-2-22 分离面

23 选择战锤头部一端的一圈边，如图 6-2-23 所示。

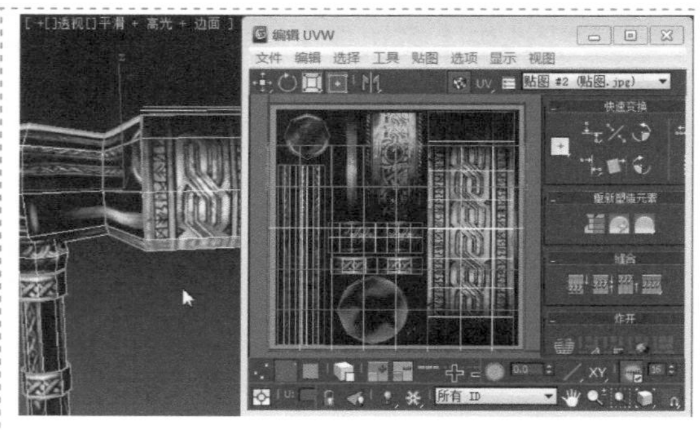

图 6-2-23 选择边

24 使用【自由形式模式】工具调整边的大小、角度与位置，使其与贴图上的纹理对齐，如图 6-2-24 所示。

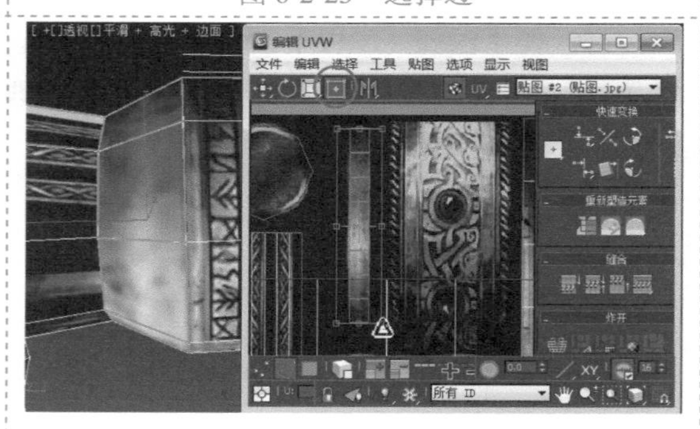

图 6-2-24 调整边

25 参考以上操作，调整战锤另一端的边，如图 6-2-25 所示。

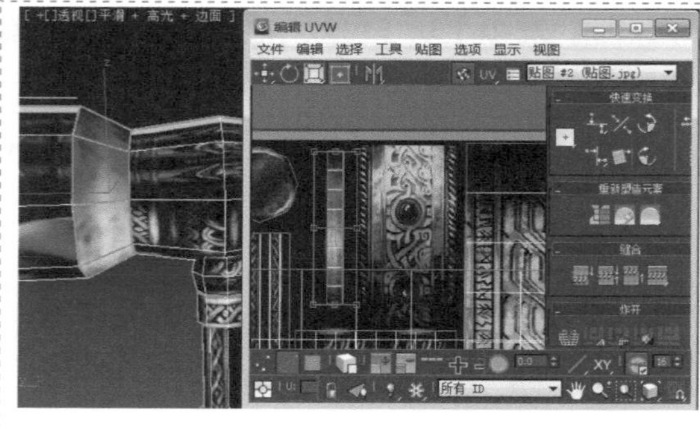

图 6-2-25 调整另一条边

26 继续选择战锤头部一端的一圈边，如图 6-2-26 所示。

图 6-2-26 继续选择边

27 在【编辑 UVW】窗口中调整贴图大小、角度与位置，如图 6-2-27 所示。

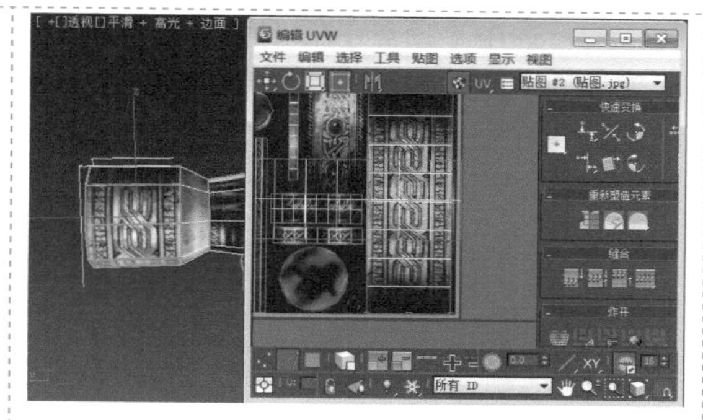

图 6-2-27　调整贴图

28 选中【多边形】对象，选择战锤头部中段的一块面，如图 6-2-28 所示。

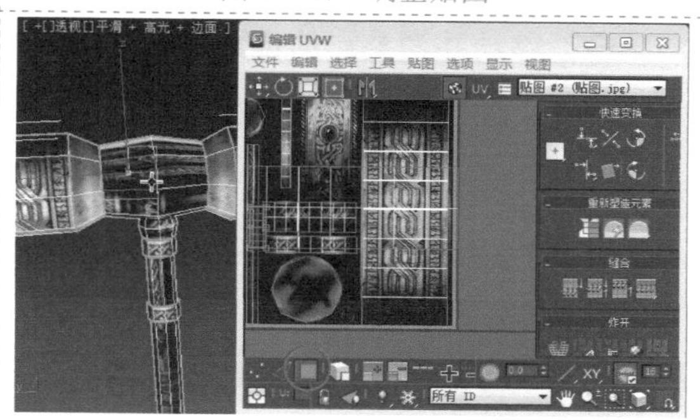

图 6-2-28　选择面

29 单击【编辑 UVW】窗口下方的【扩大：UV 选择】按钮，选择战锤头部中段的所有面，如图 6-2-29 所示。

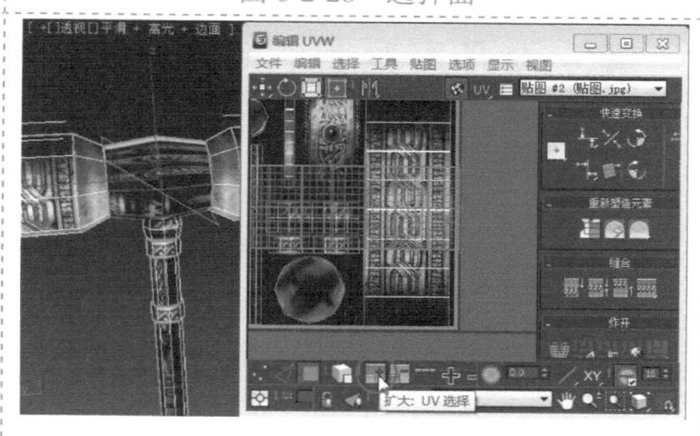

图 6-2-29　扩大 UV 选择

30 使用【自由形式模式】工具调整面的大小、角度与位置，如图 6-2-30 所示。

图 6-2-30　调整面

31 选中【顶点】对象，选择图形上半部分的点，如图 6-2-31 所示。

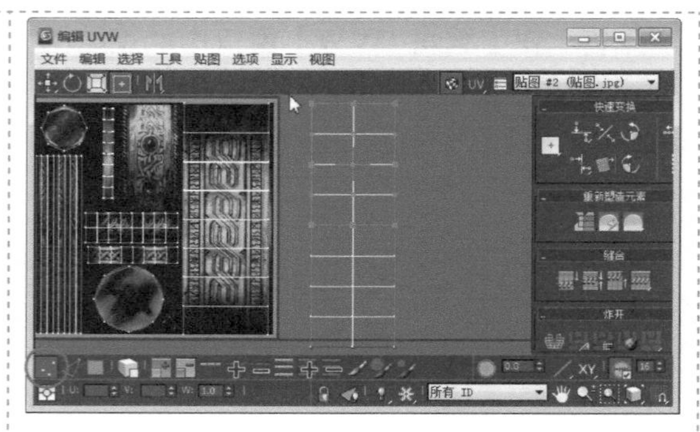

图 6-2-31　选择点

32 移动并调整点的位置，使其与下半部分重合，如图 6-2-32 所示。

图 6-2-32　调整点

33 选择图形上半部分的点，如图 6-2-33 所示。

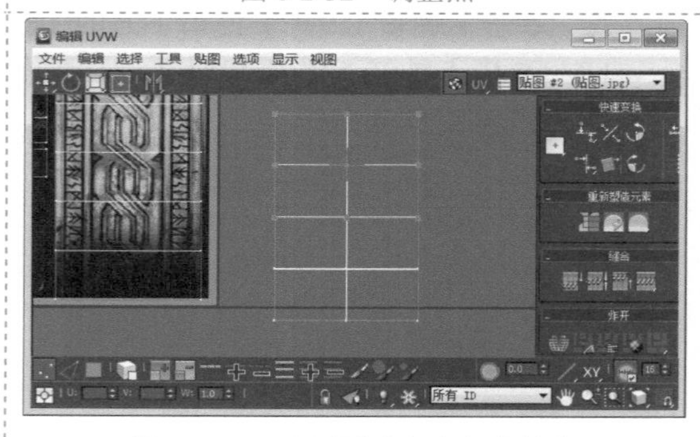

图 6-2-33　选择圆形上半部分的点

34 移动并调整点的位置，使其与下半部分重合，如图 6-2-34 所示。

图 6-2-34　调整圆形上半部分的点

35 选择已经调整好的图形，使用【自由形式模式】工具调整面的大小、角度与位置，使其与贴图上的纹理对齐，如图 6-2-35 所示。

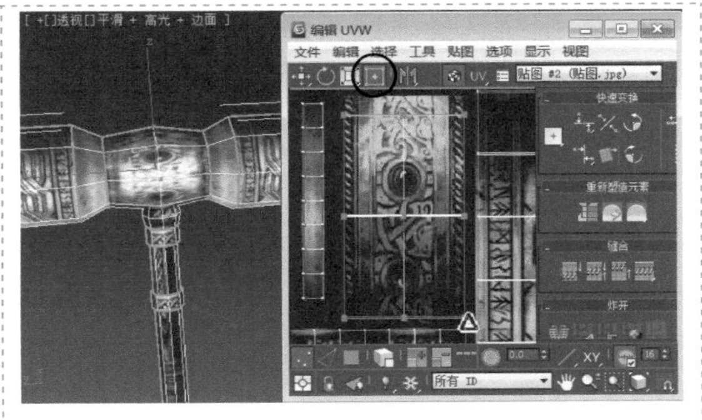

图 6-2-35　调整图形

6.3　战锤结构修改

编辑多边形运用

1 选中战锤对象并右击，在弹出的快捷菜单中执行【转换为】→【转换为可编辑多边形】命令，将其转换为可编辑多边形，如图 6-3-1 所示。

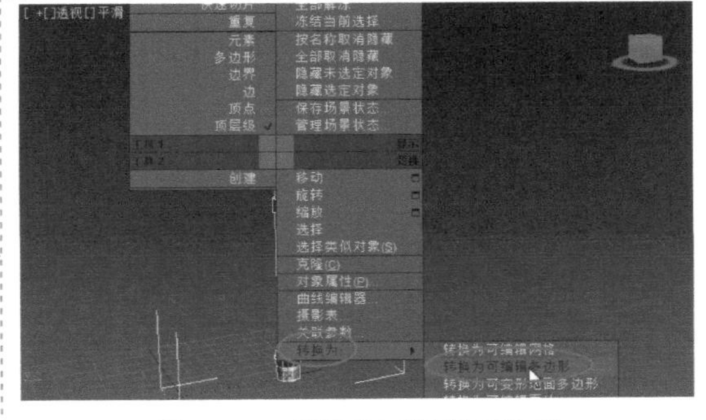

图 6-3-1　转换为可编辑多边形

2 进入【修改】面板，选中【边】对象，选择战锤头部一端的一圈边，如图 6-3-2 所示。

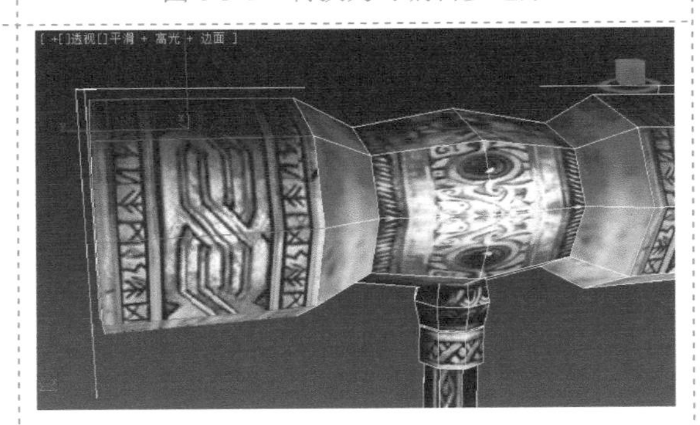

图 6-3-2　选择边

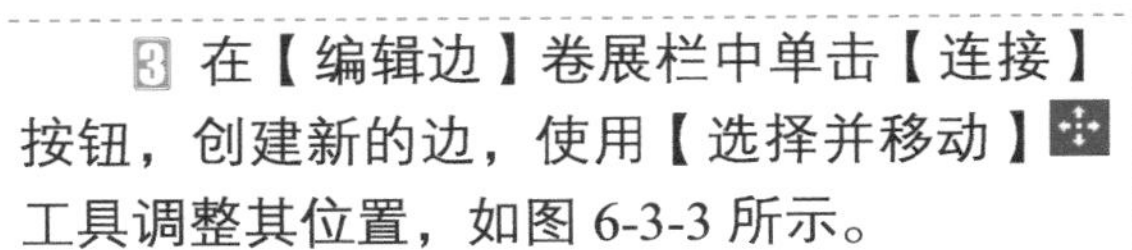

3 在【编辑边】卷展栏中单击【连接】按钮，创建新的边，使用【选择并移动】工具调整其位置，如图 6-3-3 所示。

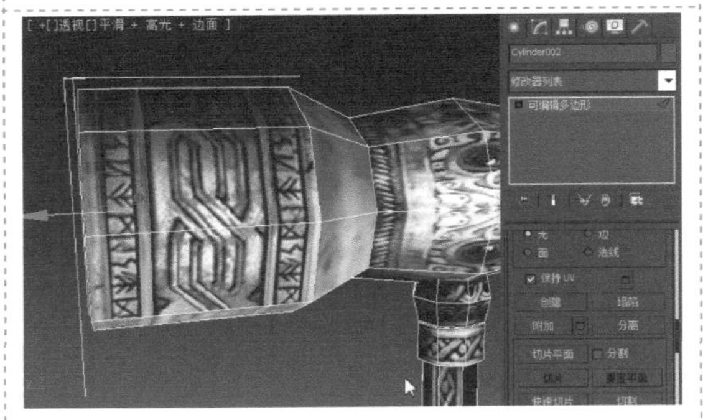

图 6-3-3　连接和调整

4 继续选择战锤头部一端连接过后靠右的一圈边，如图 6-3-4 所示。

图 6-3-4　继续选择边

5 在【编辑边】卷展栏中单击【连接】按钮，创建新的边，使用【选择并移动】工具调整其位置，如图 6-3-5 所示 。

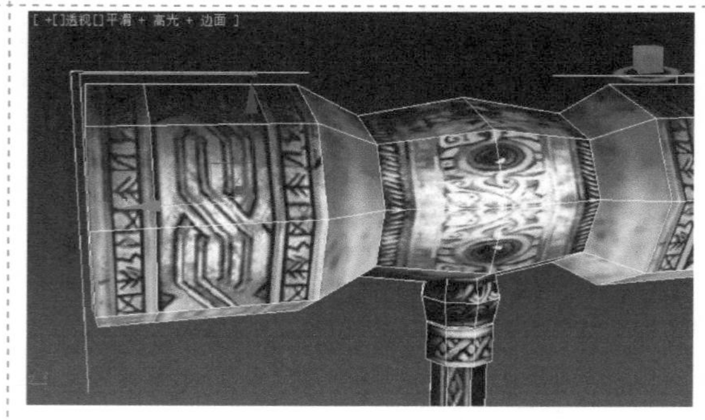

图 6-3-5　连接和调整边

6 选中【多边形】对象，选择连接过后新生成的两圈面，如图 6-3-6 所示。

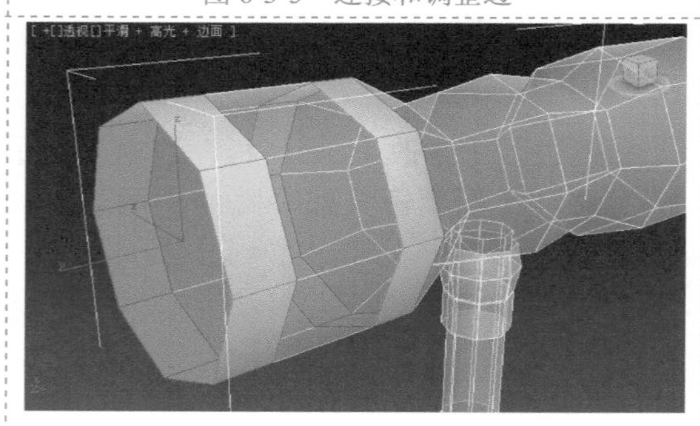

图 6-3-6　选择面

7 在【编辑多边形】卷展栏中单击【挤出】按钮，设置其【高度】为 1，如图 6-3-7 所示。

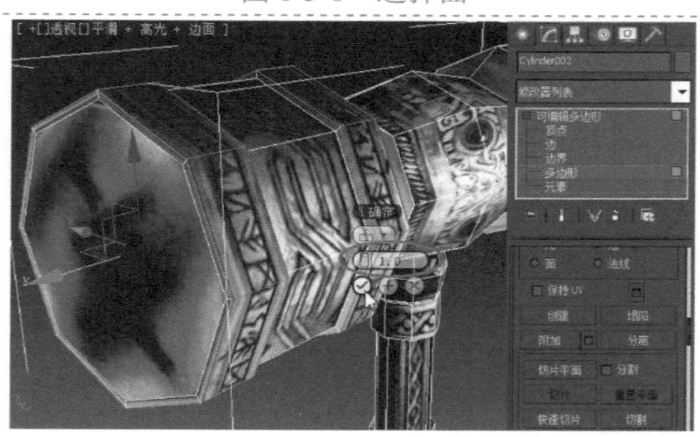

图 6-3-7　挤出

8 参考以上操作，为战锤头部的另一端添加细节结构，如图 6-3-8 所示。

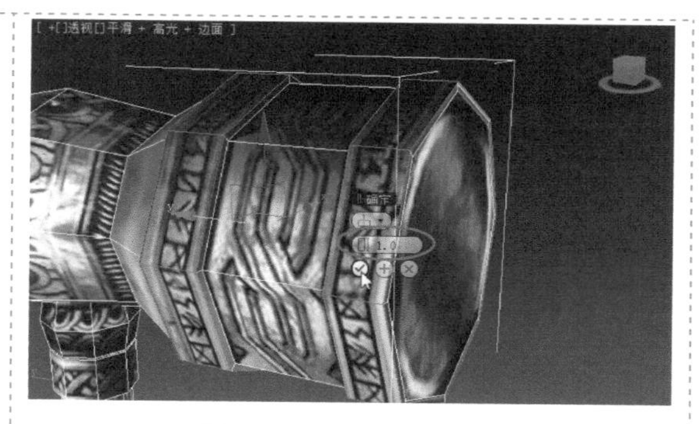

图 6-3-8　添加细节结构

9 完成战锤的建模与贴图制作，如图 6-3-9 所示。

图 6-3-9　战锤效果

6.4　战锤效果表现

贴图的基本应用——家电的制作

1 按【M】键弹出【材质编辑器】对话框，如图 6-4-1 所示。

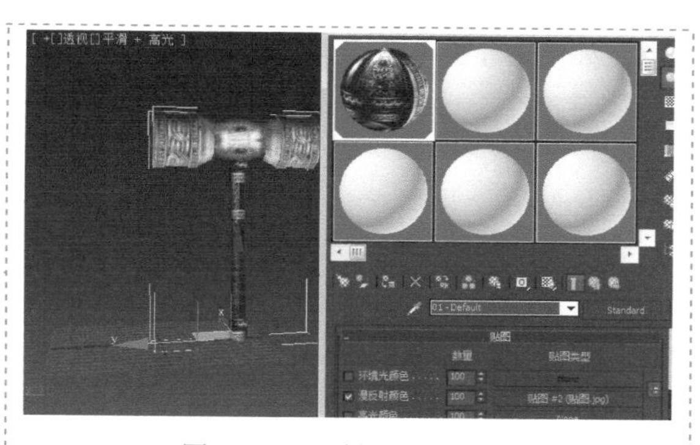

图 6-4-1　【材质编辑器】

2 在【贴图】卷展栏中将【漫反射颜色】通道中的贴图拖动到【反射】通道中进行复制，在弹出的【复制（实例）贴图】对话框中选中【实例】单选按钮，单击【确定】按钮，如图 6-4-2 所示。

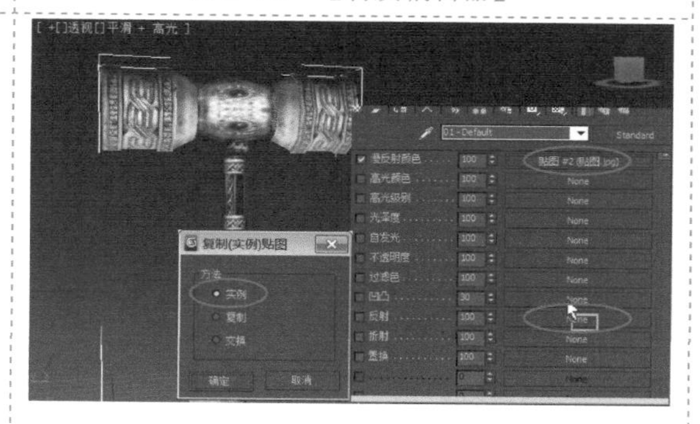

图 6-4-2　复制贴图

3 在【Blinn 基本参数】卷展栏中，设置【反射高光】选项组中的参数数值，设置其【高光级别】为 70，【光泽度】为 45，如图 6-4-3 所示。

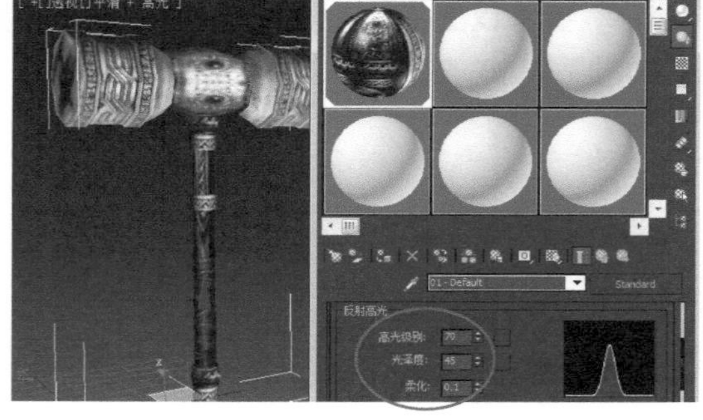

图 6-4-3 设置参数

4 按键盘上的数字键 8，弹出【环境和效果】窗口，如图 6-4-4 所示。

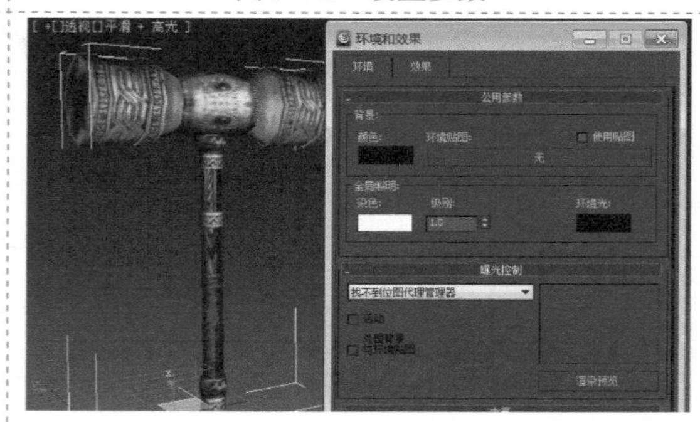

图 6-4-4 环境和效果

5 单击【环境光】颜色选项，在弹出的【颜色选择器：环境光】对话框中设置为灰色，如图 6-4-5 所示。

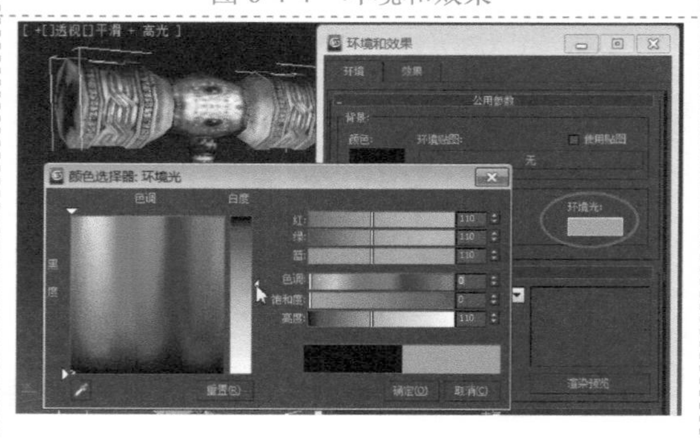

图 6-4-5 设置环境光

6 单击【环境贴图】按钮，在弹出的【材质/贴图浏览器】对话框中选择【渐变】贴图，如图 6-4-6 所示。

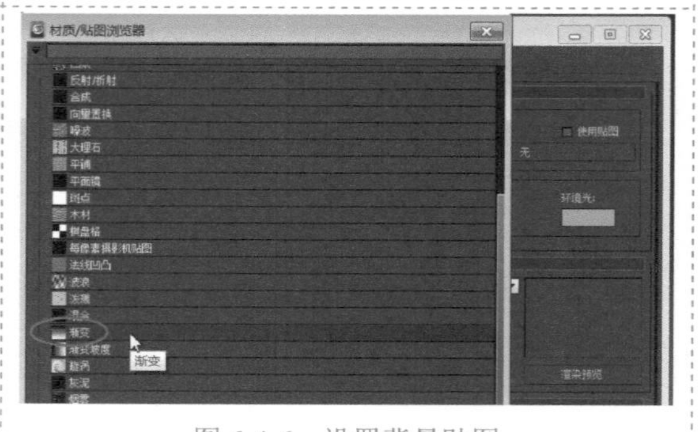

图 6-4-6 设置背景贴图

7 按【M】键弹出【材质编辑器】对话框，将【环境贴图】按钮中的【贴图#3(Gradient)】贴图拖动至新的材质球中，在弹出的【实例（副本）贴图】对话框中选中【实例】单选按钮，单击【确定】按钮，如图 6-4-7 所示。

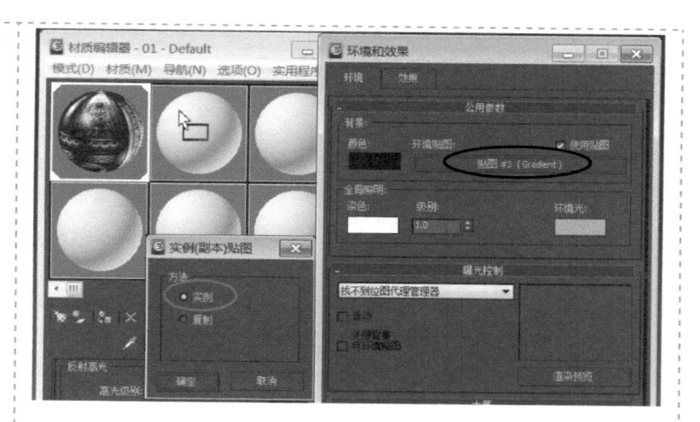

图 6-4-7　关联贴图

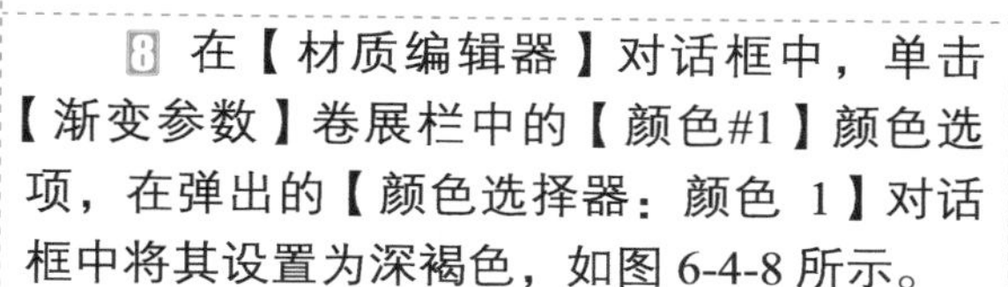
8 在【材质编辑器】对话框中，单击【渐变参数】卷展栏中的【颜色#1】颜色选项，在弹出的【颜色选择器：颜色 1】对话框中将其设置为深褐色，如图 6-4-8 所示。

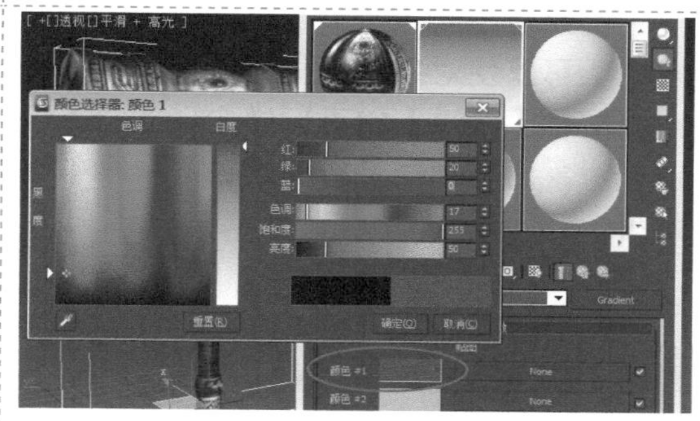

图 6-4-8　设置颜色 1 的颜色

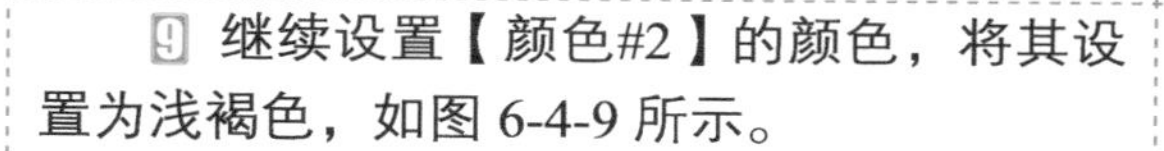
9 继续设置【颜色#2】的颜色，将其设置为浅褐色，如图 6-4-9 所示。

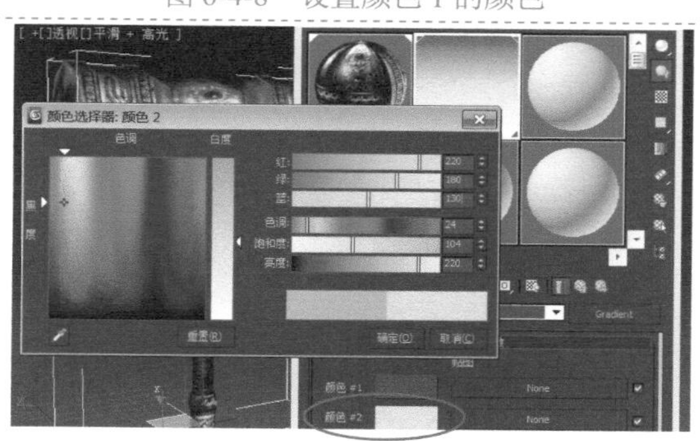

图 6-4-9　设置颜色颜色 2

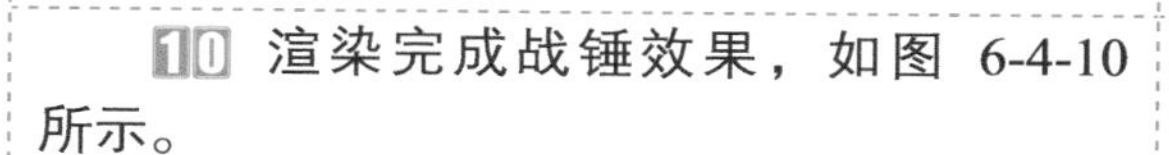
10 渲染完成战锤效果，如图 6-4-10 所示。

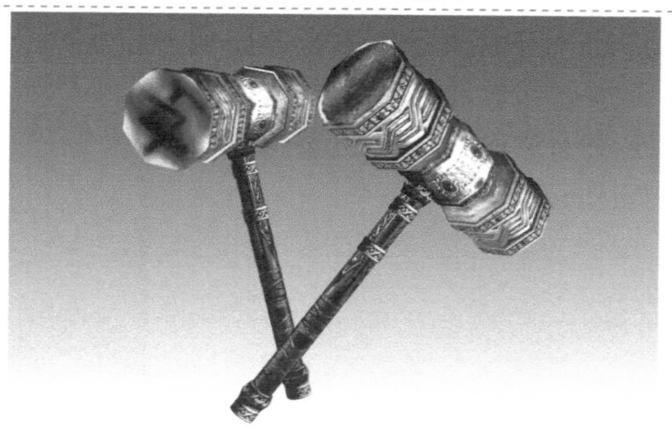
图 6-4-10　战锤效果图

6.5 相关知识

UVW 展开的使用 2

1. 移动选定的子对象

在【编辑 UVW】窗口中使用【移动选定的子对象】工具拖动，可以使对象进行位置移动，按住【Shift】键可以锁定使子对象沿单轴向进行移动，如图 6-5-1 所示。

图 6-5-1 移动选定的子对象

2. 旋转选定的子对象

在【编辑 UVW】窗口中使用击【旋转选定的子对象】工具拖拽，可以使对象进行旋转操作，如图 6-5-2 所示。

图 6-5-2 旋转选定的子对象

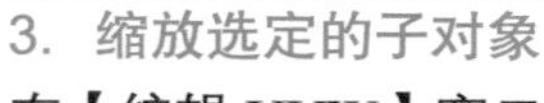

3. 缩放选定的子对象

在【编辑 UVW】窗口中使用【缩放选定的子对象】工具拖动，可以使对象进行等比例缩放，按住【Shift】键可以锁定使子对象沿左右/上下缩放，如图 6-5-3 所示。

图 6-5-3 缩放选定的子对象

4. 自由形式模式

在【编辑 UVW】窗口中使用【自由形式模式】工具在对象内部进行拖动，可以进行位置移动，按住【Shift】键可以锁定使子对象沿单轴向进行移动。

使用该工具在对象边的中点进行拖动，可以进行旋转操作。

使用该工具在对象顶点进行拖动，可以进行自由缩放，按住【Shift】键可以锁定使子对象沿左右/上下方向缩放；按住【Ctrl】键可以锁定等比例缩放；按住【Alt】键可以锁定沿中心点进行缩放，如图 6-5-4 所示。

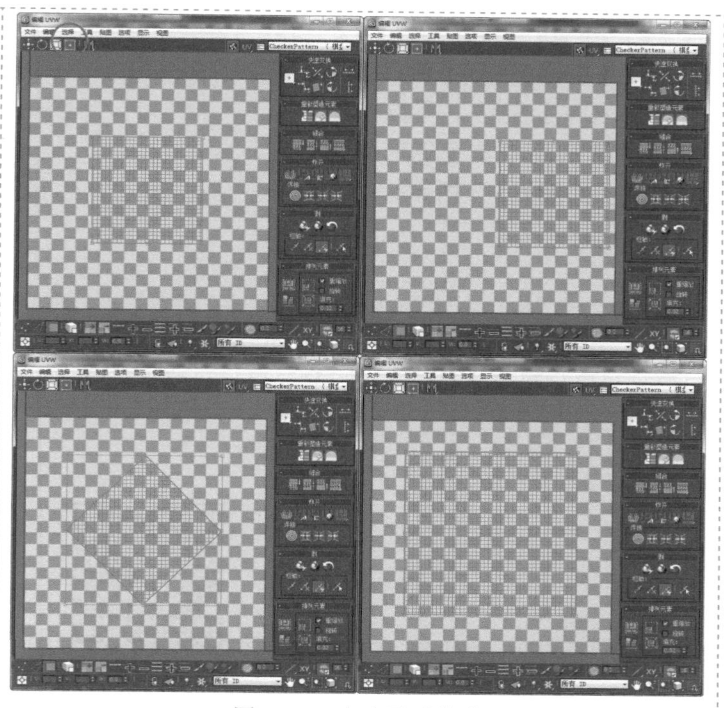

图 6-5-4 自由形式模式

5. 扩大：UV 选择

在【编辑 UVW】窗口中单击【扩大：UV 选择】按钮，可以使对象的选择范围扩大一圈，如图 6-5-5 所示。

图 6-5-5 扩大：UV 选择

6. 循环 UV

在【编辑 UVW】窗口中单击【循环 UV】按钮，可以选中当前对象以及与其呈循环关系的对象，如图 6-5-6 所示。

图 6-5-6 循环 UV

7. 环 UV

在【编辑 UVW】窗口中单击【环 UV】按钮，可以选中当前对象以及与其呈环形关系的对象，如图 6-5-7 所示。

图 6-5-7　环 UV

6.6　实战演练

UVW 展开的使用 1

分析所给的油桶贴图，制作相关的模型，设置油桶的贴图，并能表现油桶表面的粗糙纹理，图 6-6-1 所示为油桶的效果图。

图 6-6-1　油桶效果图

制作要求如下

（1）创建精简的模型结构。

（2）贴图设置准确合理。

（3）材质表现到位。

制作提示

（1）创建一个圆柱体，高度段数为 1。

（2）使用【UVW 展开】修改器设置圆柱体的贴图。

（3）将漫反射贴图复制到凹凸贴图上。

项目评价

项目实训评价表						
	内 容		评定等级			
	学习目标	评价项目	4	3	2	1
职业能力	能熟练创建游戏道具的简模	能灵活使用可编辑多边形工具				
		能创建最精简的道具模型				
	能熟练设置贴图效果	能灵活使用【UVW 展开】修改器				
		能设置游戏道具的贴图				
	能熟练表现道具的材质	能灵活使用常见的材质				
		能制作各种道具材质				
	能熟练制作渐变背景	能设置渐变背景				
		能修改渐变贴图的参数				
综合评价						

项目 7

卡通角色制作——小老鼠

项目描述

三维角色动画在当今时代已经不是什么新鲜事物，我们经常可以看到通过三维建模制作的卡通形象出现在身边的各种影视作品中。作为一部动画作品的主角，卡通角色的塑造对激发观众的观赏兴趣和整部动画的总体质量起着举足轻重的作用。一个优秀的三维卡通角色不仅应具有吸引人的外表，还需要合适的结构比例，来体现它的特点。本项目的最终效果如图 7-0-1 所示。

图 7-0-1　项目效果

学习目标

- 多边形建模的应用
- 低模平滑表面处理
- 角色的结构与比例
- 卡通角色细节刻画

项目分析

在本项目的制作中，主要使用多边形建模来制作角色模型，需要完成以下五个环节。

① 小老鼠头部制作。

② 添加脸部五官细节。

③ 身体躯干的制作。

④ 创建小老鼠四肢。

⑤ 添加手掌与脚掌。

实现步骤

7.1　小老鼠头部制作

三维物体的创建

1 单击【创建】→【几何体】面板，单击【球体】按钮，在前视图中创建一个球体；设置其【半径】为 50，【分段】为 16。

2 使用【选择并移动】工具，右击窗口下方的坐标调整箭头，使其坐标归零，如图 7-1-1 所示。

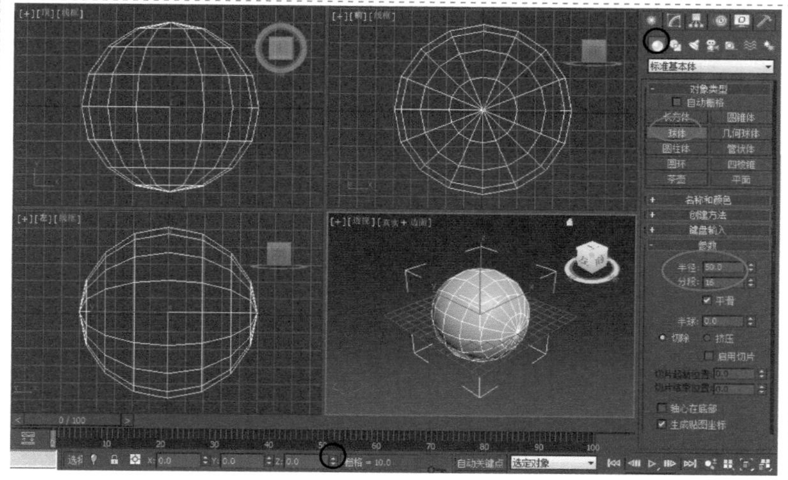

图 7-1-1 创建球体

3 在左视图中使用【选择并旋转】工具，将球体旋转少许角度。

4 单击【实用程序】卷展栏中的【重置变换】按钮，单击【重置选定内容】按钮，重置球体的坐标轴方向，如图 7-1-2 所示。

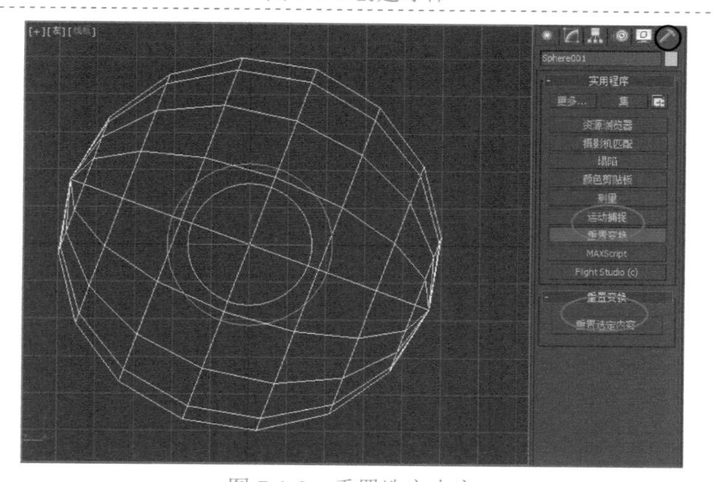

图 7-1-2　重置选定内容

5 进入【修改】面板，右击【X 变换】修改器，在弹出的快捷菜单中执行【塌陷到】命令，将球体塌陷为可编辑网格。

6 右击【可编辑网格】修改器，在弹出的快捷菜单中执行【可编辑多边形】命令，将球体塌陷为可编辑多边形，如图 7-1-3 所示。

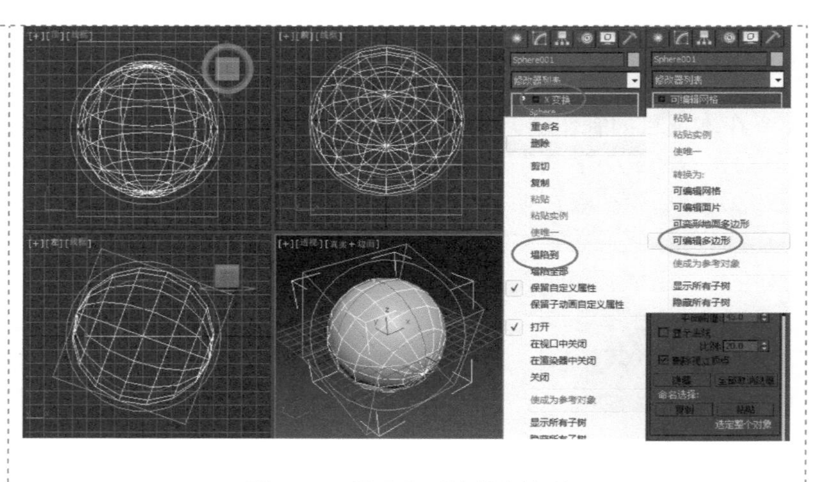

图 7-1-3　塌陷为可编辑多边形

7 选中【顶点】对象，框选球体右半边的顶点，按【Delete】键删除，如图 7-1-4 所示。

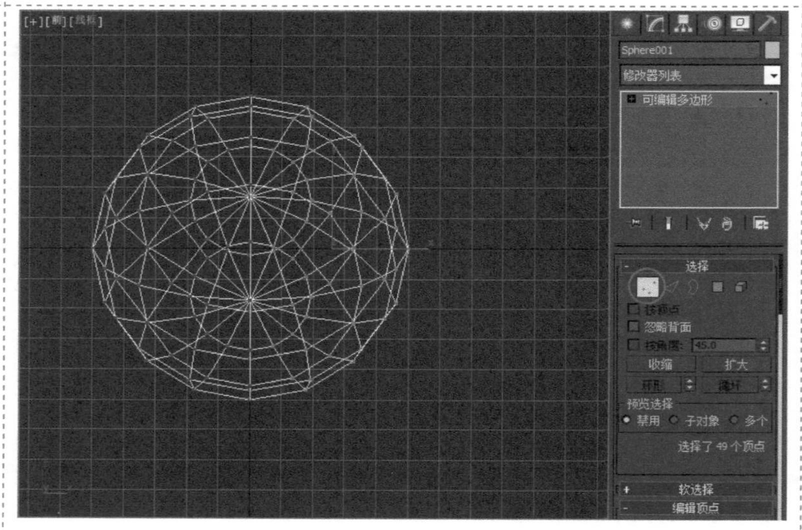

图 7-1-4　删除右半边顶点

8 单击【修改器列表】下拉按钮，在下拉列表中选择【对称】修改器，在【参数】卷展栏中选中【翻转】复选框，如图 7-1-5 所示。

图 7-1-5　添加【对称】修改器

9 单击【修改器列表】下拉按钮，在下拉列表中选择【涡轮平滑】修改器，在【涡轮平滑】卷展栏中将【迭代次数】文本框的值设置为 2，选中【等值线显示】复选框，如图 7-1-6 所示。

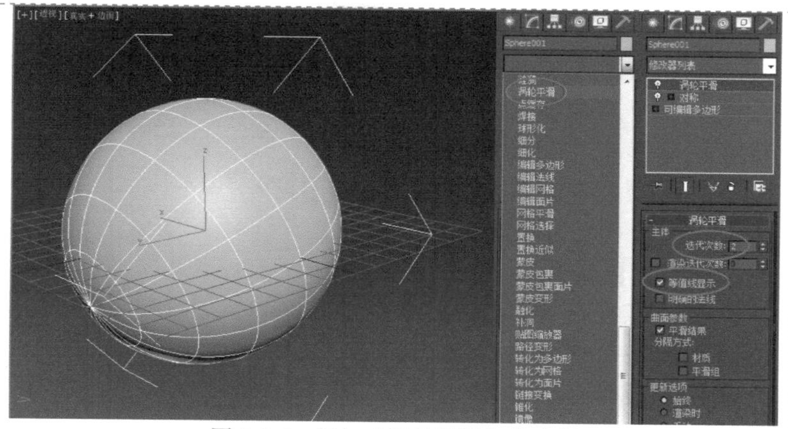

图 7-1-6　添加【涡轮平滑】修改器

10 单击【可编辑多边形】修改器，单击【显示最终结果开/关切换】按钮，使其在子修改器中显示最高层修改器结果。

11 在【软选择】卷展栏中选中【使用软选择】复选框，将【衰减】文本框的值设置为 60。移动并旋转球体顶端的顶点，改变小老鼠头部的外形，如图 7-1-7 所示。

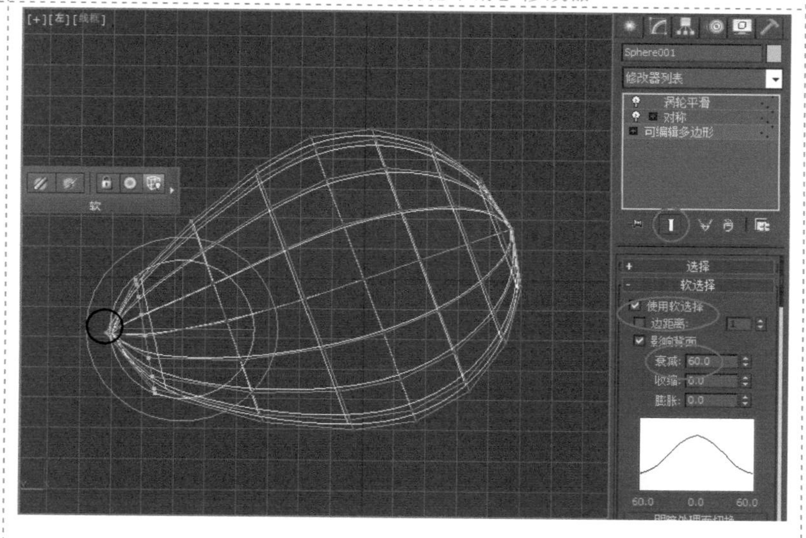

图 7-1-7　调整头部外形

7.2　添加脸部五官细节

挤出命令的使用

1 单击【创建】→【几何体】面板，单击【球体】按钮，在左视图中创建一个球体作为小老鼠的鼻子；设置其【半径】为 15，【分段】为 16，如图 7-2-1 所示。

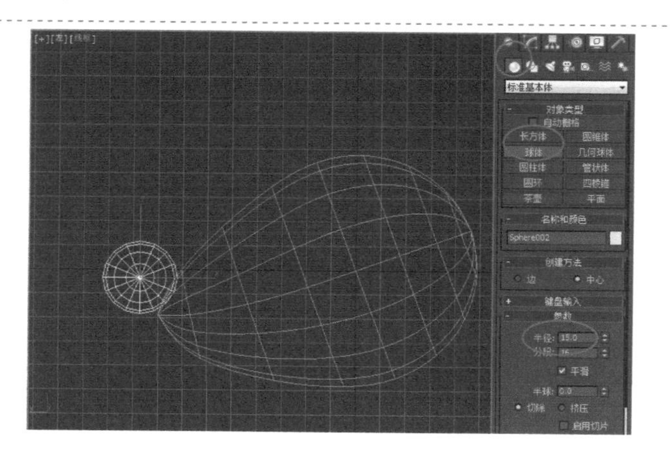

图 7-2-1　创建小老鼠的鼻子

2 进入【创建】面板，在【对象类型】卷展栏中选中【自动栅格】复选框，单击【创建】→【几何体】面板，单击【球体】按钮，在透视视图中脸部位置创建一个球体作为小老鼠的眼睛；设置其【半径】为 10，【分段】为 8，如图 7-2-2 所示。

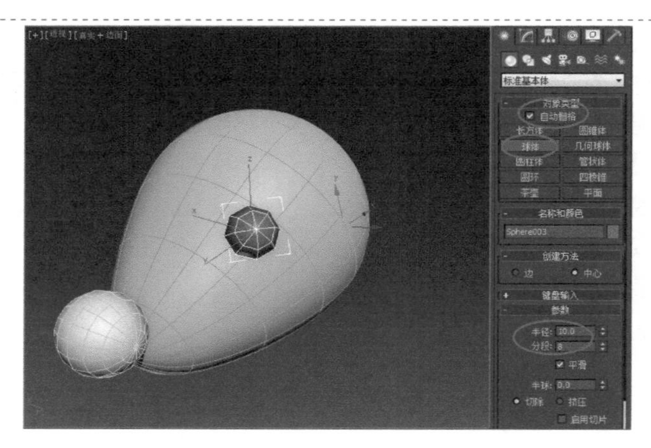

图 7-2-2　创建小老鼠的眼睛

3 单击主工具栏上的【选择并均匀缩放】按钮，单击【参考坐标系】下拉按钮，在下拉列表中选择【局部】选项，改变球体的高度。

4 选择老鼠头部对象，进入【修改】面板，选中【可编辑多边形】子对象，在【编辑几何体】卷展栏中单击【附加】按钮，单击眼睛对象，将其附加到头部上，如图 7-2-3 所示。

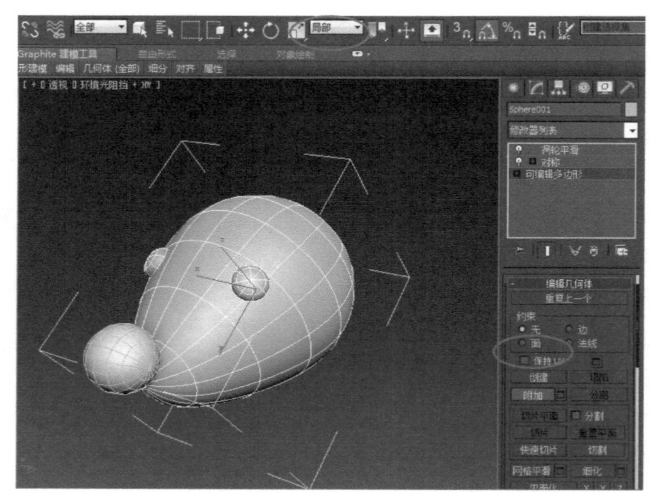

图 7-2-3　将眼睛附加到头部上

5 选择【可编辑多边形】修改器，选中【多边形】子对象，在【软选择】卷展栏中取消选中【使用软选择】复选框，选择生成耳朵的面，在【编辑多边形】卷展栏中单击【挤出】按钮，设置【高度】为 20，如图 7-2-4 所示。

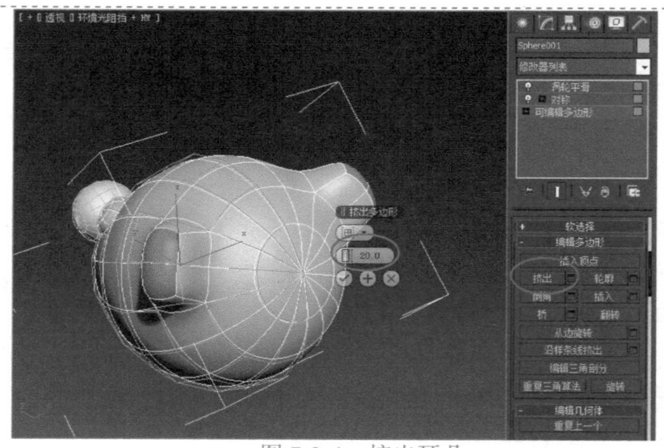

图 7-2-4　挤出耳朵

6 单击主工具栏上的【选择并均匀缩放】按钮，单击【参考坐标系】下拉按钮，在下拉列表中选择【局部】选项，调整面的位置，修改耳朵的长度。

7 选中【边】对象，选择耳朵侧面的边，在【编辑边】卷展栏中单击【连接】按钮，在耳朵中部创建新的边，如图 7-2-5 所示。

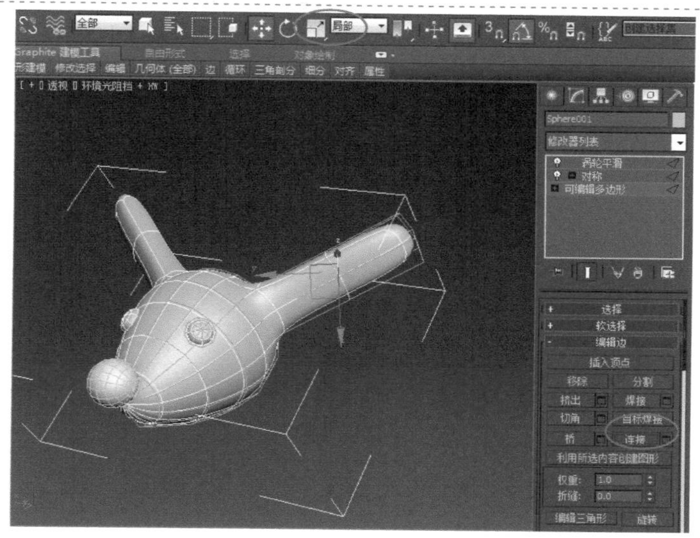

图 7-2-5　创建新边

8 选中【顶点】对象，选择耳朵上的顶点并调整其位置，使其成为耳朵的形状，如图 7-2-6 所示。

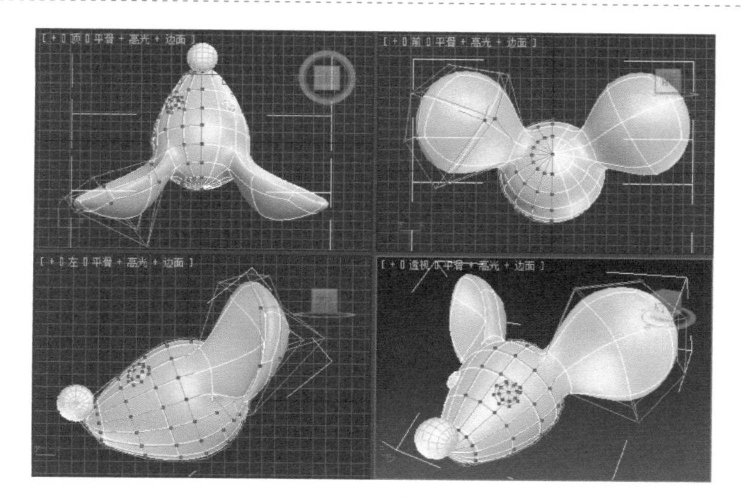

图 7-2-6　调整耳朵

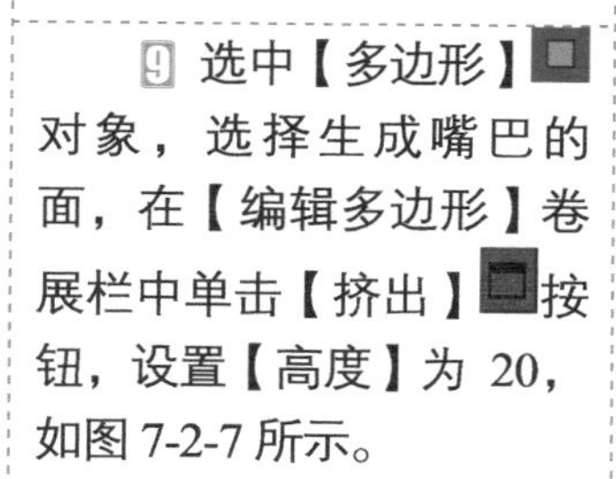

9 选中【多边形】对象，选择生成嘴巴的面，在【编辑多边形】卷展栏中单击【挤出】按钮，设置【高度】为 20，如图 7-2-7 所示。

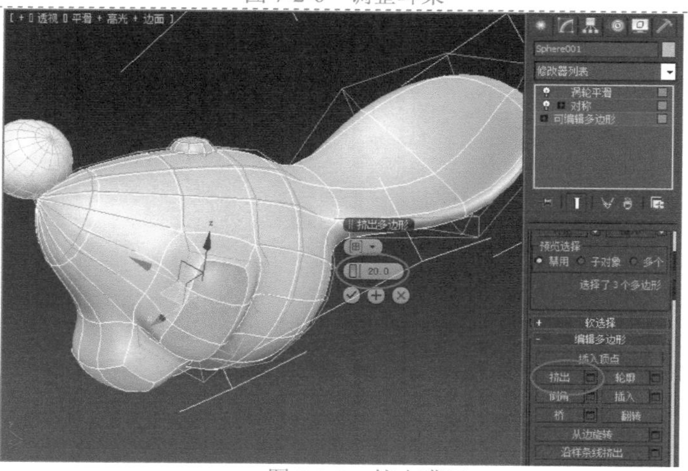

图 7-2-7　挤出嘴巴

10 选择嘴巴内侧的面，按【Delete】键删除，如图 7-2-8 所示。

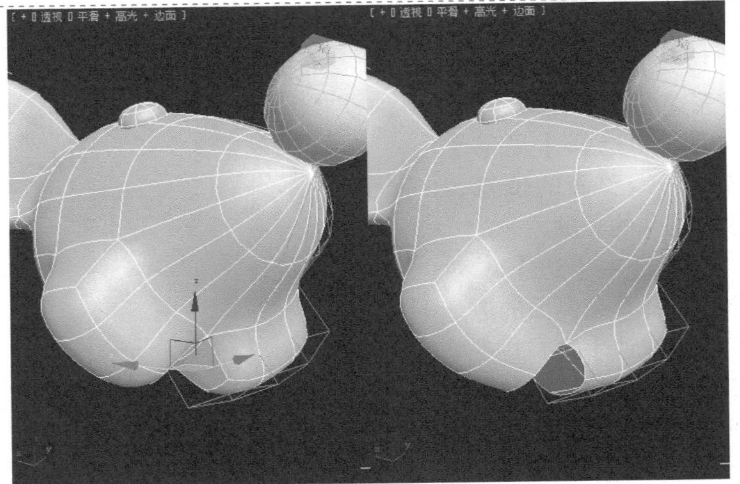

图 7-2-8 删除面

11 选中【顶点】对象，选择嘴巴底部的顶点，调整其位置，如图 7-2-9 所示。

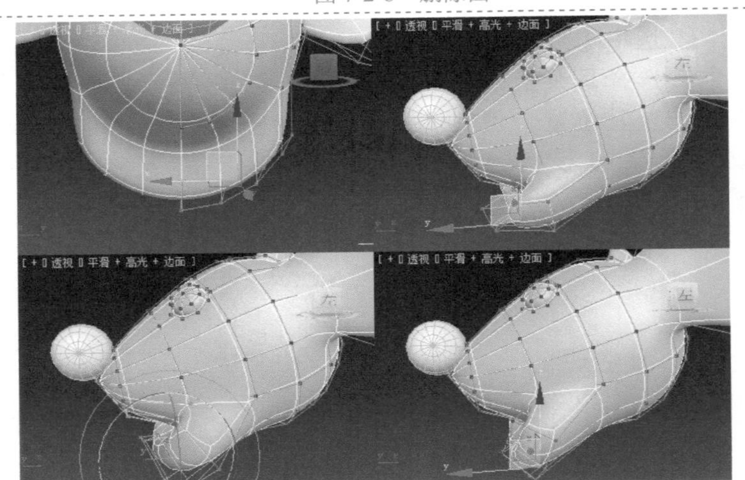

图 7-2-9 创建嘴巴

12 继续调整嘴巴周围的点，修改下巴的造型，如图 7-2-10 所示。

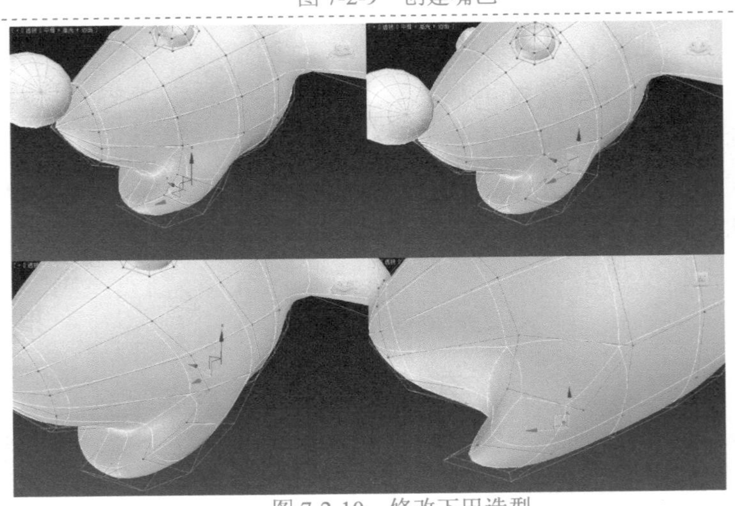

图 7-2-10 修改下巴造型

13 选择头部前端的点，调整位置向前突出，选择鼻子部分的球体，调整其位置，修改鼻子形状，如图 7-2-11 所示。

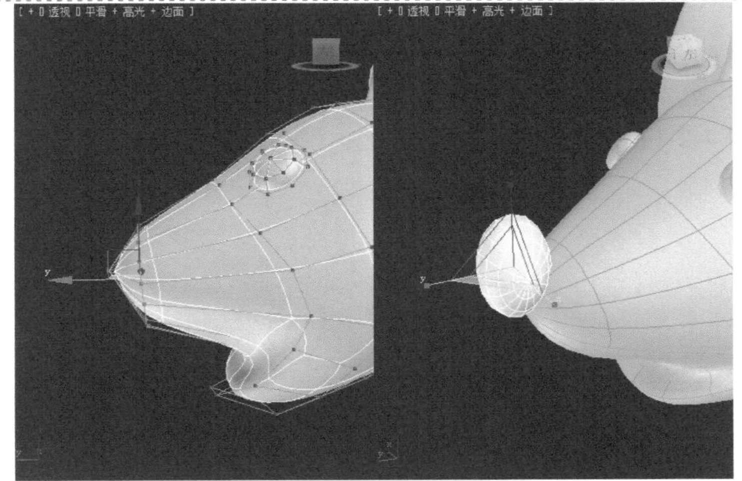

图 7-2-11　调整鼻子形状

14 右击，在弹出的快捷菜单中执行【剪切】命令，鼻子下方增加两条线段，如图 7-2-12 所示。

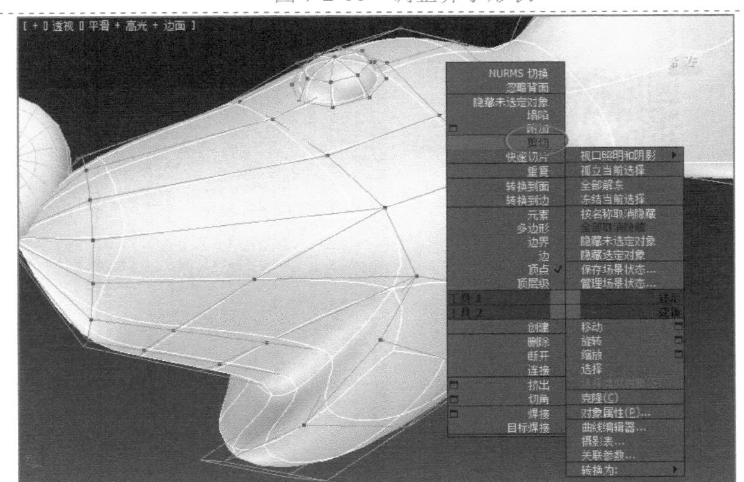

图 7-2-12　增加线段

15 选择新产生的点，依次调整这些点的位置，修改上嘴唇形状，如图 7-2-13 所示。

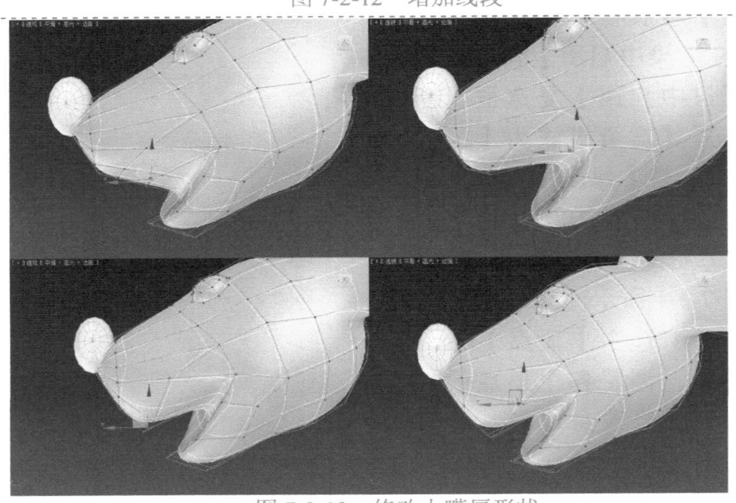

图 7-2-13　修改上嘴唇形状

16 选择嘴角位置的点，逐步调整位置，修改嘴角形状，如图 7-2-14 所示。

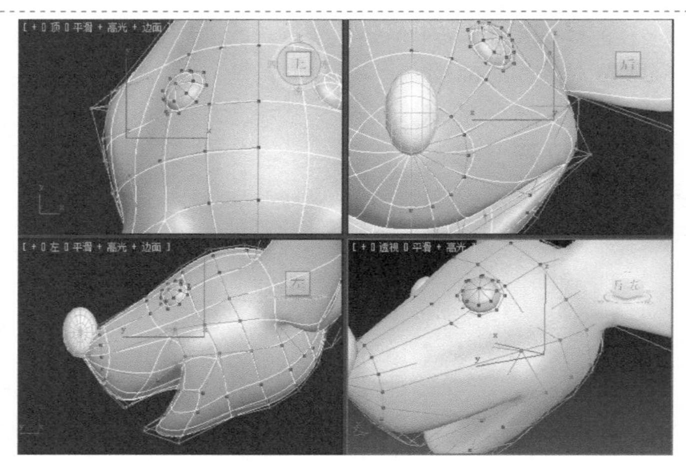
图 7-2-14 修改嘴角形状

7.3 身体躯干制作

塌陷命令的使用

1 单击【创建】→【图形】面板，单击【线】按钮，在左视图中依次单击生成顶点，绘制一条线段，作为躯干的大致轮廓，在【渲染】卷展栏中依次选中【在渲染中启用】和【在视口中启用】复选框，设置其渲染模式为【径向】，将【厚度】文本框的值设置为 100，【边】文本框的值设置为 8，如图 7-3-1 所示。

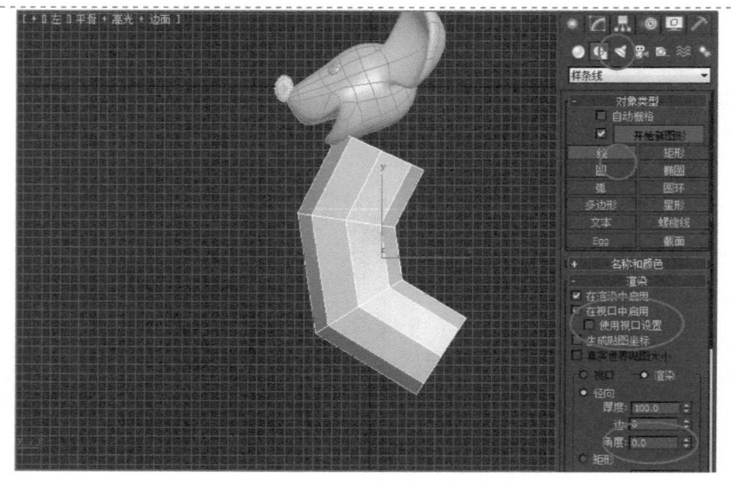
图 7-3-1 创建身体轮廓

2 选中【顶点】对象，调整各个顶点的位置，修改身体形状，如图 7-3-2 所示。

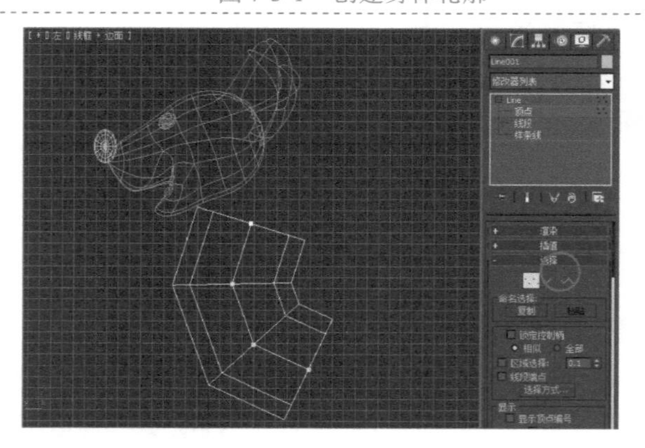
图 7-3-2 调整身体轮廓

3 继续创建线段作为小老鼠的尾巴，将【厚度】文本框的值设置为10，【边】文本框的值设置为 8，如图 7-3-3 所示。

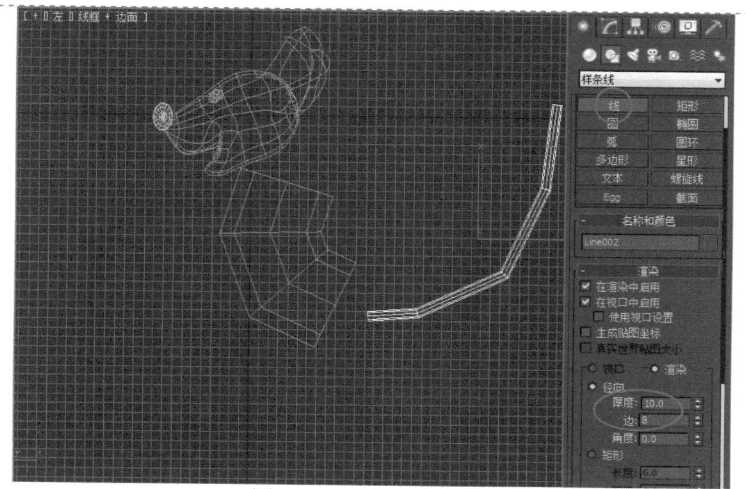

图 7-3-3　创建小老鼠的尾巴

4 继续创建线段作为小老鼠的脖子，将【厚度】文本框的值设置为25，【边】文本框的值设置为 8，如图 7-3-4 所示。

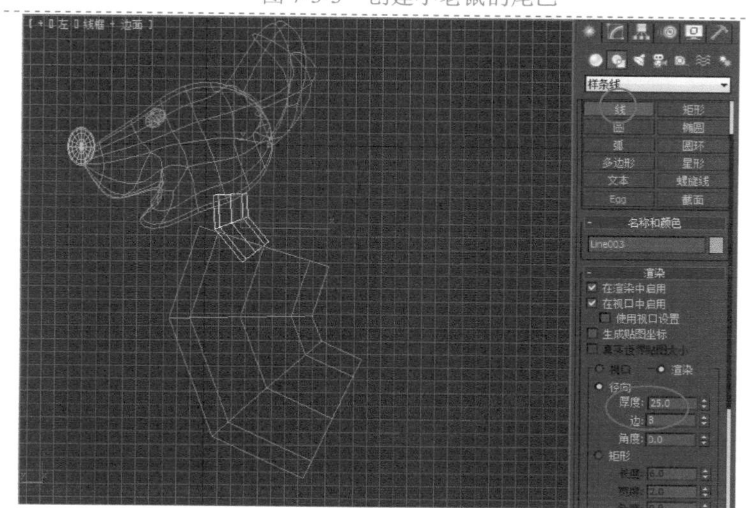

图 7-3-4　创建小老鼠的脖子

5 选中身体部分并右击，在弹出的快捷菜单中执行【转换为】→【转换为可编辑多边形】命令，将其转化为可编辑多边形，如图 7-3-5 所示。

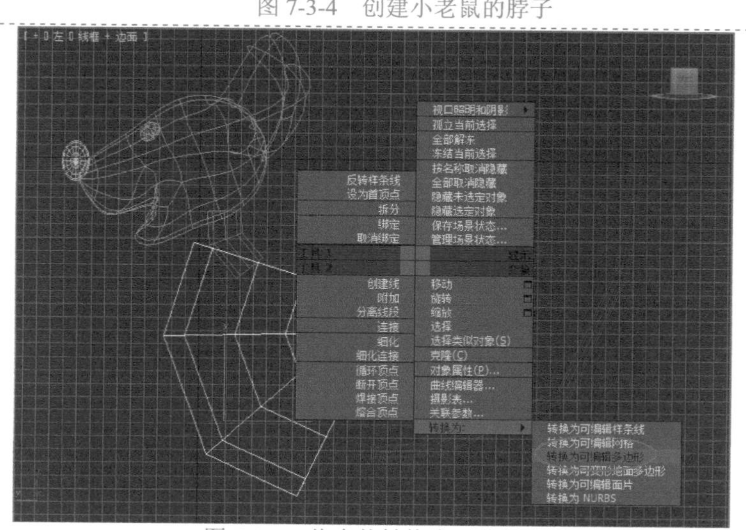

图 7-3-5　将身体转换为可编辑多边形

6 进入【修改】面板，选中【顶点】对象，在透视视图中选择身体顶部的一圈点，使用【选择并移动】工具调整上下位置，在顶视图中使用【选择并均匀缩放】工具调整其大小，如图 7-3-6 所示。

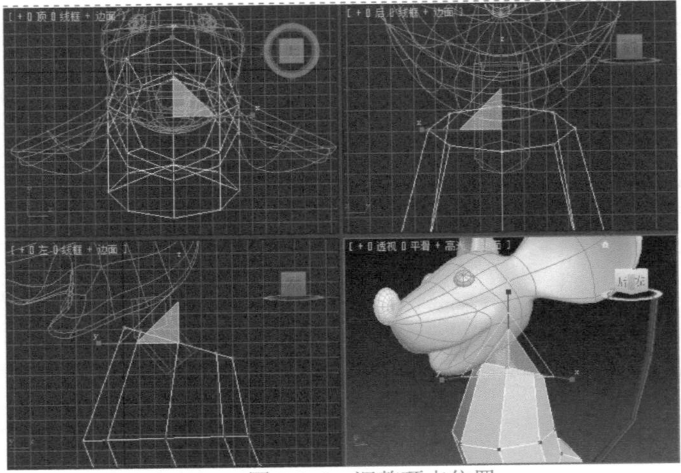

图 7-3-6　调整顶点位置

7 参考以上操作，调整身体上其余点的位置，如图 7-3-7 所示。

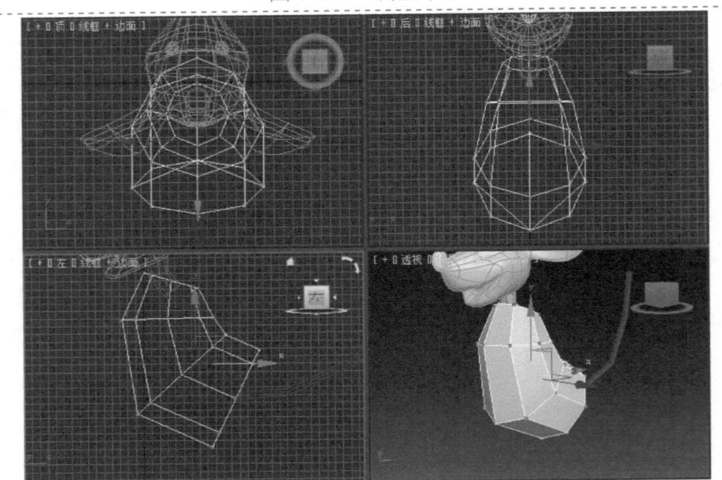

图 7-3-7　调整其余点的位置

8 选中【边】对象，在透视视图中选择身体后面部分的线，按【Backspace】键删除，如图 7-3-8 所示。

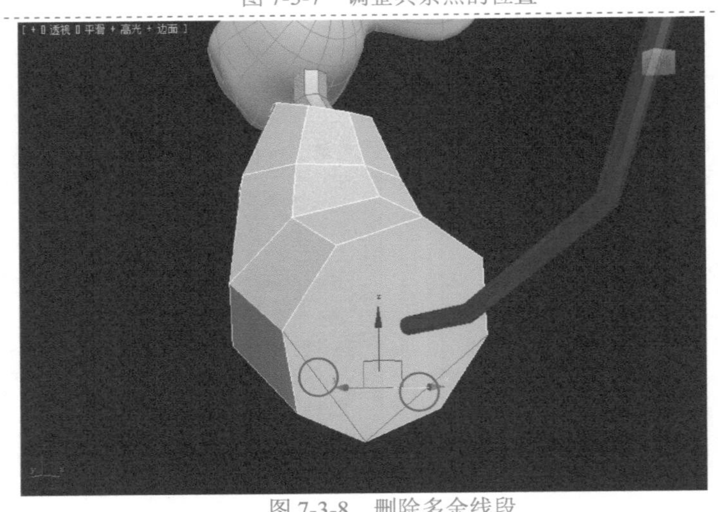

图 7-3-8　删除多余线段

9 选中【多边形】对象，选择身体背后的面，在【编辑多边形】卷展栏中单击【挤出】按钮，设置【高度】为 50，如图 7-3-9 所示。

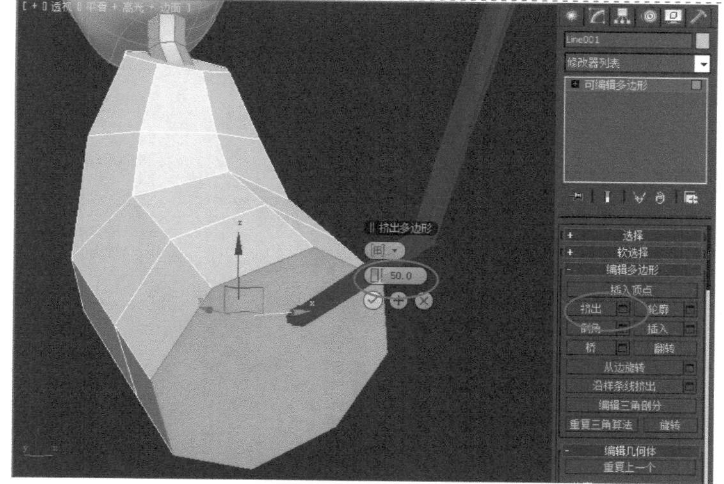

图 7-3-9 挤出面

10 调整该面的大小与位置，如图 7-3-10 所示。

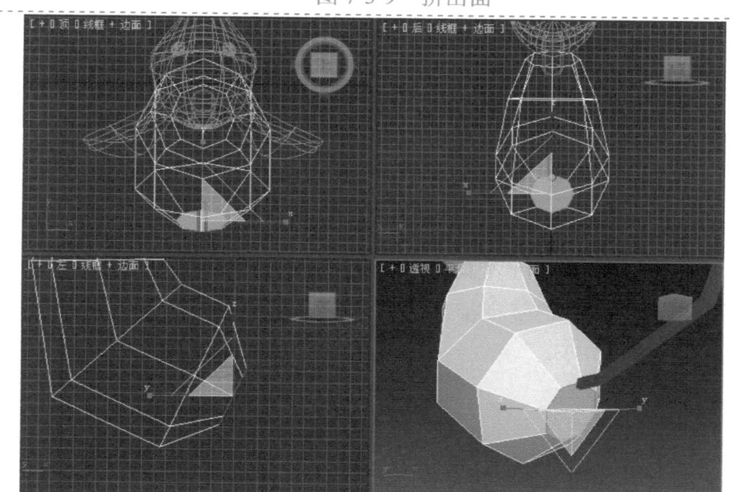
图 7-3-10 调整面的大小位置

11 右击，在弹出的快捷菜单中执行【剪切】命令，在身体后方添加两条线段。

选中【顶点】对象，选择新生成的点，调整其位置，如图 7-3-11 所示。

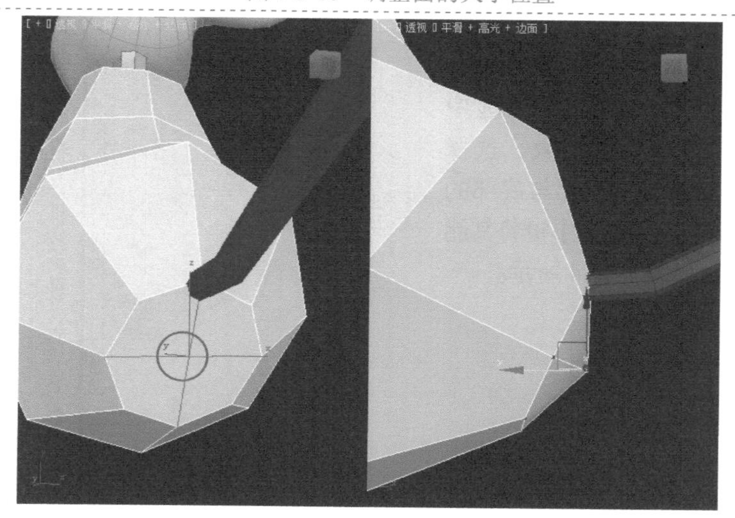
图 7-3-11 调整点的位置

12 选择小老鼠的头部与颈部右击，在弹出的快捷菜单中执行【隐藏选定对象】命令，参考上一步操作，调整身体顶部的形状，如图 7-3-12 所示。

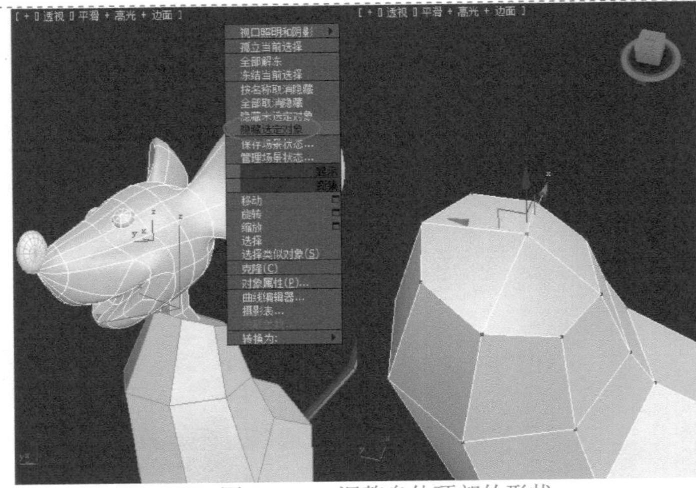
图 7-3-12　调整身体顶部的形状

13 在视图空白部分右击，在弹出的快捷菜单中执行【全部取消隐藏】命令，选择小老鼠颈部并右击，在弹出的快捷菜单中执行【隐藏未选定对象】命令，如图 7-3-13 所示。

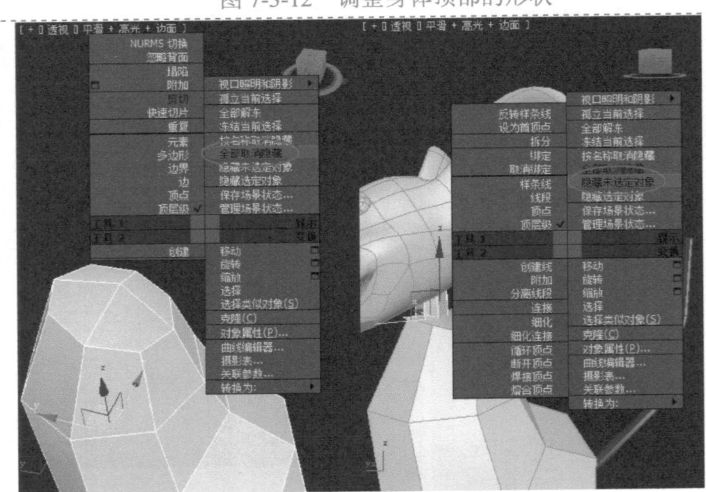
图 7-3-13　隐藏颈部以外其他对象

14 将颈部对象转换为可编辑多边形，选中【多边形】■对象，选择颈部管状体顶部与底部的面，按【Delete】键将其删除，如图 7-3-14 所示。

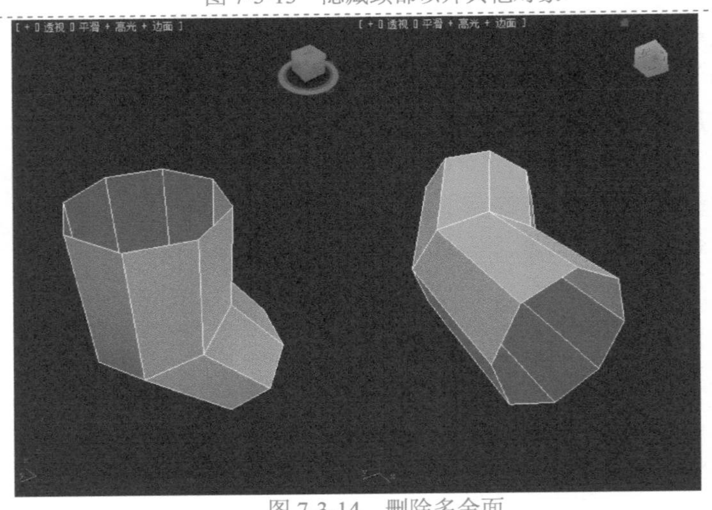
图 7-3-14　删除多余面

15 取消其他部位的隐藏，选择小老鼠头部，选择【可编辑多边形】编辑器并右击，在弹出的快捷菜单中执行【附加】命令，将其他部件与头部附加到一起，如图 7-3-15 所示。

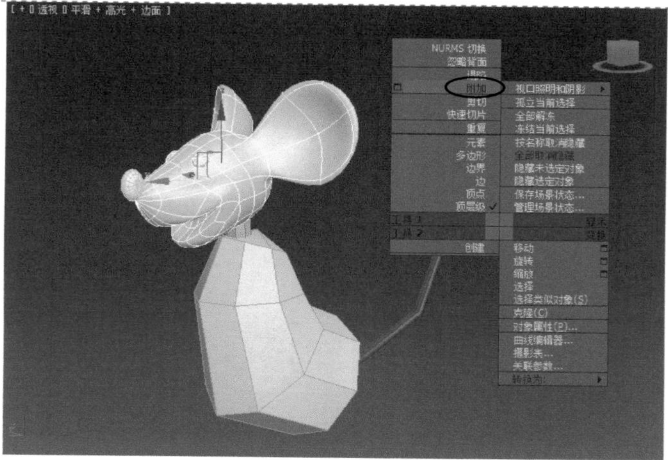

图 7-3-15　附加各部件

16 选中【顶点】对象，选择尾巴末梢的一圈点并右击，在弹出的快捷菜单中执行【塌陷】命令，如图 7-3-16 所示。

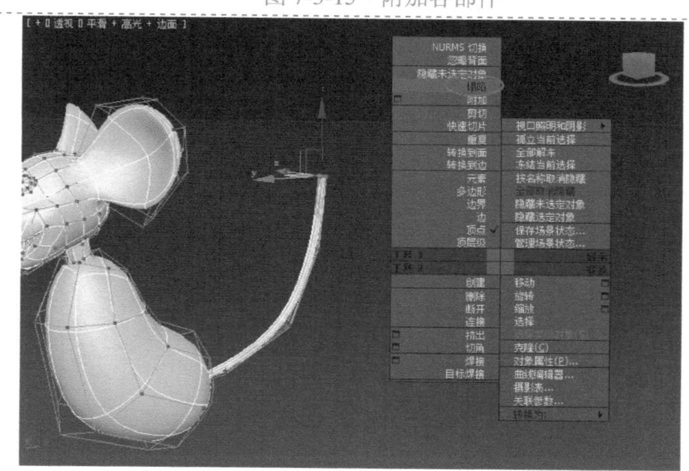

图 7-3-16　塌陷尾部

7.4　创建小老鼠四肢

画线命令的使用

1 单击【创建】→【图形】面板，单击【线】按钮，在前视图中创建小老鼠的手臂，将【厚度】设置为 25，【边】设置为 8，如图 7-4-1 所示。

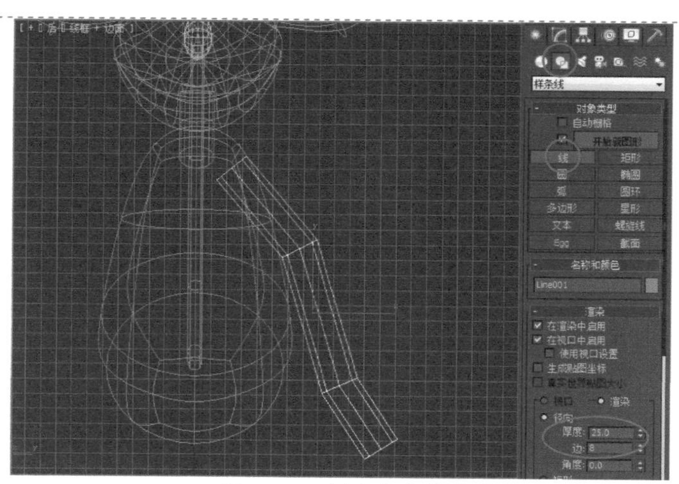

图 7-4-1　创建小老鼠的手臂

2 参考以上操作，创建小老鼠的腿部，如图 7-4-2 所示。

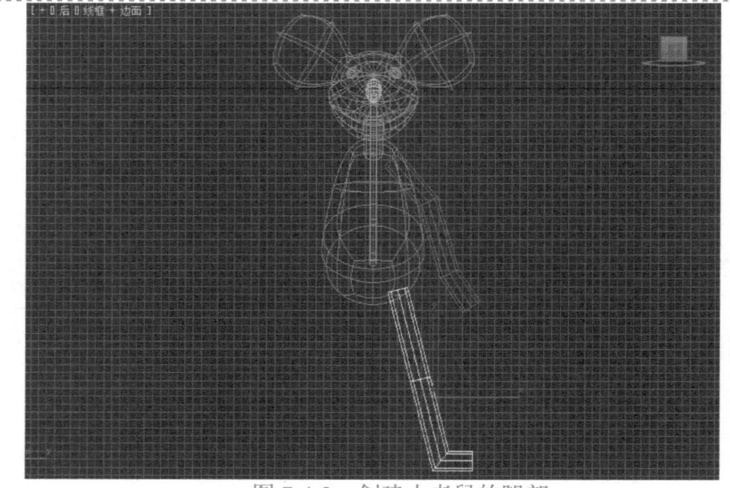

图 7-4-2 创建小老鼠的腿部

3 进入【修改】面板，选中【顶点】对象并右击，在弹出的快捷菜单中执行【细化】命令，在手臂上添加点，如图 7-4-3 所示。

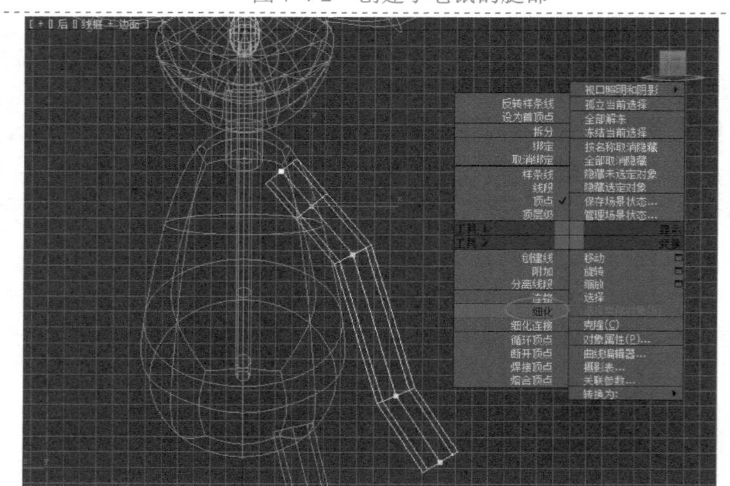

图 7-4-3 添加点

4 调整手臂各个顶点的位置，修改手臂的形状，如图 7-4-4 所示。

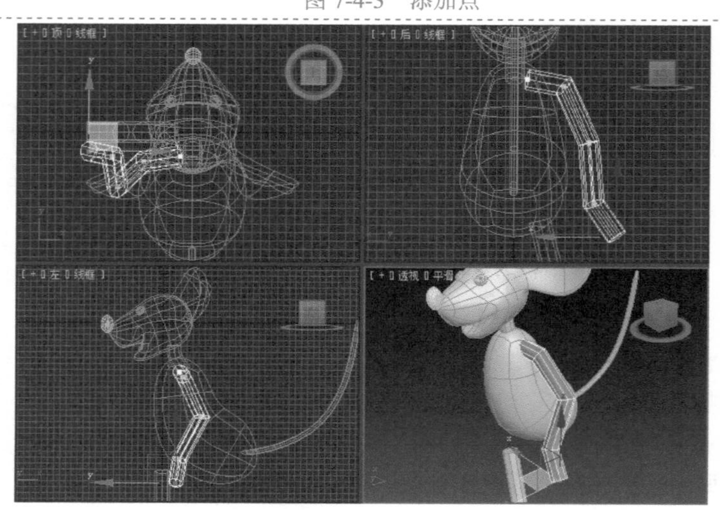

图 7-4-4 调整手臂形状

5 参考以上操作，调整腿部各个顶点的位置，修改腿部的形状，如图 7-4-5 所示。

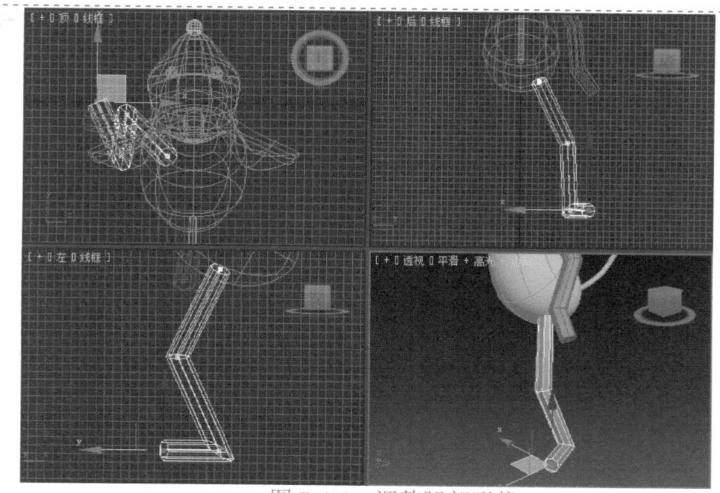
图 7-4-5　调整腿部形状

6 在透视视图中依次选择手臂上的每一圈点，使用【选择并均匀缩放】工具调整其大小，使用【选择并移动】工具调整其位置，修改手臂的细节，如图 7-4-6 所示。

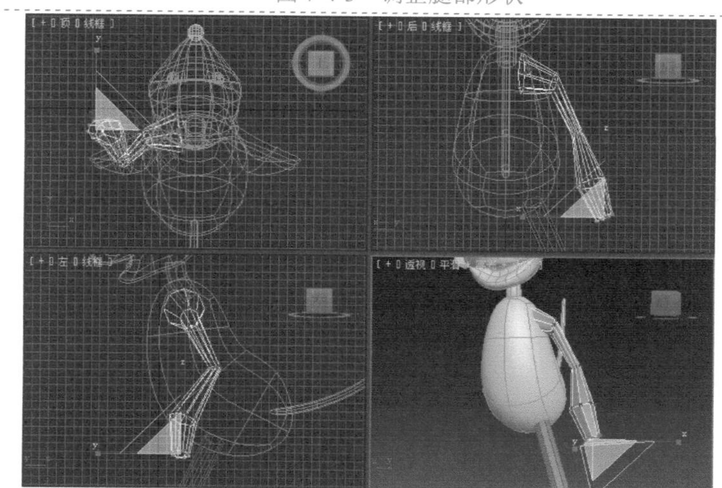
图 7-4-6　修改手臂细节

7 参考以上操作，修改腿部细节，如图 7-4-7 所示。

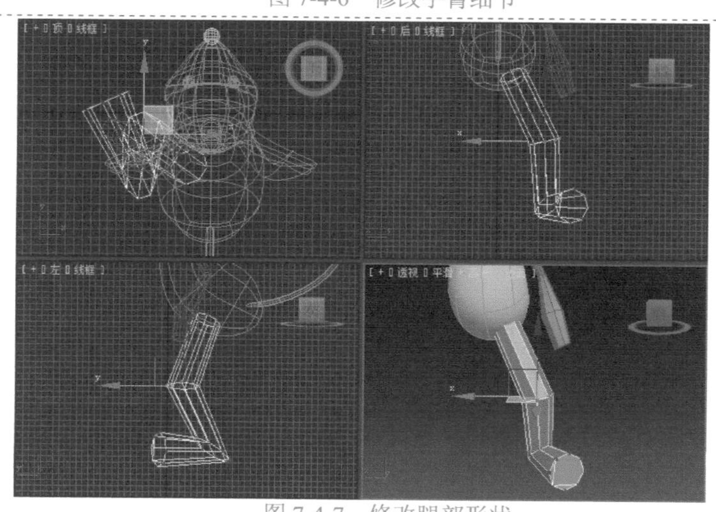
图 7-4-7　修改腿部形状

8 按【Alt+Q】组合键，孤立腿部对象，选中【多边形】对象，选择大腿顶部的面，按【Delete】键删除，如图 7-4-8 所示。

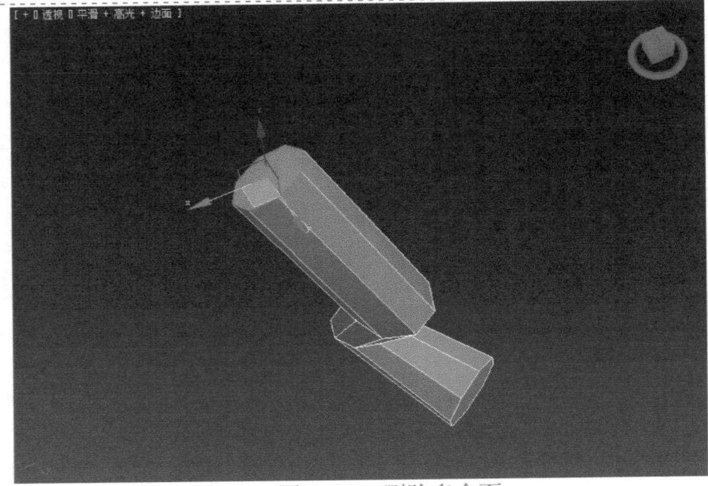

图 7-4-8　删除多余面

9 按【Alt+Q】组合键，解除对象孤立，选中【边】对象并右击，在弹出的快捷菜单中执行【连接】命令，在大腿位置创建新的一圈边，如图 7-4-9 所示。

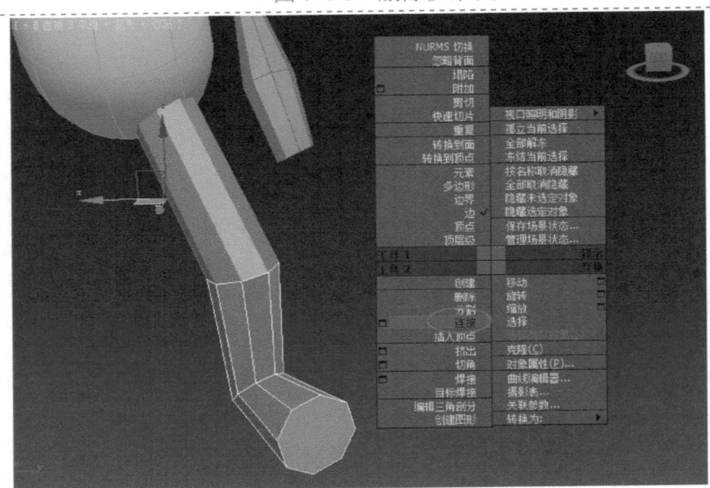

图 7-4-9　连接边

10 参考以上操作，在小腿及脚的位置创建新的边，如图 7-4-10 所示。

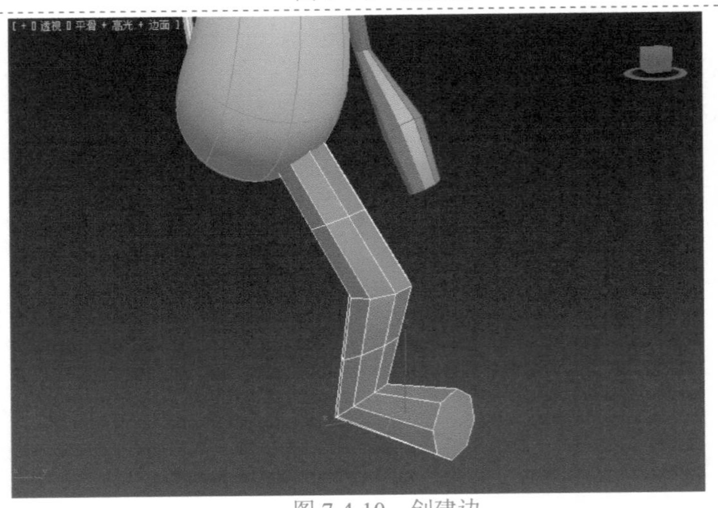

图 7-4-10　创建边

11 选择身体对象，将手臂与腿附加到身体上，如图 7-4-11 所示。

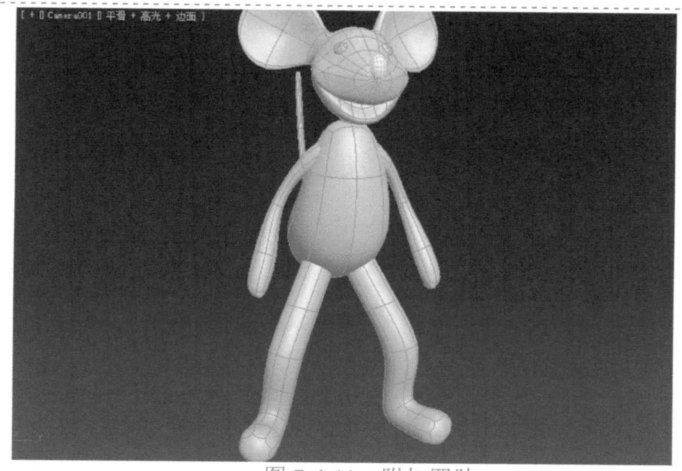

图 7-4-11　附加四肢

7.5　添加手掌脚掌

编辑多边形运用

1 选中【顶点】对象，选择大腿与小腿中部的两圈点，使用【选择并均匀缩放】工具调整其大小，如图 7-5-1 所示。

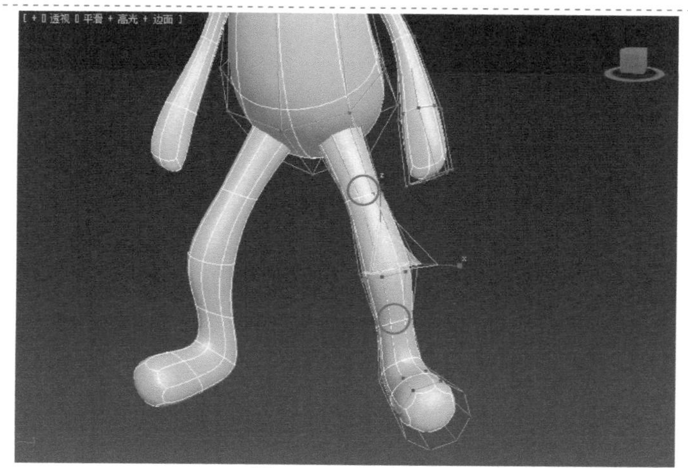

图 7-5-1　调整腿部细节

2 选择脚部中间的一圈点，在左视图中调整其大小与位置，如图 7-5-2 所示。

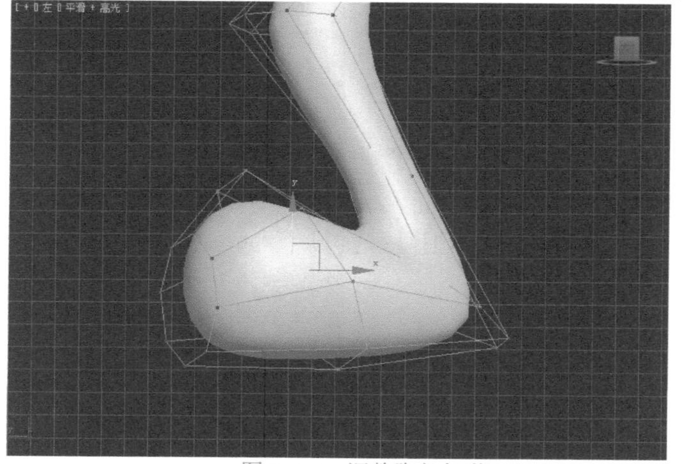

图 7-5-2　调整脚部细节

3 右击，在弹出的快捷菜单中执行【剪切】命令，在脚的前端添加两条边，如图 7-5-3 所示。

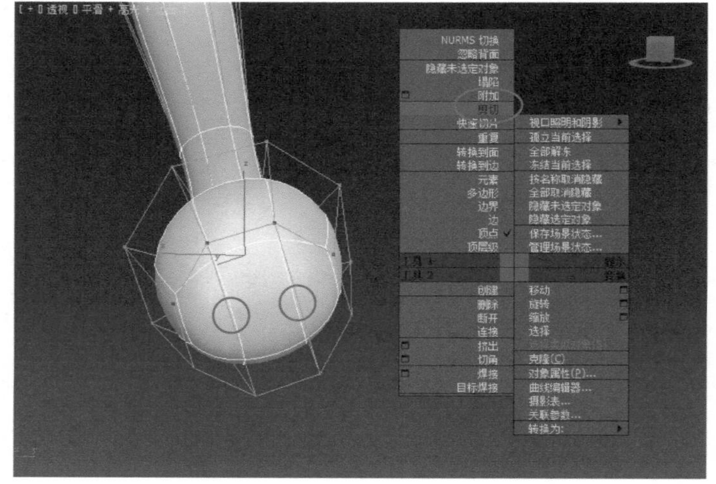

图 7-5-3　添加边

4 继续调整脚部的点，修改脚部细节，如图 7-5-4 所示。

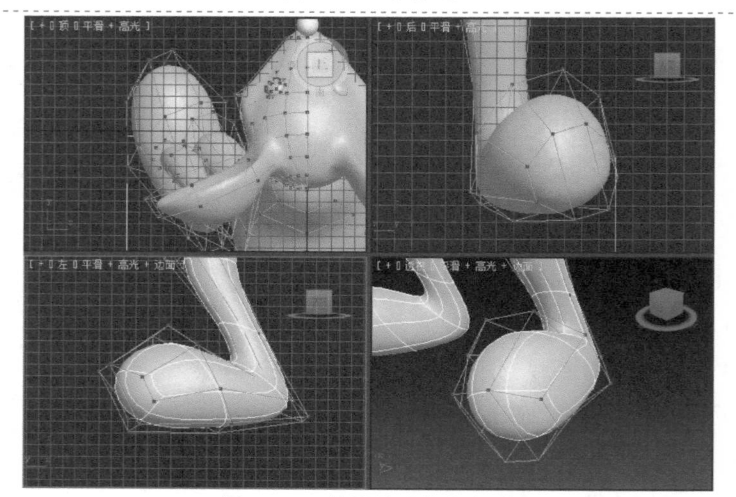

图 7-5-4　继续修改脚部细节

5 选中【元素】对象，选择小老鼠的腿部，使用【选择并均匀缩放】工具调整其大小，使用【选择并移动】工具调整其位置，调整腿部整体比例，如图 7-5-5 所示。

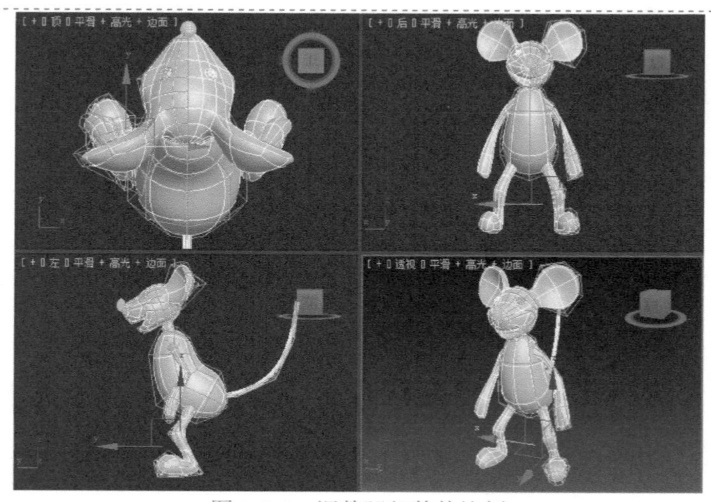

图 7-5-5　调整腿部整体比例

6 选择老鼠的头部、眼睛、鼻子，单击主工具栏中的【使用轴点中心】按钮，在弹出的下拉列表中选择【使用变换坐标中心】选项，调整头部比例，如图 7-5-6 所示。	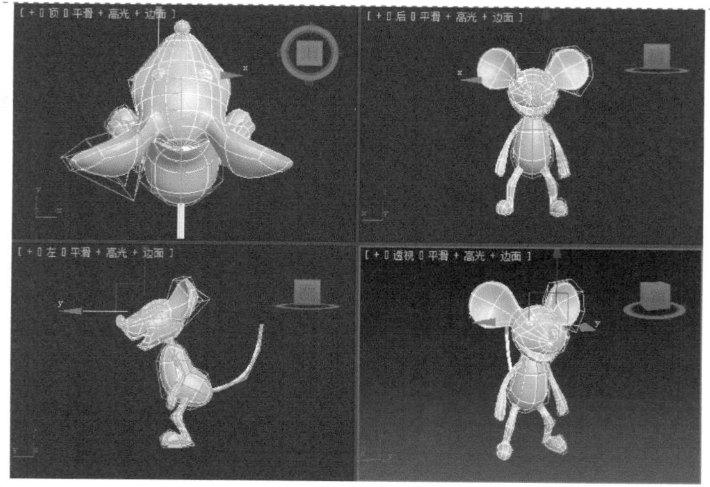 图 7-5-6 调整头部比例
7 选中【边】对象，选择手臂末端的一圈边并右击，在弹出的快捷菜单中执行【连接】命令，创建新的一圈边，如图 7-5-7 所示。	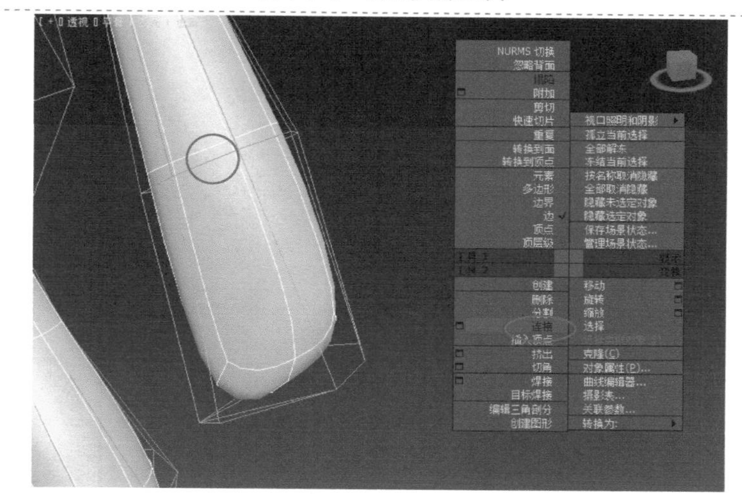 图 7-5-7 连接边
8 单击主工具栏中的【使用变换坐标中心】按钮，在弹出的下拉列表中选择【使用轴点中心】选项，使用【选择并均匀缩放】工具，调整手掌大小，如图 7-5-8 所示。	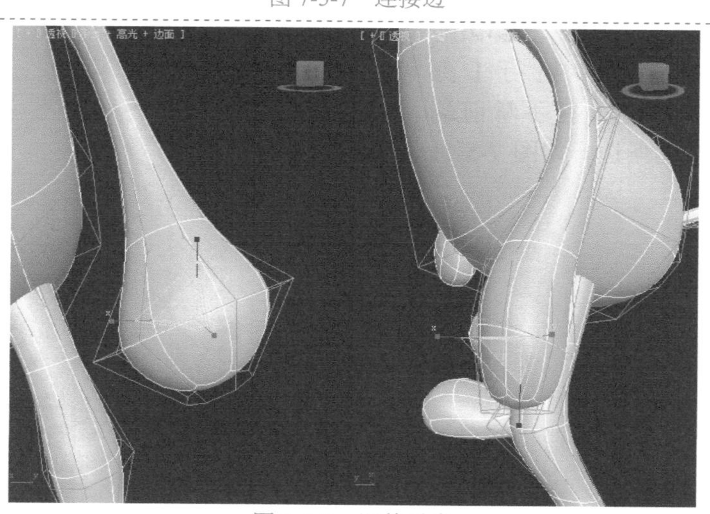 图 7-5-8 调整手掌

9 选中【多边形】对象，选择拇指区域的面，在【编辑多边形】卷展栏中单击【挤出】按钮，设置【高度】为20，如图7-5-9所示。

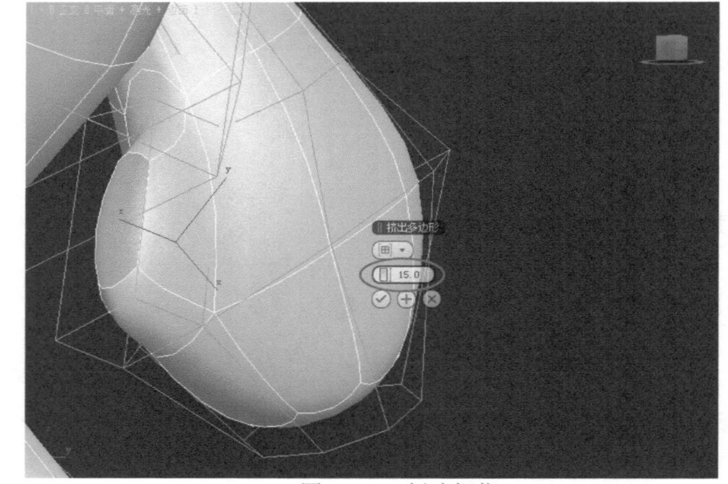

图 7-5-9　创建拇指

10 选中【顶点】对象，调整拇指顶端的顶点位置，如图7-5-10所示。

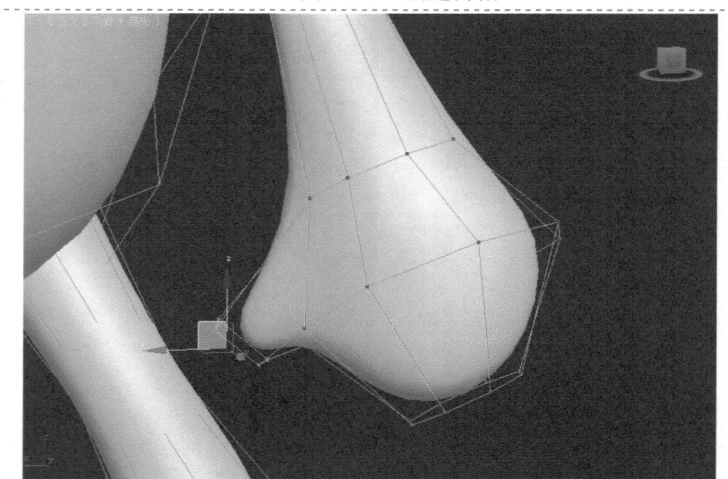

图 7-5-10　调整拇指形状

11 右击，在弹出的快捷菜单中执行【剪切】命令，在手掌前端添加两条边，如图7-5-11所示。

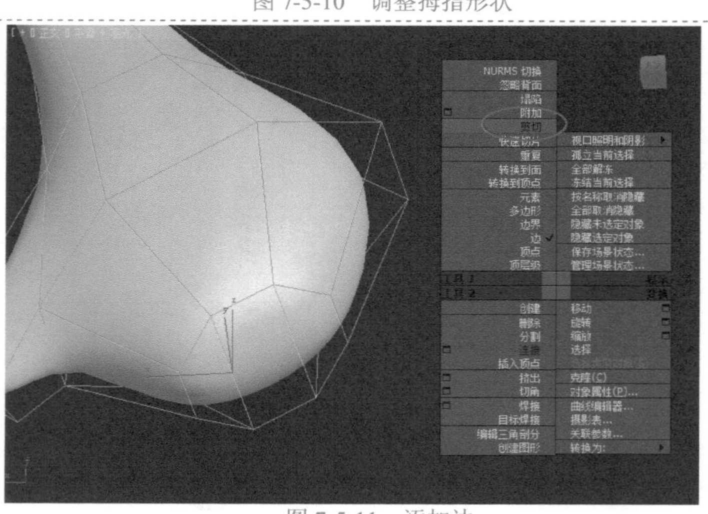

图 7-5-11　添加边

12 选择手掌部分的顶点，使用【选择并旋转】工具，调整手掌方向，如图 7-5-12 所示。

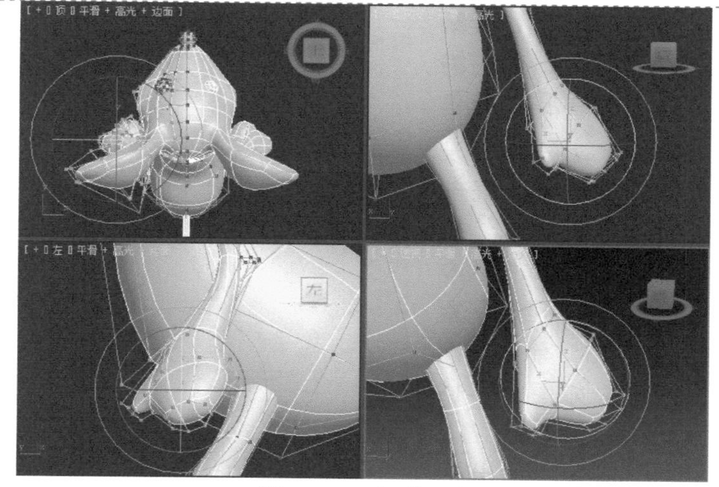

图 7-5-12　调整手掌方向

13 选中【边】对象，选择拇指侧面的一圈边并右击，在弹出的快捷菜单中执行【连接】命令，创建新的一圈边，使用【选择并移动】工具，调整边的位置，如图 7-5-13 所示。

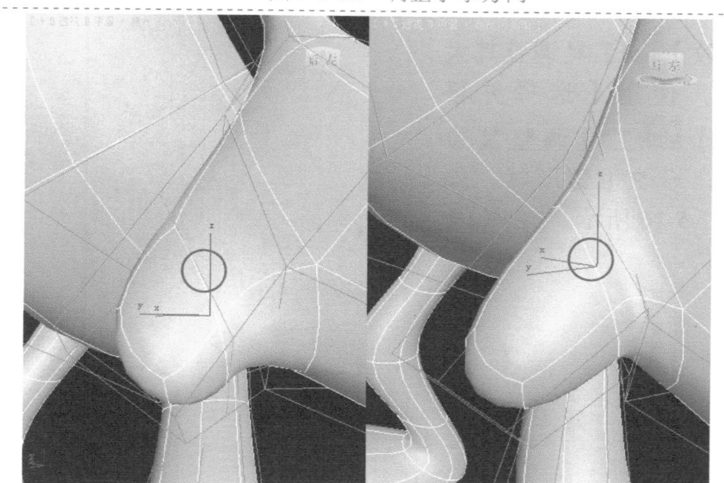

图 7-5-13　修改拇指细节

14 右击，在弹出的快捷菜单中执行【快速切片】命令，单击鼠标在手腕位置创建新的一圈边，如图 7-5-14 所示。

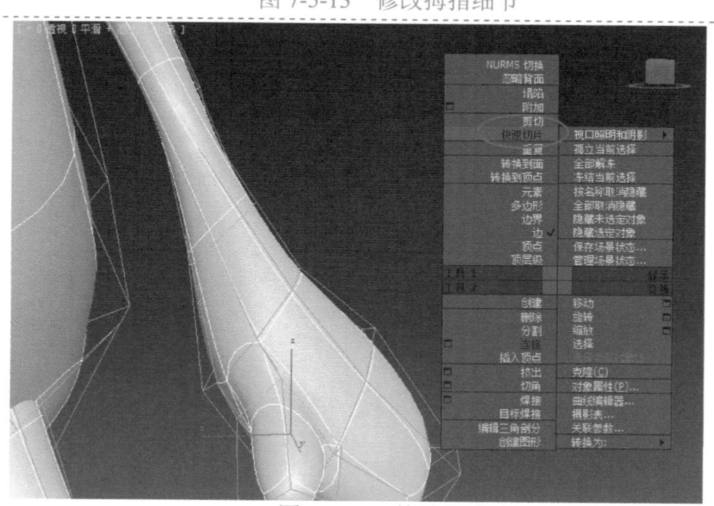

图 7-5-14　快速切片

15 选择手腕部分新生成的一圈面，在【编辑多边形】卷展栏中单击【倒角】按钮，设置【倒角类型】为局部法线，【高度】为 3，【轮廓量】为-1，单击【应用】按钮。继续设置【高度】为 5，单击【确定】按钮，如图 7-5-15 所示。

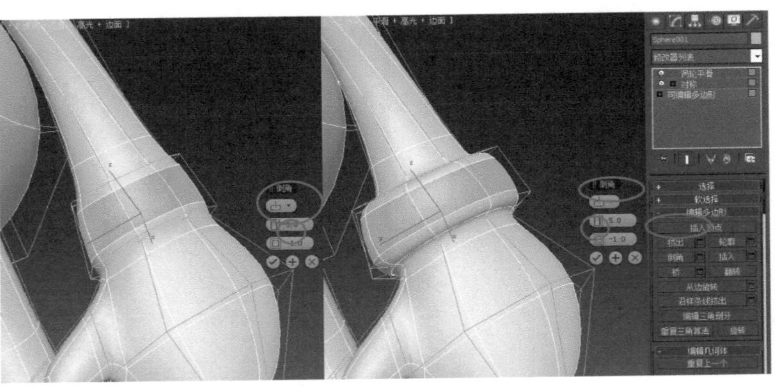

图 7-5-15 倒角面

16 选择倒角出的面，使用【选择并均匀缩放】工具调整其大小，使用【选择并移动】工具调整其位置，修改手套形状，如图 7-5-16 所示。

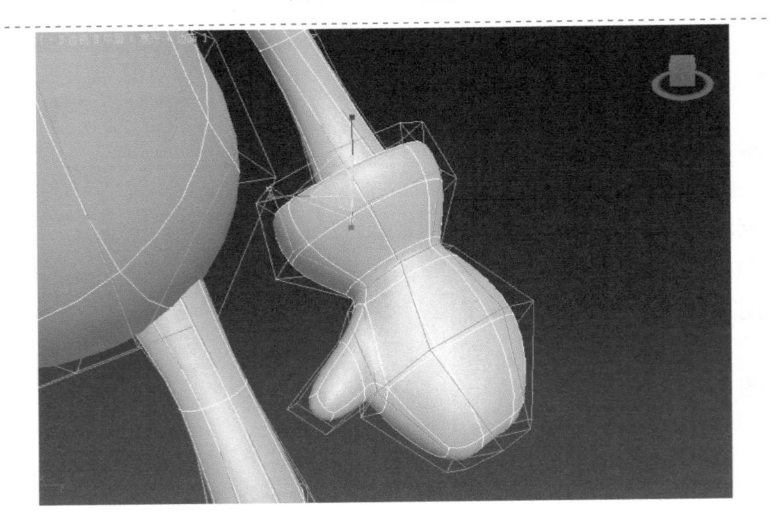

图 7-5-16 修改手套形状

17 适当调整身体各部分的大小比例，完成小老鼠角色模型的创建，如图 7-5-17。

图 7-5-17 小老鼠角色最终效果图

7.6 相关知识

1. 目标焊接

连接命令的使用

选中【顶点】对象，在【编辑顶点】卷展栏中单击【目标焊接】按钮，先选择第一个点，再选择第二个点，可以在第二个点的位置将两者合并，如图 7-6-1 所示。

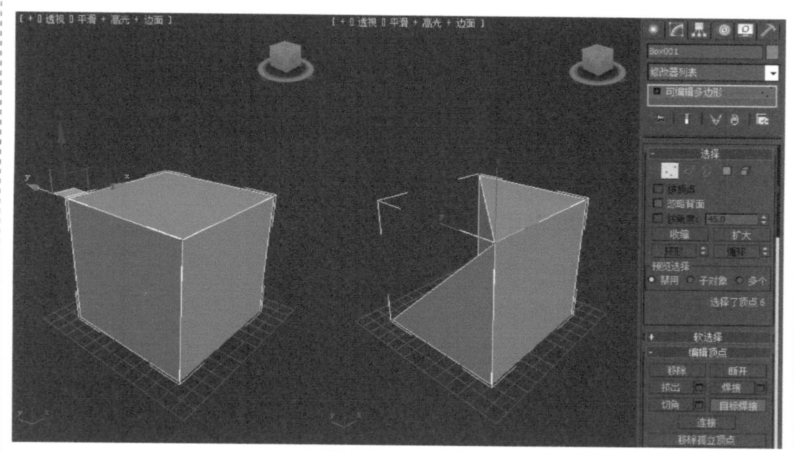

图 7-6-1 目标焊接

2. 连接

选中【边】对象，选择任意两条平行边，在【编辑边】卷展栏中单击【连接】按钮，在选中的线之间产生连接线，可通过连接分段数设置连接线的数量，如图 7-6-2 所示。

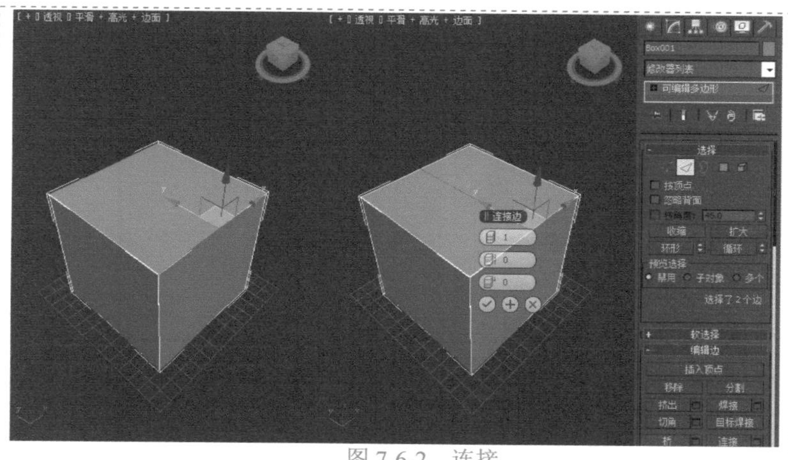

图 7-6-2 连接

3. 剪切

右击，在弹出的快捷菜单中执行【剪切】命令，在物体表面依次单击生成新的边，单击的对象可以是顶点、线或者面，如图 7-6-3 所示。

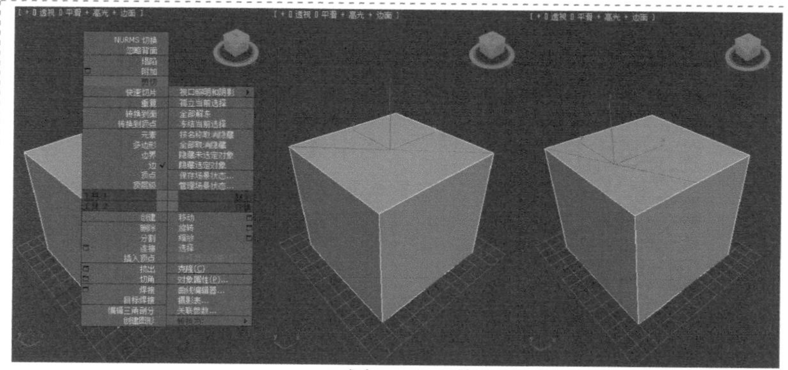

图 7-6-3 剪切

4. 挤出

挤出命令的使用

选中【多边形】对象，选择任意多边形，在【编辑多边形】卷展栏中单击【挤出】按钮，使该多边形突出，形成新的结构，可以通过设置挤出类型与数量来调整挤出的效果与程度，如图 7-6-4 所示。

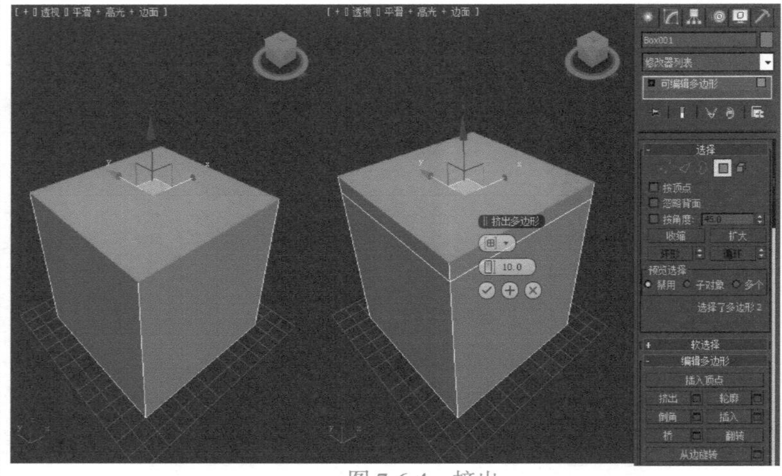

图 7-6-4　挤出

5. 倒角

倒角命令的使用

选中【多边形】对象，选择任意多边形，在【编辑多边形】卷展栏中单击【倒角】按钮，使该多边形突出并倒角成新的结构，可以通过设置倒角类型、高度与轮廓调整挤出的效果与程度，如图 7-6-5 所示。

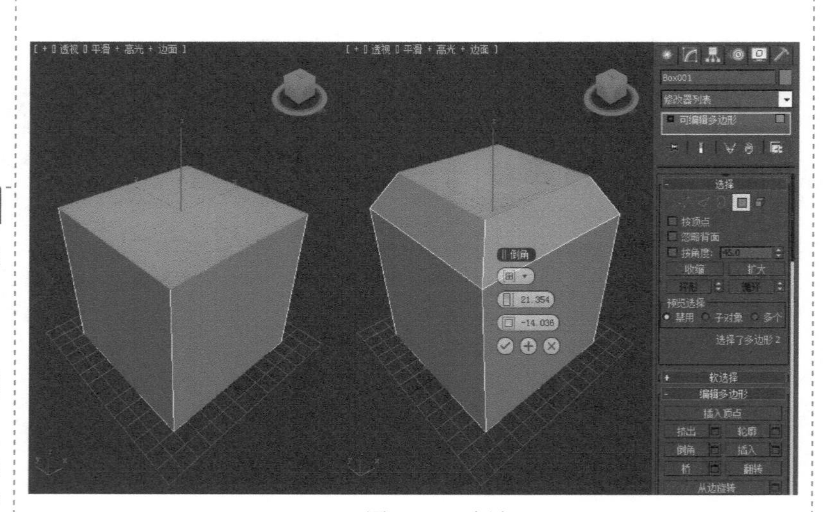

图 7-6-5　倒角

6. 插入

插入命令的使用

选中【多边形】对象，选择任意多边形，在【编辑多边形】卷展栏中单击【插入】按钮，可以在该多边形内部生成新多边形，通过设置数量调整新生成面的大小，如图 7-6-6 所示。

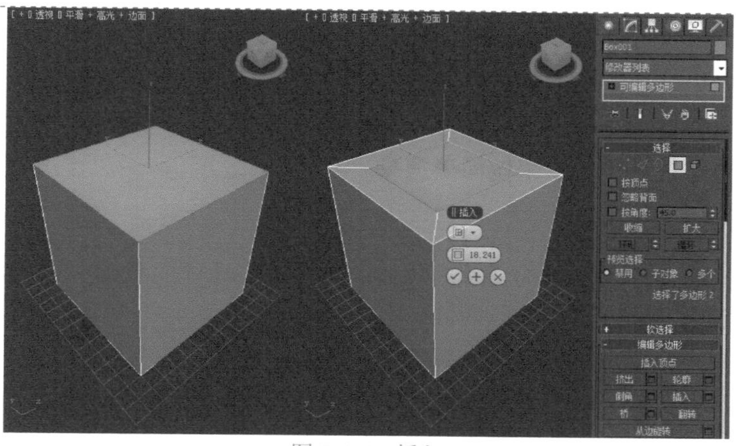

图 7-6-6 插入

7. 桥

选中【多边形】对象，选择任意两个形状相同的多边形，在【编辑多边形】卷展栏中单击【桥】按钮，生成新的多边形将这两个面连接起来，如图 7-6-7 所示。

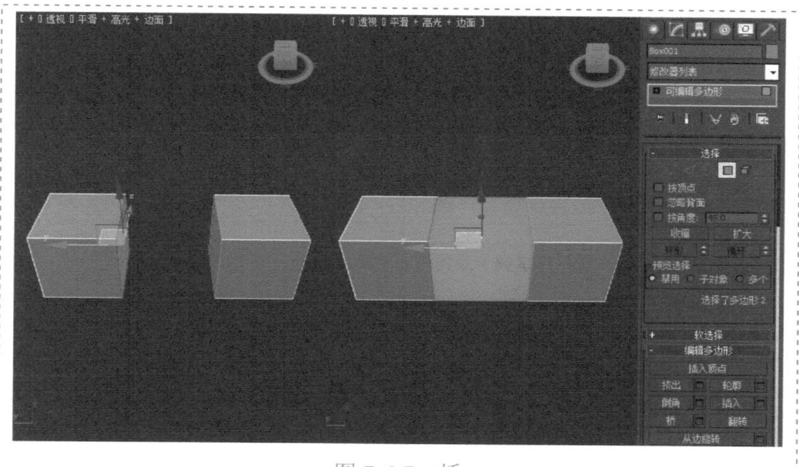

图 7-6-7 桥

7.7 实战演练

三维动画中的角色除了拟人化的卡通角色外，也有一些动物形态的卡通角色，需要在制作时对动物身体的大致结构有基本的认识。下面请尝试制作一只小狗的卡通角色形象，如图 7-7-1 所示。

图 7-7-1 小狗制作效果图

制作要求如下

（1）模型结构正确，比例恰当。

（2）模型面数控制合理，没有过多不必要的多边形。

（3）能使用软件对角色效果做简单渲染。

制作提示

（1）将小狗的身体主要结构理解为球体的集合，在球体的基础上进行延伸细化。

（2）利用挤出工具创建小狗的四肢。

（3）通过逐步调整顶点来修改小狗的头部细节。

项目评价

项目实训评价表

	内　容		评定等级			
	学习目标	评价项目	4	3	2	1
职业能力	能熟练掌握卡通角色的建模过程	能掌握角色身体结构				
		能灵活使用多边形建模				
	能熟练掌握低模制作技术	能合理控制模型面数				
		能利用低面数体现模型特点				
	能正确塑造角色细节	能正确创建角色五官造型				
		能正确制作角色手脚				
		能根据需求调整细节关系				
	能正确控制角色各部位比例	能根据需求调整各部位大小				
		能通过比例体现角色特点				
通用能力	交流表达能力					
	与人合作能力					
	沟通能力					
	组织能力					
	活动能力					
	解决问题的能力					
	自我提高的能力					
	革新、创新的能力					
综合评价						

项目 8 游戏场景——水果摊

项目描述

一款游戏运行是否流畅和模型总面数有很大的关系，在大部分的游戏场景中，模型的制作都要考虑创建简模，用尽可能少的面来表现物体结构，物体的细节大部分用贴图来表现；对于绿色植物来说，制作简模尤为重要，对于至少有几万片叶子的树来说只需要几十个面即可表现，只需给树枝部分制作透明贴图即可，本项目的最终效果如图 8-0-1 所示。

图 8-0-1　项目效果

学习目标

- 场景的制作方法
- 制作各种物体的简模
- 绿色植物的制作
- 场景环境的制作

项目分析

对于一个场景，可以先从场景主要物体的结构入手，先确定场景的主体框架，再制作场景中的细节模型，为了使场景的面尽可能少，在制作基础模型时，相关的段数应尽量少用，删除模型与地面接触的面。本项目主要需要完成以下四个环节。

① 场景框架制作。

② 场景道具制作。

③ 场景绿化制作。

④ 场景环境制作。

实现步骤

8.1　场景框架制作

UVW 展开的使用 1

1 单击【创建】→【几何体】面板，在【对象类型】卷展栏中单击【长方体】按钮，在透视图中创建一个长方体，如图 8-1-1 所示。

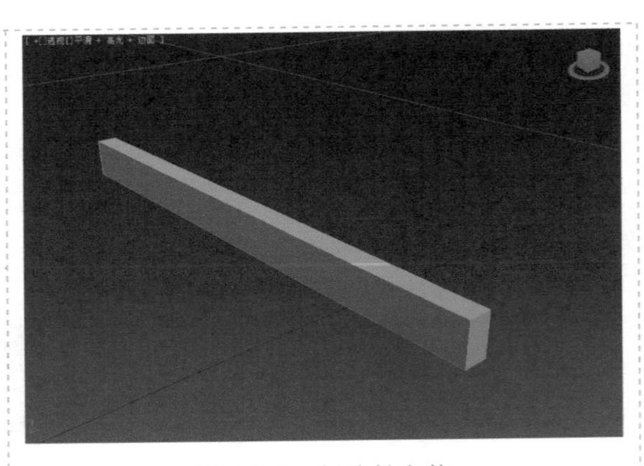

图 8-1-1　创建长方体

2 打开素材文件，找到“水果摊”贴图，拖动贴图到模型上，如图 8-1-2 所示。

注意：拖动图片到场景中的模型，可以快速创建模型的漫反射贴图。

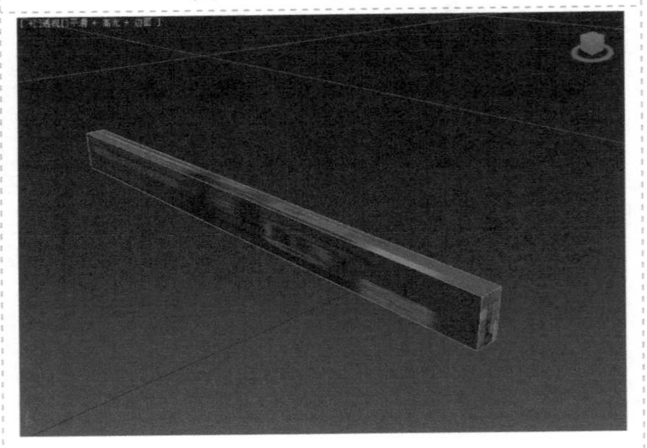

图 8-1-2　赋予贴图

3 进入【修改】中面板，给模型添加【UVW 展开】修改器，选择【面】子对象，选择视图中的面，如图 8-1-3 所示。

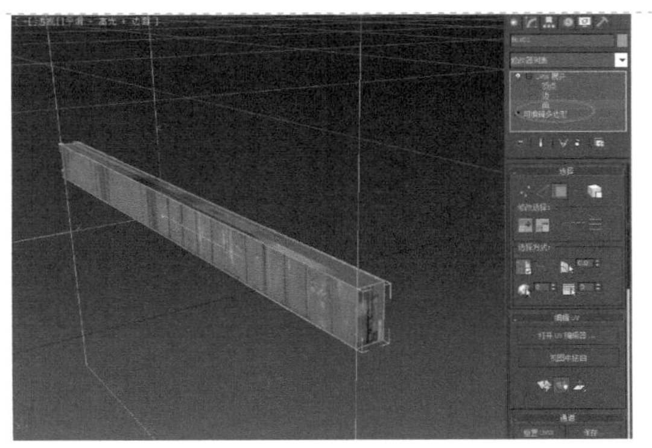

图 8-1-3　添加【UVW 展开】修改器

4 单击【编辑 UV】卷展栏中的【快速平面贴图】按钮，单击【打开 UV 编辑器】按钮，弹出【编辑 UVW】窗口，单击窗口右上方的下拉按钮，在下拉列表中选择“水果摊”选项，如图 8-1-4 所示。

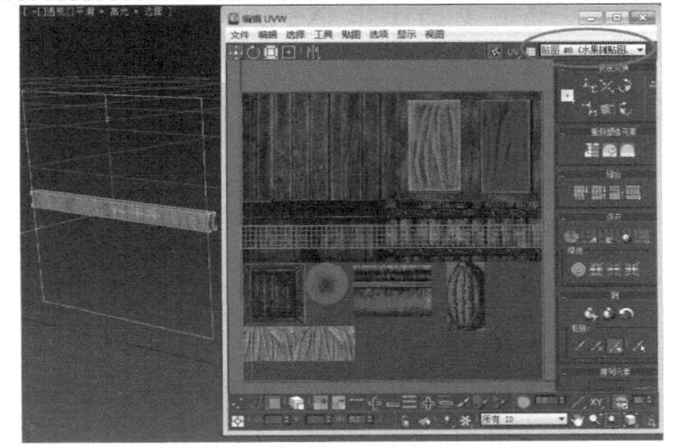

图 8-1-4　编辑 UV

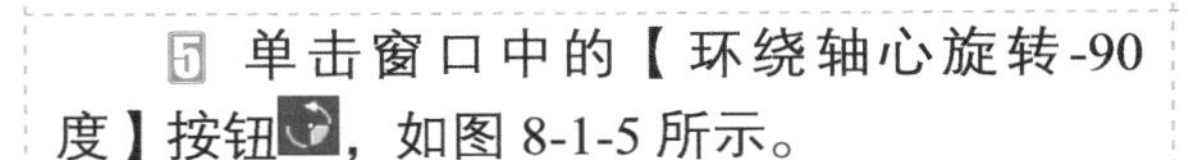

5 单击窗口中的【环绕轴心旋转-90 度】按钮，如图 8-1-5 所示。

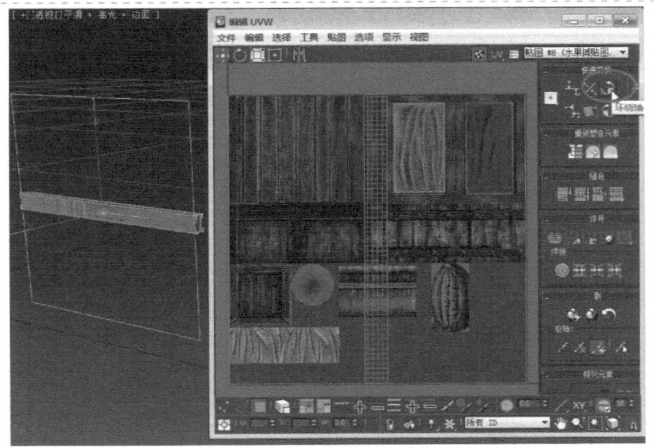

图 8-1-5　旋转 UV

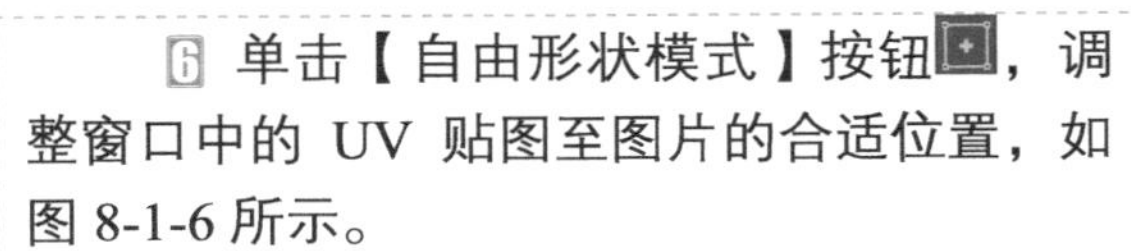

6 单击【自由形状模式】按钮，调整窗口中的 UV 贴图至图片的合适位置，如图 8-1-6 所示。

注意：自由形状模式工具会根据鼠标指针所在 UV 贴图的位置有不同的功能，鼠标在内部有移动功能，在对角有缩放功能，在边的中间有旋转功能。

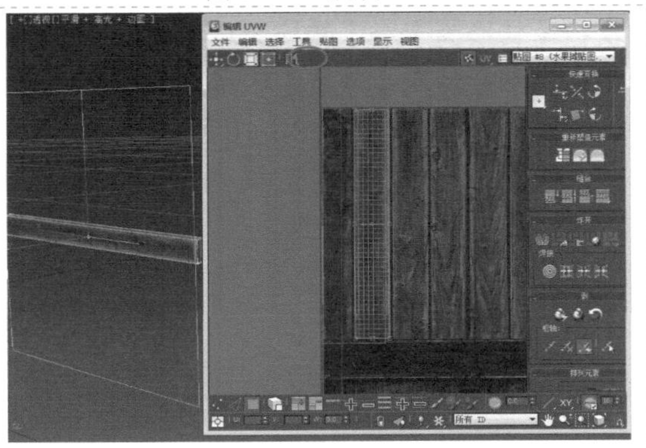

图 8-1-6　调整 UV

7 选择视图中模型的顶面，单击【编辑UV】卷展栏中的【快速平面贴图】按钮，如图 8-1-7 所示。

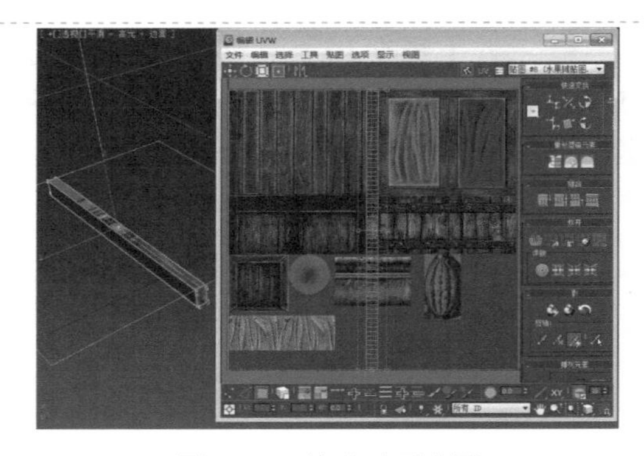

图 8-1-7　快速平面贴图

8 单击【自由形状模式】按钮，调整窗口中 UV 贴图至图片的合适位置，如图 8-1-8 所示。

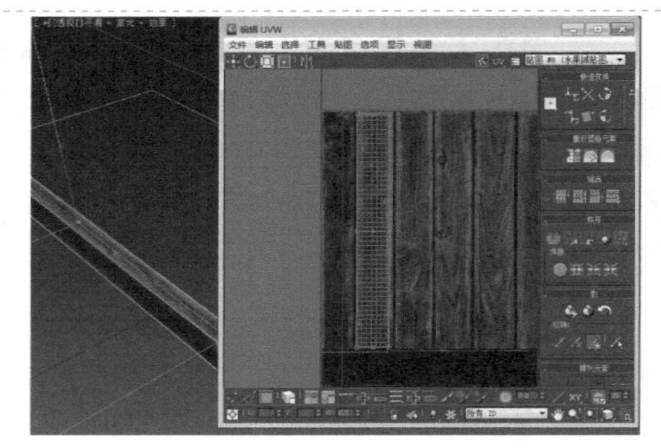

图 8-1-8　调整位置

9 按上述操作完成模型其他面的贴图调整，退出【编辑 UVW】窗口，如图 8-1-9 所示。

图 8-1-9　调整其他位置

10 在模型上右击，在弹出的快捷菜单中执行【转换为】→【转换为可编辑的多边形】命令，然后使用【连接】工具生成一些连线并调整模型的形状，如图 8-1-10 所示。

注意：使用连接工具的时候需要选中【保持 UV 选项】复选框。

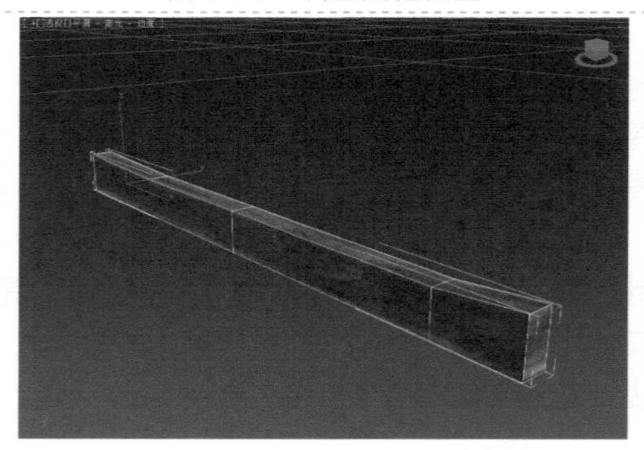

图 8-1-10　调整模型

11 按住【Shift】键，使用【选择并旋转】工具将模型旋转 90 度，复制一个新模型，如图 8-1-11 所示。

图 8-1-11　复制新模型

12 复制其他两个模型，调整模型的位置和形状。效果如图 8-1-12 所示。

图 8-1-12　调整位置和形状

13 继续复制模型，调整后的效果如图 8-1-13 所示。

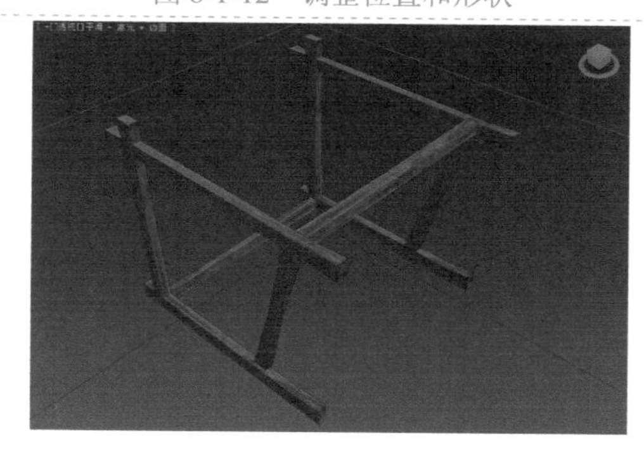

图 8-1-13　继续复制模型

14 单击【创建】→【几何体】面板，在【对象类型】卷展栏中单击【长方体】按钮，在透视图中创建一个长方体，调整其位置，如图 8-1-14 所示。

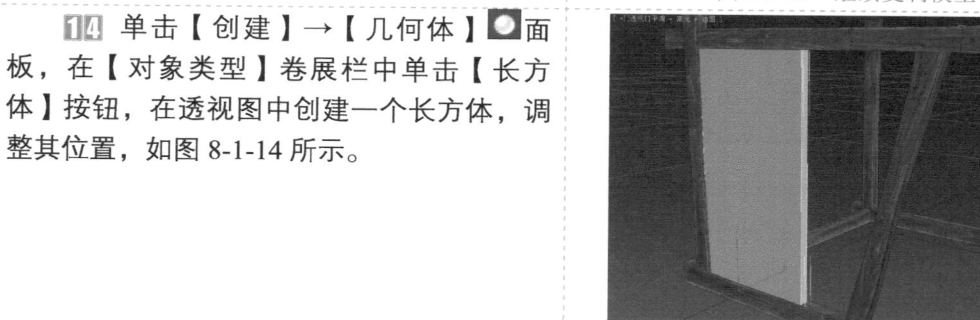

图 8-1-14　创建长方体

15 给长方体赋予表面贴图，进入【修改】面板，给模型添加【UVW 展开】修改器，使用【编辑 UVW】窗口的相关工具调整长方体的贴图，如图 8-1-15 所示。

图 8-1-15 设置贴图

16 在模型上右击，在弹出的快捷菜单中执行【转换为】→【转换为可编辑的多边形】命令，然后使用【连接】工具生成一些连线并调整模型的形状，如图 8-1-16 所示。

图 8-1-16 调整模型

17 根据上述方法制作水果摊的背面板，如图 8-1-17 所示。

图 8-1-17 制作背面板

18 单击【创建】→【几何体】面板，在【对象类型】卷展栏中单击【长方体】按钮，在视图中创建一个长方体，给长方体赋予表面贴图，进入【修改】面板，给模型添加【UVW 展开】修改器，使用【编辑 UVW】窗口的相关工具调整模型的贴图。效果如图 8-1-18 所示。

图 8-1-18 制作上方木板

19 按住【Shift】键，使用【选择并移动】工具复制一个新模型，使用【UVW 展开】修改器调整新模型的表面贴图，如图 8-1-19 所示。

图 8-1-19　复制及调整模型

20 复制一个新模型，使用【UVW 展开】修改器调整新模型的表面贴图，如图 8-1-20 所示。

图 8-1-20　复制与调整新模型

21 单击【创建】→【几何体】面板，在【对象类型】卷展栏中单击【平面】按钮，在视图中创建一个平面，调整位置，如图 8-1-21 所示。

图 8-1-21　创建平面

22 给平面赋予表面贴图，进入【修改】面板，给模型添加【UVW 展开】修改器，使用【编辑 UVW】窗口的相关工具调整模型的贴图，如图 8-1-22 所示。

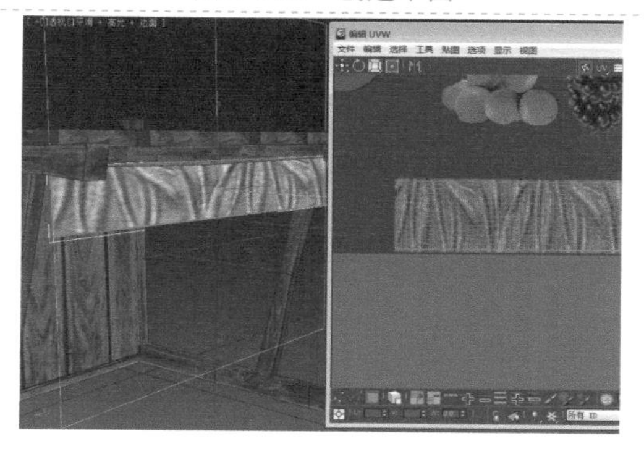

图 8-1-22　设置贴图

23 在模型上右击，在弹出的快捷菜单中执行【转换为】→【转换为可编辑的多边形】命令，然后使用【连接】工具生成一些连线并调整模型的形状，效果如图 8-1-23 所示。

图 8-1-23　调整模型

24 选择【创建】→【几何体】面板，在【对象类型】卷展栏中单击【长方体】按钮，在视图中创建一个正方体，给正方体设置贴图，当作木箱子，如图 8-1-24 所示。

图 8-1-24　制作木箱子

25 复制其他的木箱子，调整其位置，如图 8-1-25 所示。

图 8-1-25　复制木箱子

26 单击【创建】→【几何体】面板，在【对象类型】卷展栏中单击【长方体】按钮，在视图中创建一个长方体，将底面和顶面删除，给模型设置贴图，如图 8-1-26 所示。

图 8-1-26　制作柜台

27 单击【创建】→【几何体】面板，在【对象类型】卷展栏中单击【长方体】按钮，在视图中创建一个长方体，调整模型的位置，给模型设置贴图，如图 8-1-27 所示。

图 8-1-27　制作柜面

28 选择刚创建的两个模型，复制新模型，使用【UVW 展开】修改器调整上面模型的表面贴图，效果如图 8-1-28 所示。

图 8-1-28　复制与调整

8.2　场景道具制作

UVW 贴图的使用

1 单击【创建】→【几何体】面板，在【对象类型】卷展栏中单击【圆柱体】按钮，在视图中创建一个边数是 6 的圆柱体，调整模型的位置，如图 8-2-1 所示。

注意：创建物体时，开启自动栅格，可以很方便地定位模型的目标位置。

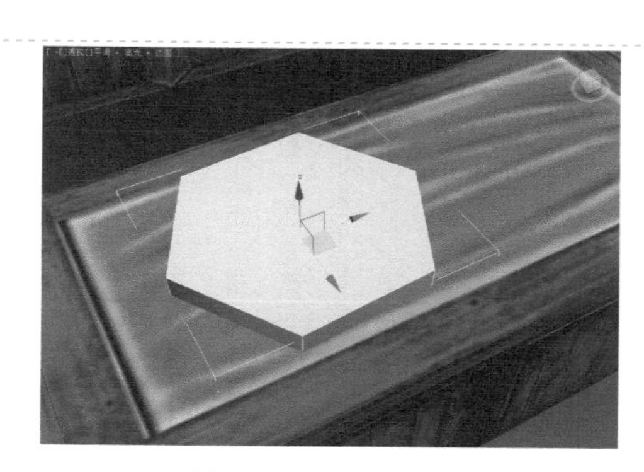

图 8-2-1　创建圆柱体

2 右击，在弹出的快捷菜单中执行【转换为】→【转换为可编辑多边形】命令，将底面删除，使用【选择并均匀缩放】工具，将底面边界缩小，如图 8-2-2 所示。

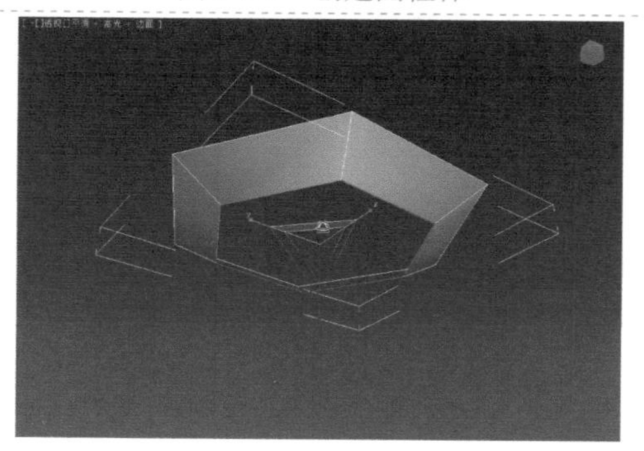

图 8-2-2　缩小边界

3 选中【多边形】子对象，选择上面的多边形并右击，在弹出的快捷菜单中执行【插入】命令，在上面拖动，插入多边形，使用【选择并移动】工具将多边形向下移动，如图 8-2-3 所示。

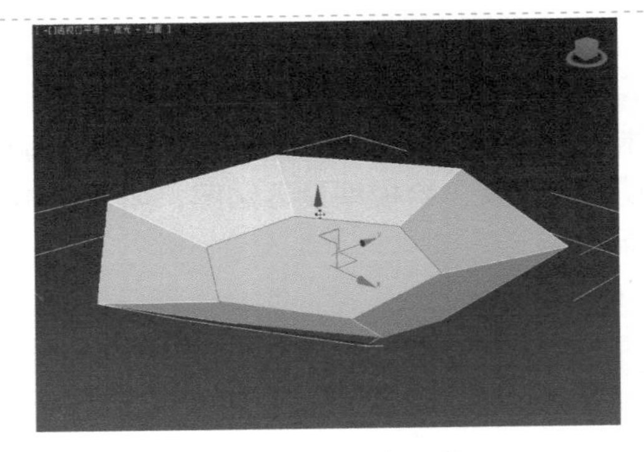

图 8-2-3　插入与调整

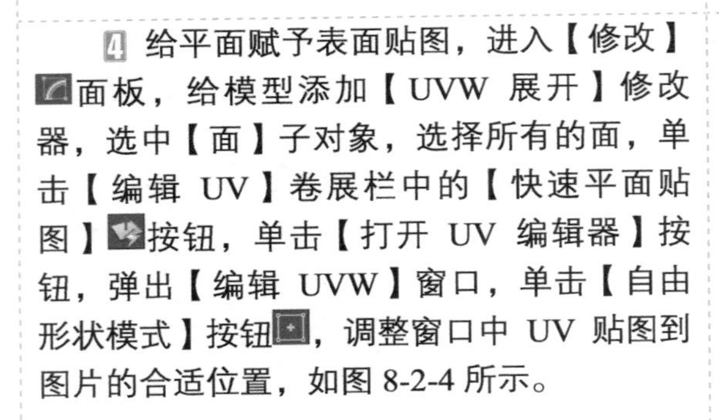

4 给平面赋予表面贴图，进入【修改】面板，给模型添加【UVW 展开】修改器，选中【面】子对象，选择所有的面，单击【编辑 UV】卷展栏中的【快速平面贴图】按钮，单击【打开 UV 编辑器】按钮，弹出【编辑 UVW】窗口，单击【自由形状模式】按钮，调整窗口中 UV 贴图到图片的合适位置，如图 8-2-4 所示。

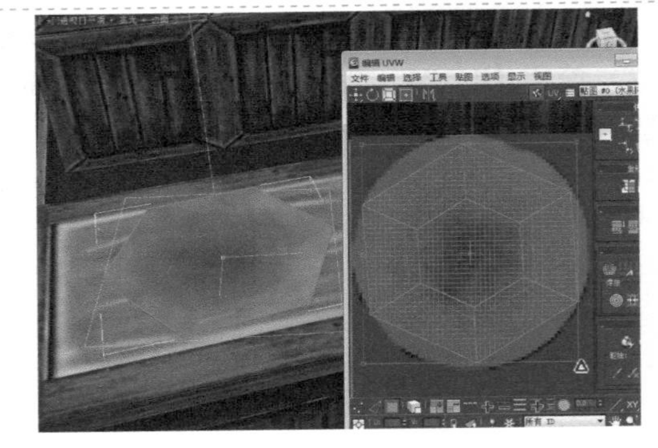

图 8-2-4　设置贴图

5 单击【创建】→【几何体】面板，在【对象类型】卷展栏中单击【圆柱体】按钮，在视图中创建一个圆柱体，设置【高度分段】为 1，【边数】为 6，如图 8-2-5 所示。

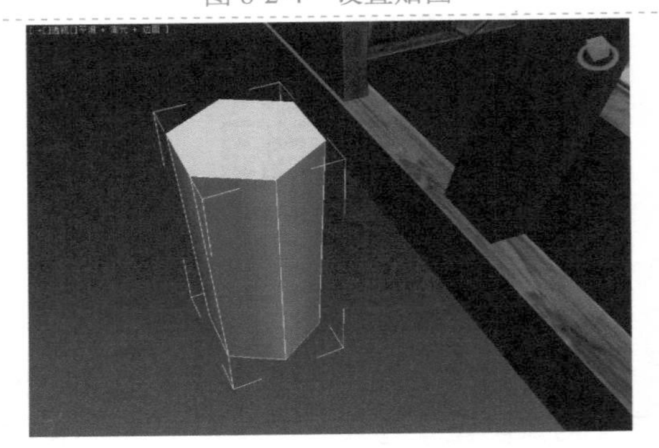

图 8-2-5　创建圆柱体

6 将圆柱体转换为可编辑的多边形，删除上下面，赋予贴图，添加【UVW 展开】修改器，调整木桶的贴图，如图 8-2-6 所示。

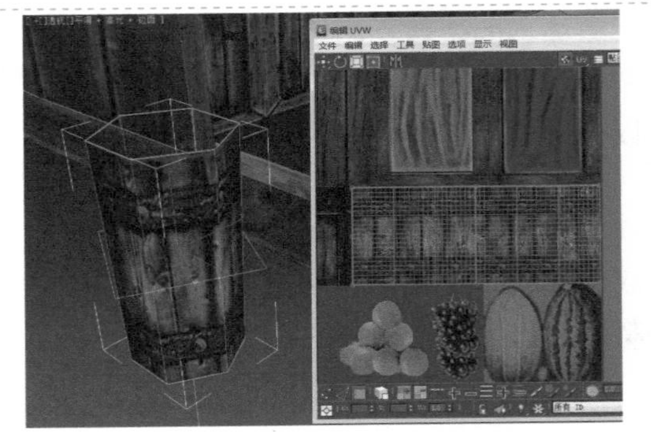

图 8-2-6　调整贴图

7 再次将木桶转换为可编辑的多边形，使用【连接】工具添加水平方向的两条边，使用【选择并均匀缩放】工具调整木桶的形状，如图 8-2-7 所示。

图 8-2-7 修改结构

8 在视图中创建一个圆柱体，设置【高度分段】为 1，【边数】为 5，参考上述方法，设置新圆柱体的贴图，如图 8-2-8 所示。

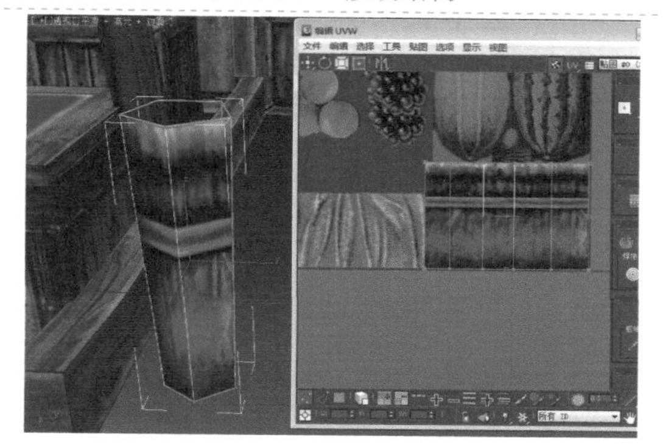

图 8-2-8 创建木桶

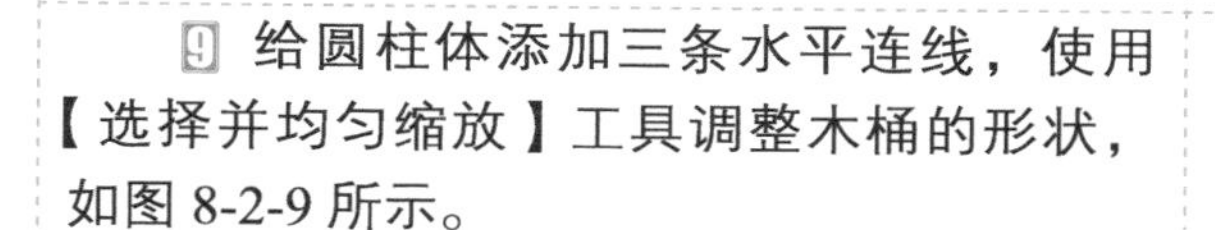

9 给圆柱体添加三条水平连线，使用【选择并均匀缩放】工具调整木桶的形状，如图 8-2-9 所示。

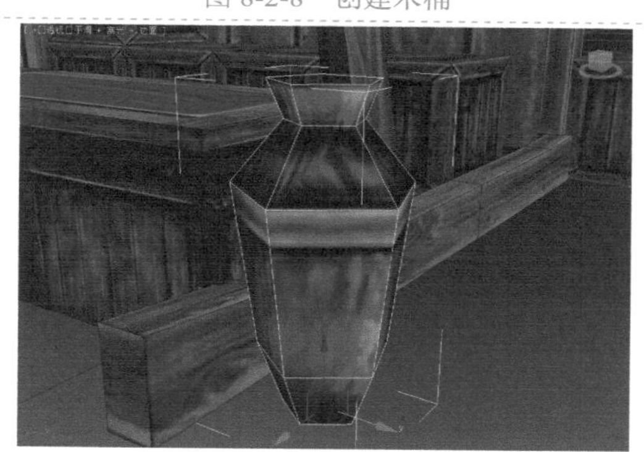

图 8-2-9 调整木桶形状

10 单击【创建】→【几何体】面板，在【对象类型】卷展栏中单击【长方体】按钮，在视图中创建一个长方体，设置长方体贴图，如图 8-2-10 所示。

图 8-2-10 创建木板

11 将长方体转换为可编辑的多边形，删除长方体底面，使用【剪切】工具添加连线，如图 8-2-11 所示。

图 8-2-11　生成连线

12 选中长方体【点】子对象，使用【选择并移动】工具，调整点的位置，创建一个切口，如图 8-2-12 所示。

图 8-2-12　调整结构

13 单击【创建】→【几何体】面板，在【对象类型】卷展栏中单击【圆柱体】按钮，在视图中创建一个圆柱体，设置【高度分段】为 3，【边数】为 6，如图 8-2-13 所示。

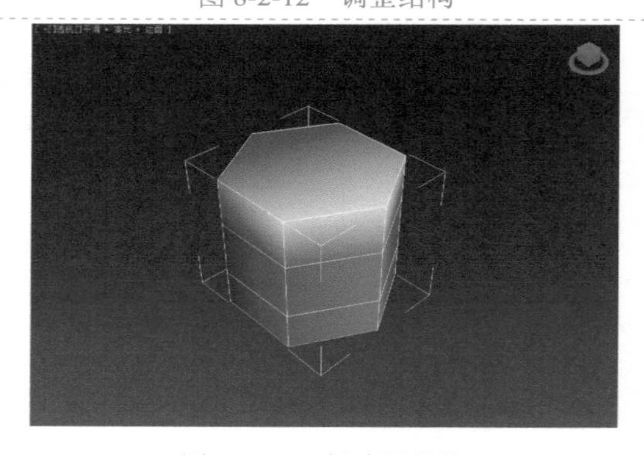

图 8-2-13　创建圆柱体

14 将圆柱体转换为可编辑的多边形，删除底面，选中圆柱体【点】子对象，使用【选择并均匀缩放】工具调整圆柱体的形状，如图 8-2-14 所示。

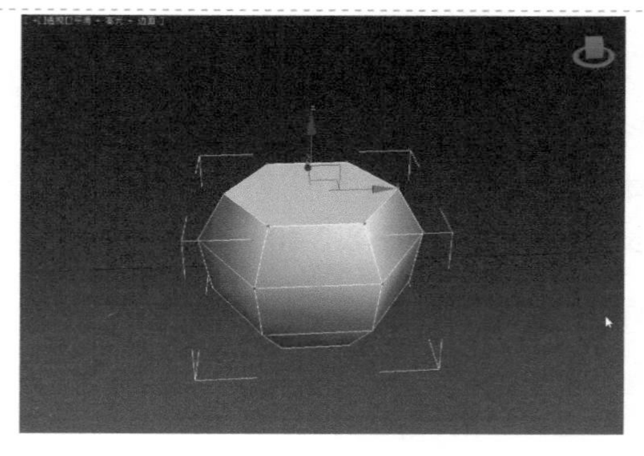

图 8-2-14　调整圆柱体形状

15 使用【剪切】工具添加连线，选中圆柱体【点】子对象，选择中间的一个点，使用【选择并移动】工具将点沿【Z】轴向上移动，如图 8-2-15 所示。

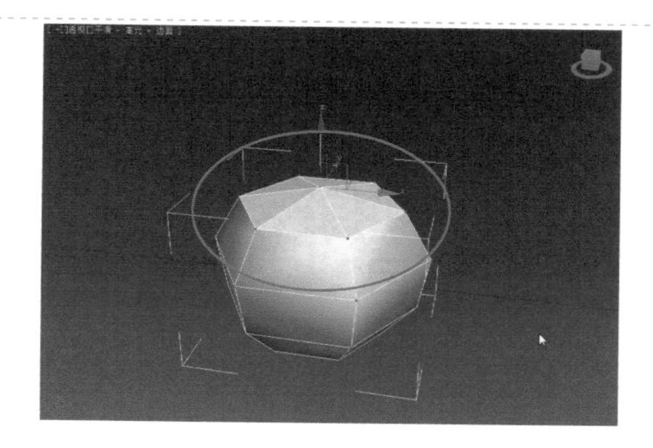

图 8-2-15 移动点

16 赋予贴图，给圆柱体添加【UVW 展开】修改器，设置侧面的贴图，如图 8-2-16 所示。

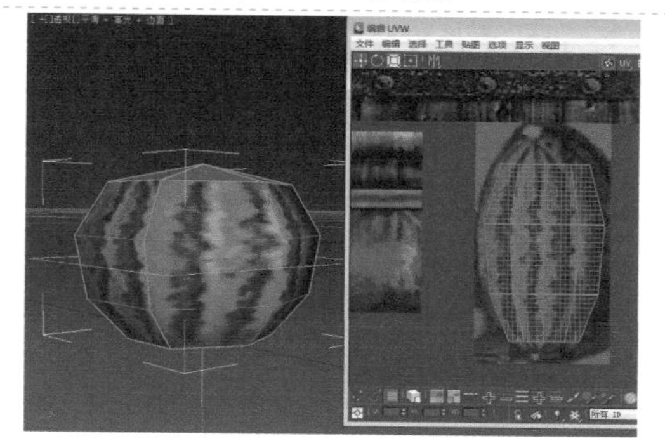

图 8-2-16 设置侧面的贴图

17 设置圆柱体顶面的贴图，完成西瓜贴图的制作，如图 8-2-17 所示。

注意：顶面六个三角形平面贴图的位置一样。

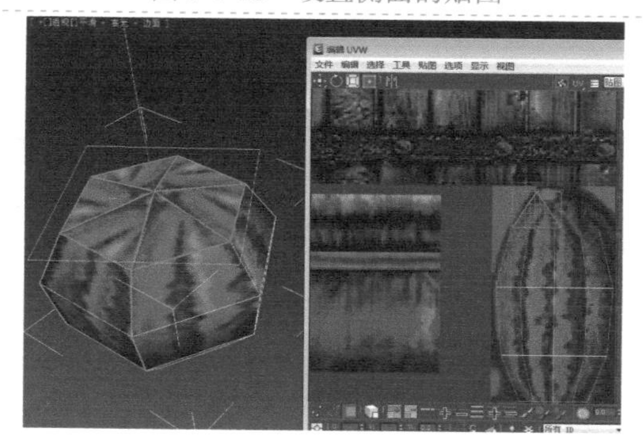

图 8-2-17 设置顶面的贴图

18 复制其他的西瓜和木板，调整其位置，完成水果摊基本场景的制作，如图 8-2-18 所示。

图 8-2-18 场景其他模型的制作

8.3　场景绿化制作

模型树制作

1 单击【创建】→【几何体】面板，在【对象类型】卷展栏中单击【平面】按钮，在视图中创建一个平面，设置【宽度分段】为 1，【长度分段】为 1，给平面赋予贴图，如图 8-3-1 所示。

图 8-3-1　创建地面

2 单击【创建】→【几何体】面板，在【对象类型】卷展栏中单击【圆柱体】按钮，在视图中创建一个圆柱体，设置【高度分段】为 1，【边数】为 5，如图 8-3-2 所示。

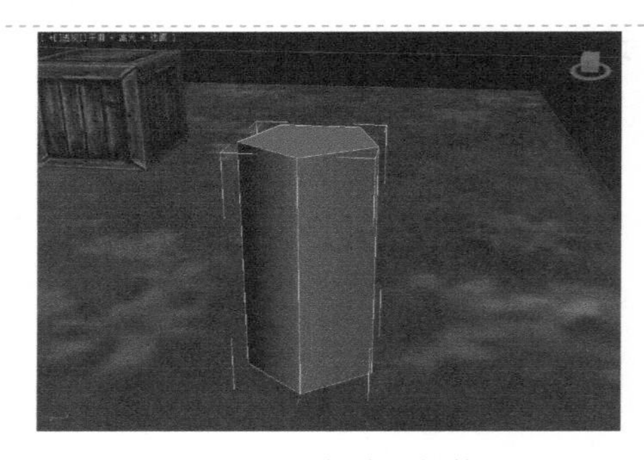

图 8-3-2　创建圆柱体

3 将圆柱体转化换可编辑的多边形，选中圆柱体【面】子对象，删除底面，使用【选择并均匀缩放】工具调整圆柱体的顶面，如图 8-3-3 所示。

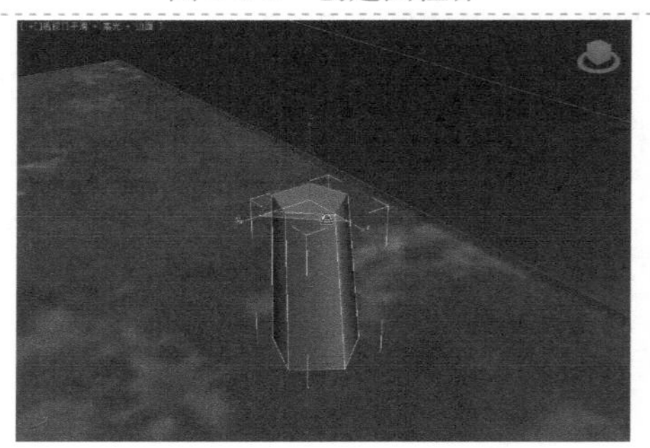

图 8-3-3　调整顶面

4 右击，在弹出的快捷菜单中执行【挤出】命令，对顶面进行挤出操作，调整顶面的大小，如图 8-3-4 所示。

图 8-3-4　挤出与调整

5 参考上述方法，创建树干模型，如图 8-3-5 所示。

图 8-3-5　树干模型

6 选中【点】子对象，调整模型的形状，如图 8-3-6 所示。

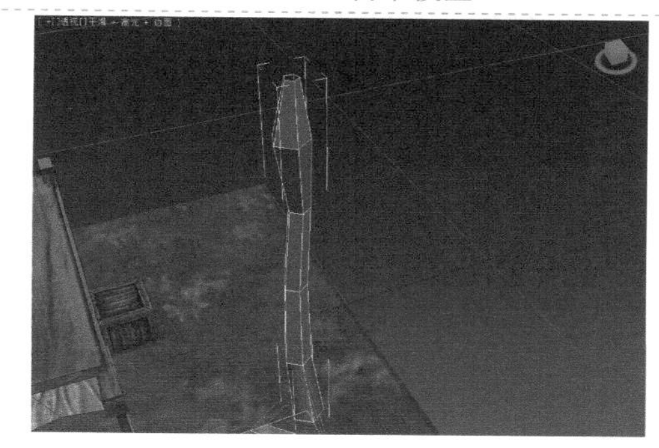

图 8-3-6　调整形状

7 给模型赋予贴图，进入【修改】面板，给模型添加【UVW 展开】修改器，如图 8-3-7 所示。

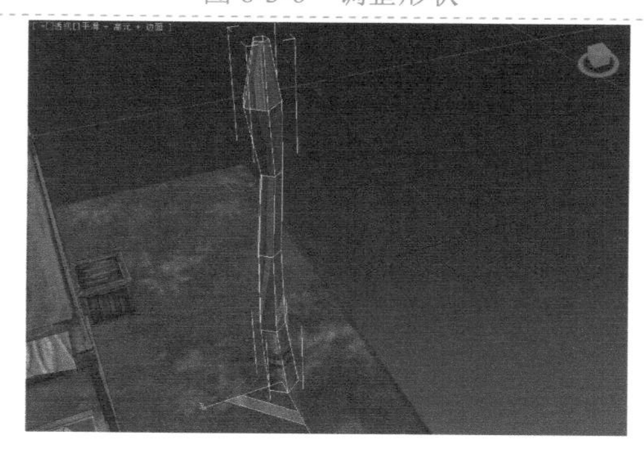

图 8-3-7　赋予贴图

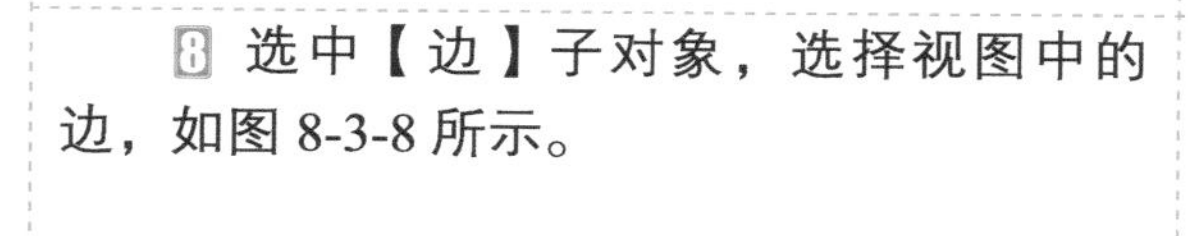

8 选中【边】子对象，选择视图中的边，如图 8-3-8 所示。

图 8-3-8　选择边

9 按【Ctrl+B】组合键将其断开，如图 8-3-9 所示。

注意：断开后的边呈绿色显示。

图 8-3-9 断开

10 继续选择树干水平方向的循环边，按【Ctrl+B】组合键将其断开，如图 8-3-10 所示。

图 8-3-10 选择与断开

11 选中【面】子对象，在视图中选择底部的一圈面，如图 8-3-11 所示。

注意：为了让选择的面能更准确，可以开启模型的透明显示（按【Alt+B】组合键）。

图 8-3-11 选择面

12 在【编辑 UVW】窗口中，使用自由形状模式调整贴图位置，如图 8-3-12 所示。

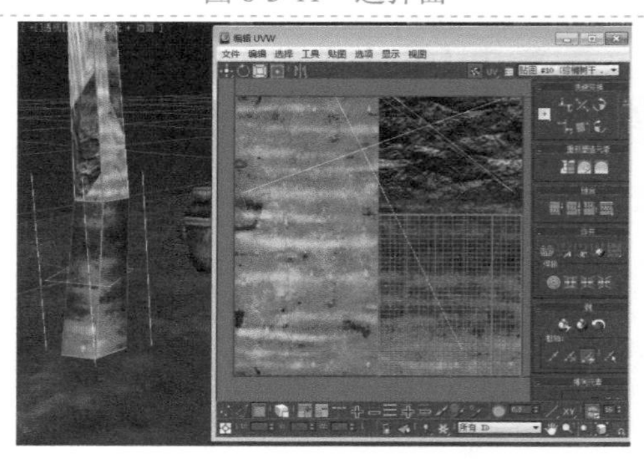

图 8-3-12 调整贴图位置

13 单击【镜像选定的子对象】按钮，如图 8-3-13 所示。

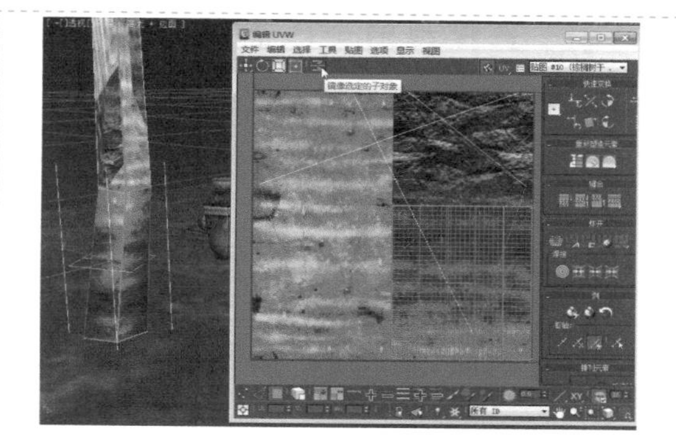

图 8-3-13　镜像贴图

14 选择视图中的面，如图 8-3-14 所示。

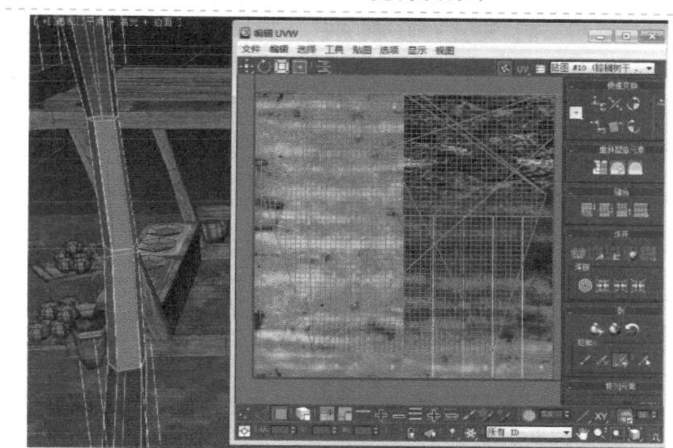

图 8-3-14　选择面

15 在窗口中右击，在弹出的快捷菜单中单击【松弛】左侧的按钮，弹出【松弛工具】下拉列表，选择【由面角松弛】方式，设置【数量】为 1，单击【开始松弛】按钮，关闭松弛工具，如图 8-3-15 所示。

图 8-3-15　松弛

16 使用自由形状模式调整贴图位置，如图 8-3-16 所示。

图 8-3-16　调整

17 选择视图中的面，如图 8-3-17 所示。

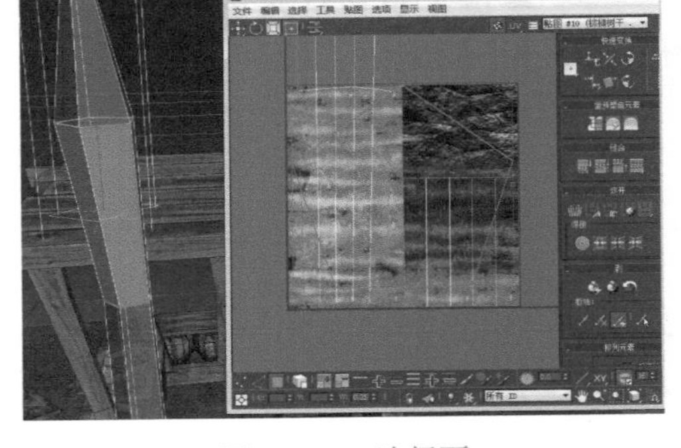

图 8-3-17　选择面

18 在窗口中右击，在弹出的快捷菜单中单击【松弛】左侧的■按钮，弹出【松弛工具】下拉列表中，选择【由面角松弛】方式，设置【数量】为 1，单击【开始松弛】按钮，关闭松弛工具，使用自由形状模式调整贴图位置，如图 8-3-18 所示。

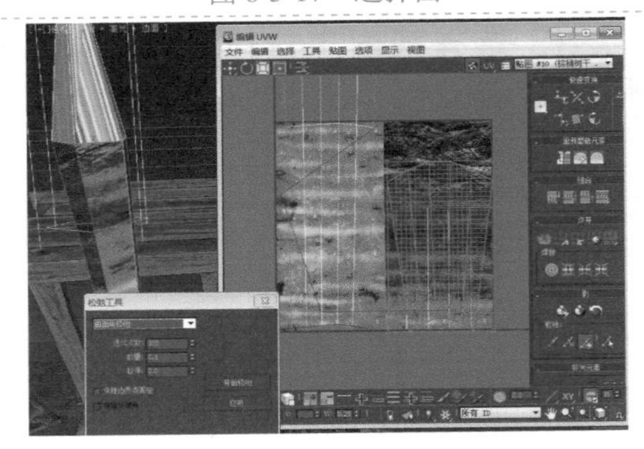

图 8-3-18　松弛

19 选择顶部的面，在窗口中右击，在弹出的快捷菜单中单击【松弛】左侧的■按钮，弹出【松弛工具】下拉列表，选择【由面角松弛】方式，设置【数量】为 1，单击【开始松弛】按钮，关闭松弛工具，使用自由形状模式调整贴图位置，如图 8-3-19 所示。

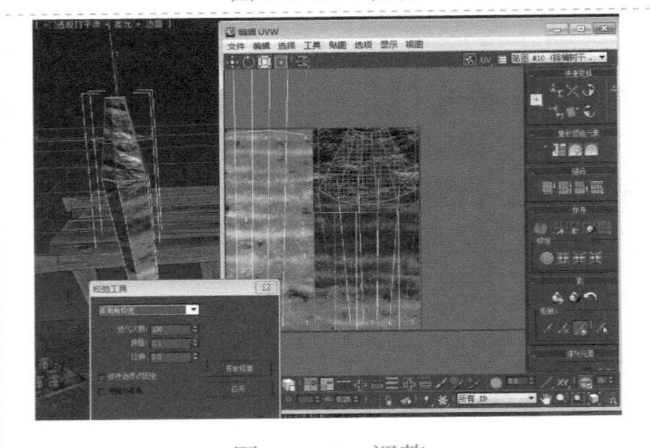

图 8-3-19　调整

20 在视图中创建一个平面，设置【宽度分段】为 1，【长度分段】为 1，将平面转换为可编辑的多边形，使用【剪切】工具添加连线，选择中间的一个点，使用【选择并移动】工具将点沿【Z】轴向上移动，如图 8-3-20 所示。

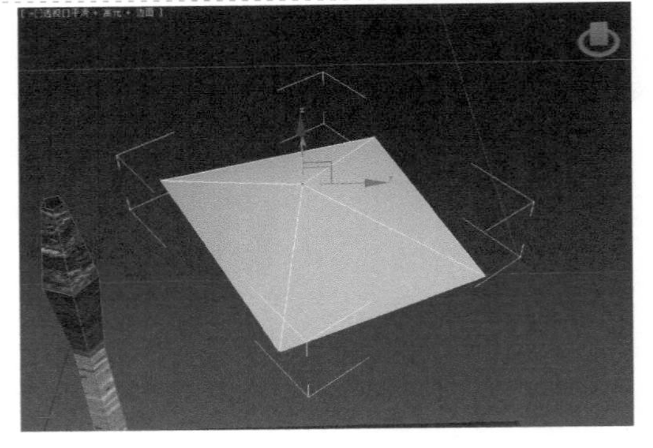

图 8-3-20　创建并调整平面

21 给平面赋予“棕榈叶”贴图，参考项目 3 的相关操作制作透明效果，如图 8-3-21 所示。

图 8-3-21 设置透明贴图

22 复制两个枝叶，调整其位置，如图 8-3-22 所示。

图 8-3-22 复制与调整枝叶

23 复制其他枝叶效果，如图 8-3-23 所示。

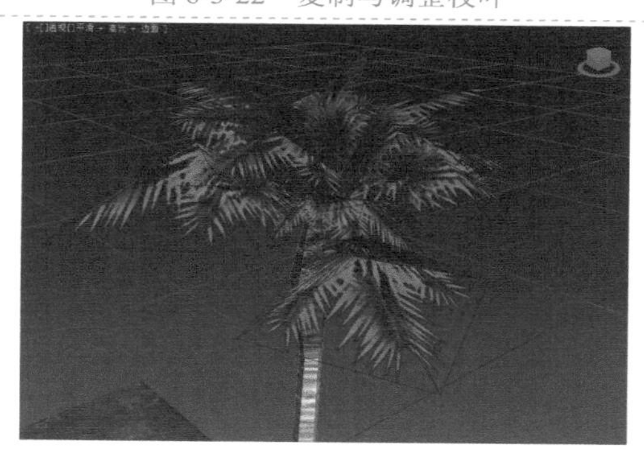

图 8-3-23 复制其他枝叶

24 复制当前树干和树枝，选中树干的【点】子对象，调整树干的形状，制作其他形状的棕榈树，如图 8-3-24 所示。

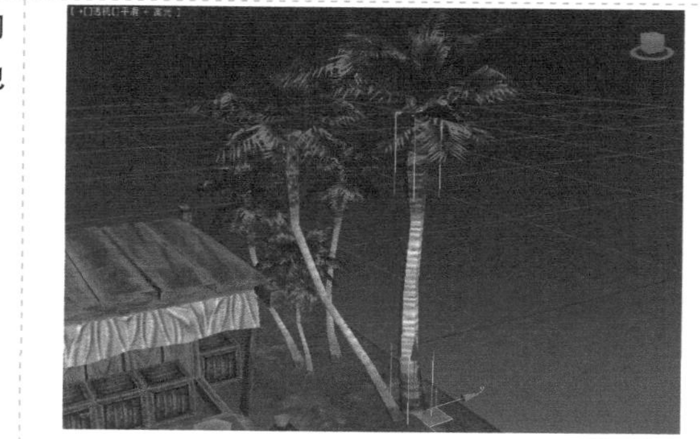

图 8-3-24 制作其他树

25 完成所有棕榈树的制作，如图 8-3-25 所示。

图 8-3-25　场景效果

8.4　场景环境制作

场景配景制作

1 单击【创建】→【几何体】面板，在【对象类型】卷展栏中单击【球体】按钮，在【顶视图】中创建一个球体，设置【半球】为 0.5，如图 8-4-1 所示。

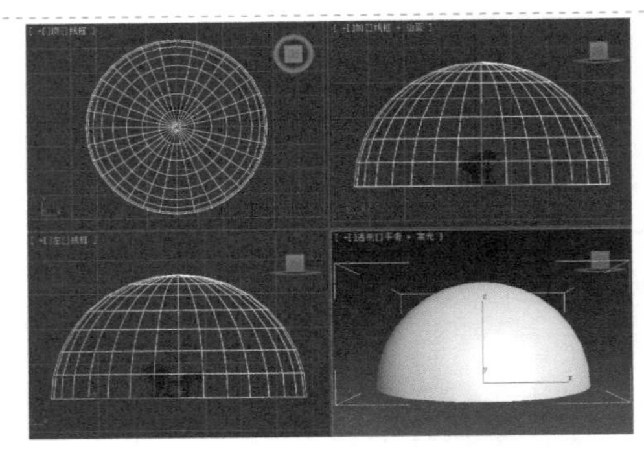
图 8-4-1　创建半球

2 将球体转换为可编辑的多边形，选中【多边形】子对象，选择所有的多边形并右击，在弹出的快捷菜单中执行【翻转法线】命令，如图 8-4-2 所示。

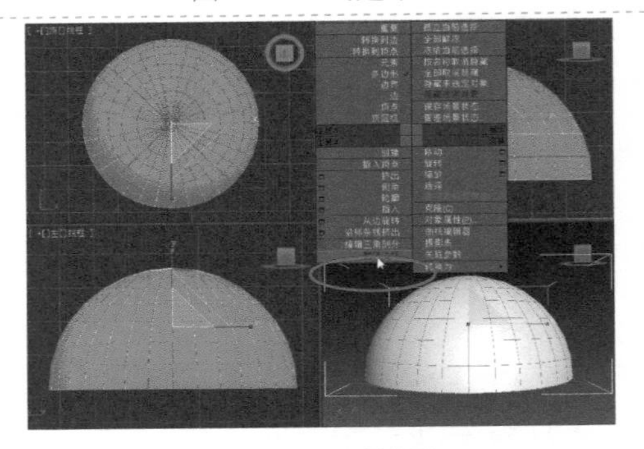
图 8-4-2　反转面

3 选择球面部分，在【编辑几何体】卷展栏中，单击【分离】按钮，弹出【分离】对话框，在【分离为】文本框中输入 “sky”，单击【确定】按钮，作为大楼的门，如图 8-4-3 所示。

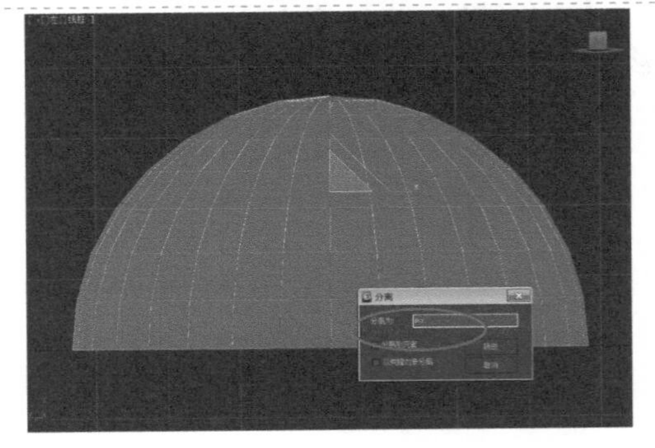
图 8-4-3　分离

4 退出多边形子对象选中状态，选择“sky”，使用【选择并均匀缩放】工具，将“sky”沿【Y】轴进行缩放，如图 8-4-4 所示。

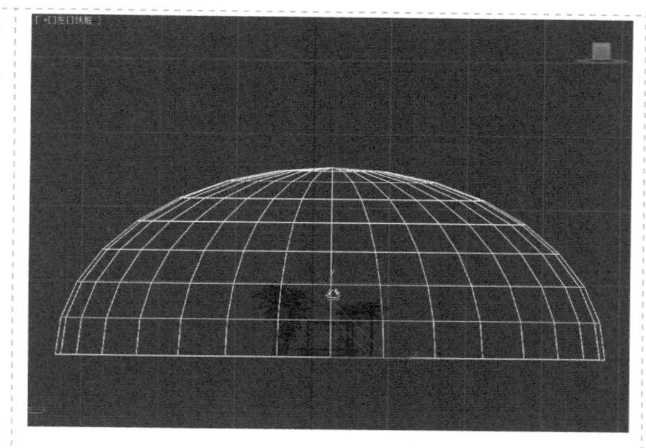

图 8-4-4 缩放

5 选择一个新材质球，给【漫反射】添加一个“天空”的贴图，将材质赋予“sky”模型，单击【在视口中显示标准贴图】按钮，如图 8-4-5 所示。

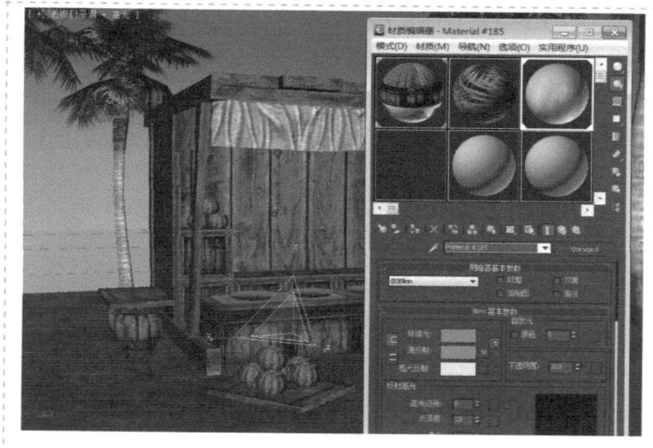

图 8-4-5 赋予贴图

6 进入【修改】面板，给模型添加【UVW 贴图】修改器，在【参数】选项组中选中【柱形】单选按钮，如图 8-4-6 所示。

图 8-4-6 添加 UVW 贴图（一）

7 选择一个新材质球，给【漫反射】添加一个“地面”的贴图，将材质赋予地面模型，如图 8-4-7 所示。

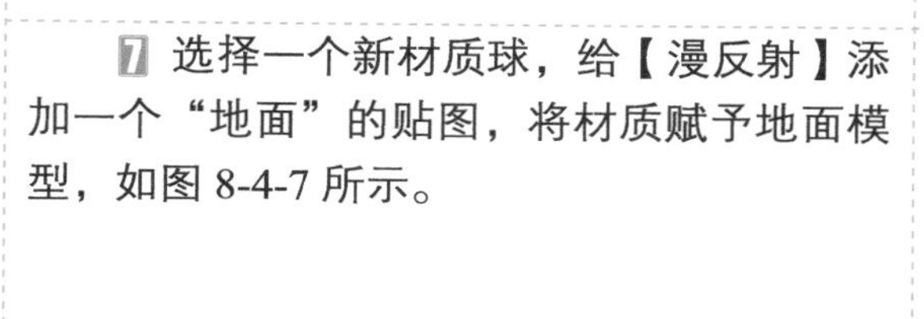

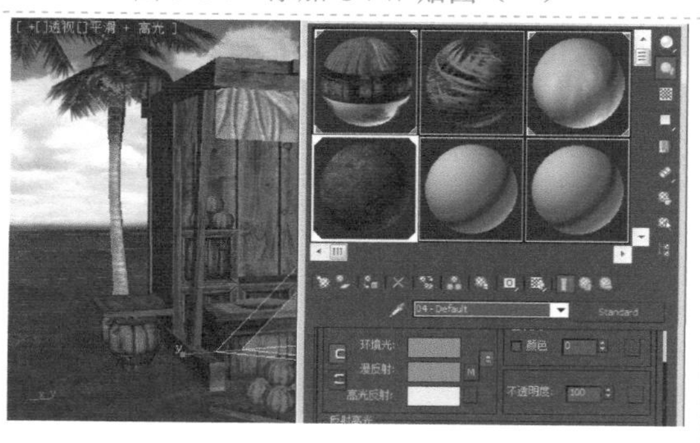

图 8-4-7 赋予地面贴图

8 进入【修改】面板，给模型添加【UVW 贴图】修改器，保持参数为默认状态，如图 8-4-8 所示。

图 8-4-8　添加 UVW 贴图（二）

9 调整透视图角度，按【Ctrl+C】组合键将当前视图创建为摄像机视图，如图 8-4-9 所示。

图 8-4-9　创建摄像机

10 创建一个目标聚光灯，在顶视图和前视图中调整聚光灯的位置，再创建一个天光，如图 8-4-10 所示。

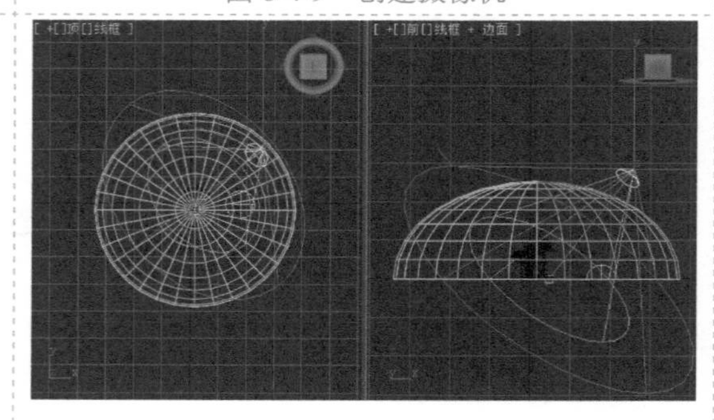

图 8-4-10　创建灯光

11 执行【工具】→【灯光列表】命令，弹出【灯光列表】窗口，设置 Spot01 阴影为【光线跟踪阴影】，设置 sky01【倍增器】为 0.3，如图 8-4-11 所示。

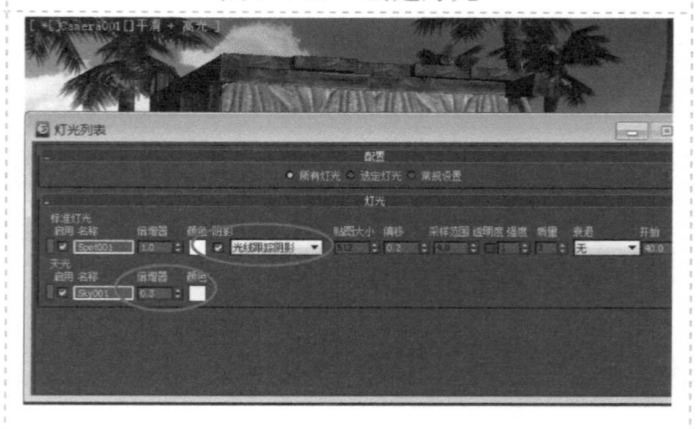

图 8-4-11　设置灯光参数

12 按【C】键切换为摄像机视图，单击主工具栏中的【渲染产品】按钮，查看水果摊最终效果，如图 8-4-12 所示。

图 8-4-12 场景渲染效果

8.5 相关知识

这里主要介绍 UV 导出与绘制相关知识。

1 打开提供的素材文件“包装盒”，如图 8-5-1 所示。

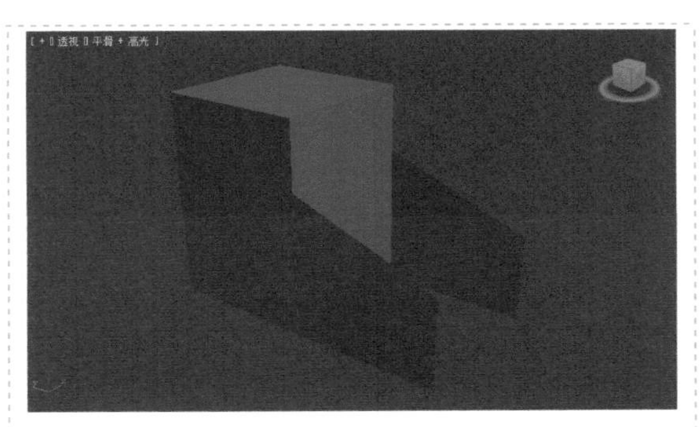
图 8-5-1 打开场景

2 进入【修改】面板，选中 UVW 展开的【面】子对象，单击【打开 UV 编辑器】按钮，弹出【编辑 UVW】窗口，察看模型各个面对应的 UV 贴图位置，如图 8-5-2 所示。

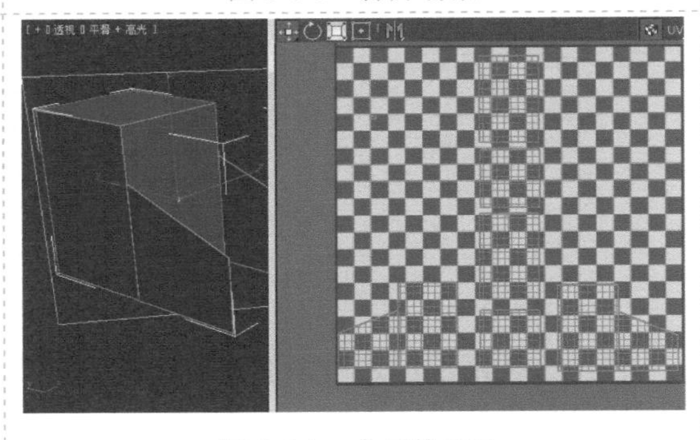
图 8-5-2 盒子的 UV

3 执行【工具】→【渲染 UVW 模板】命令，弹出【渲染 UVS】对话框，设置【宽度】为 512，【高度】为 512，单击【渲染 UV 模板】按钮，将模板保存为 JPG 图片，如图 8-5-3 所示。

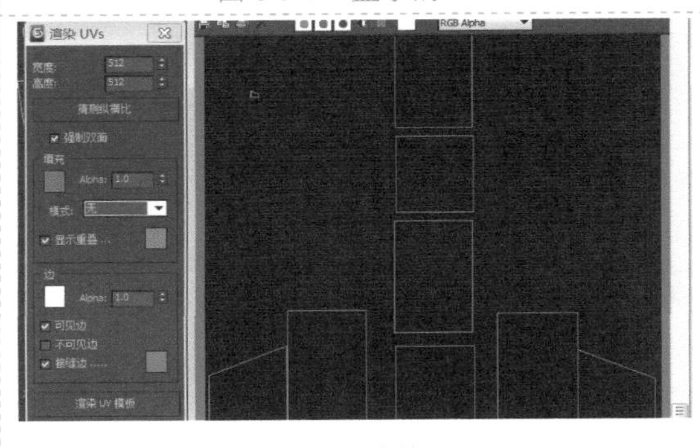
图 8-5-3 渲染 UV

4 启动 Photoshop，打开渲染的 UV 模板图片，使用 Photoshop 相关工具在 UV 有效区域内绘制图形，绘制完毕后保存为 JPG 格式，如图 8-5-4 所示。

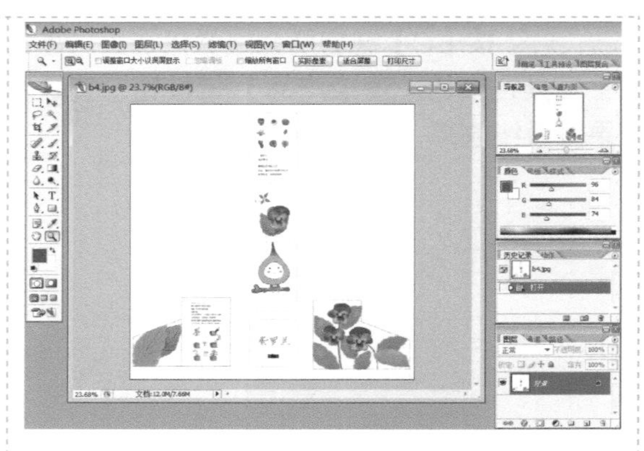

图 8-5-4 绘制 UV

5 选择一个新材质球，给【漫反射】添加一个绘制的贴图，将材质赋予盒子模型，查看盒子的各面效果，如图 8-5-5 所示。

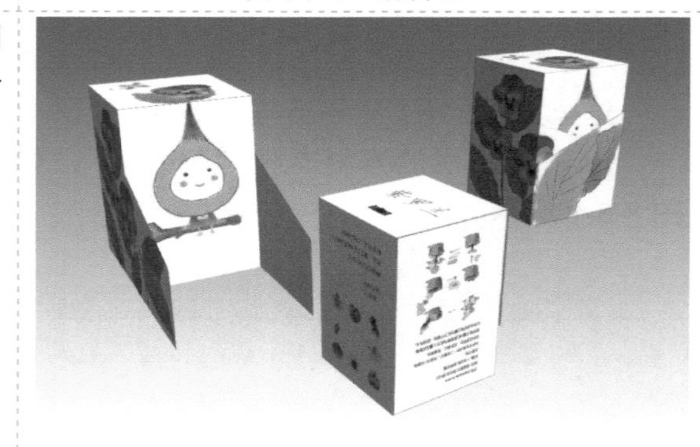

图 8-5-5 盒子各面效果

8.6 实战演练

UVW 展开的使用 1

仔细分析所给的木塔贴图，制作相关的简模结构，正确设置木塔的贴图。图 8-6-1 所示为是木塔的效果图，动手试试吧。

图 8-6-1 木塔效果图

制作要求如下

（1）创建精简的模型结构。
（2）贴图设置准确合理。

制作提示

（1）使用可编辑多边形制作木塔模型。
（2）使用【UVW 展开】修改器设置木塔的贴图。

项目评价

项目实训评价表

	内容		评定等级			
	学习目标	评价项目	4	3	2	1
职业能力	能熟练创建场景简模	能灵活使用可编辑多边形工具				
		能创建最精简的道具模型				
	能熟练制作绿色植物	能灵活使用可编辑多边形工具				
		能灵活使用【UVW 展开】修改器				
	能熟练表现场景环境	能制作地球模型				
		能正确设置地球贴图				
综合评价						

项目 9

展梦未来

项目描述

丰富的想象力是制作动画最重要的元素，在人生的不同阶段，我们会有不同的梦想，让梦想之翼带着我们美好的愿望飞向远方，坚持下去，总有一天，梦想终能实现。而现在，发挥我们的想象力和创造力，为我们精彩的未来尽情展望吧！本项目的最终效果如图 9–0–1 所示。

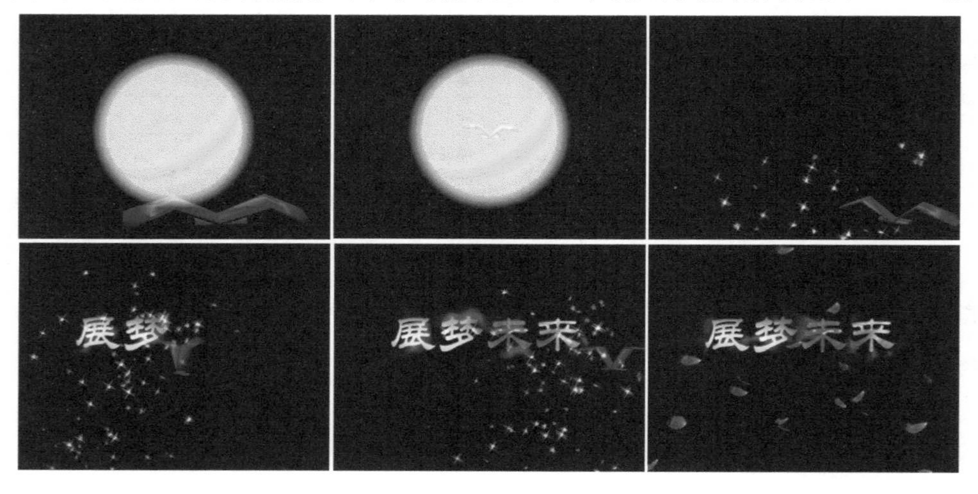

图 9-0-1　项目效果

学习目标

- 关键帧动画
- 路径约束动画
- 粒子系统创建
- 遮挡板动画
- 后期特效制作

项目分析

本项目主要涉及关键帧动画、对象链接、路径约束动画、粒子系统设置、后期特效等方面的内容，后面的文字显示动画是通过文字前面的一个平面的移动实现的，平面设置了无光/投影材质，设置了这种材质的物体本身是看不见的，但这种物体有接受阴影和遮挡物体的功能。本项目主要需要完成以下六个环节。

① 镜头确认。

② 制作翅膀动画。

③ 制作虚拟对象动画。

④ 制作遮挡板动画。

⑤ 粒子系统创建。

⑥ 后期处理。

实现步骤

9.1 镜头确认

1 单击动画工具栏中的【时间配置】按钮，弹出【时间配置】对话框，在【动画】选项组中设置【结束时间】300，如图 9-1-1 所示。

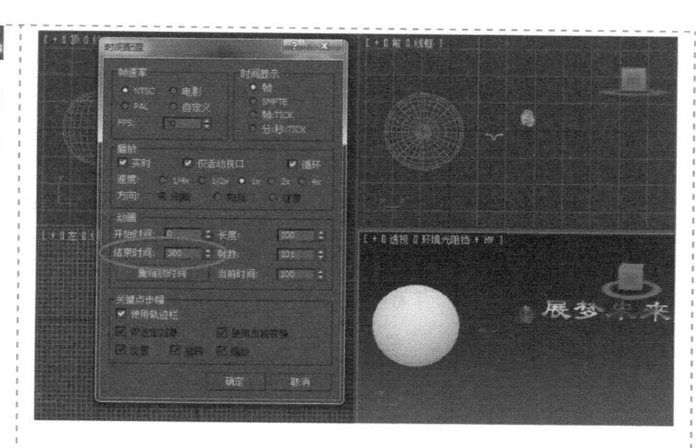

图 9-1-1 动画时长设置

2 将视图切换至为顶视图，使用【选择并移动】工具将小球沿【Y】轴向上移动，将文字与花瓣向【右偏上】移动，如图 9-1-2 所示。

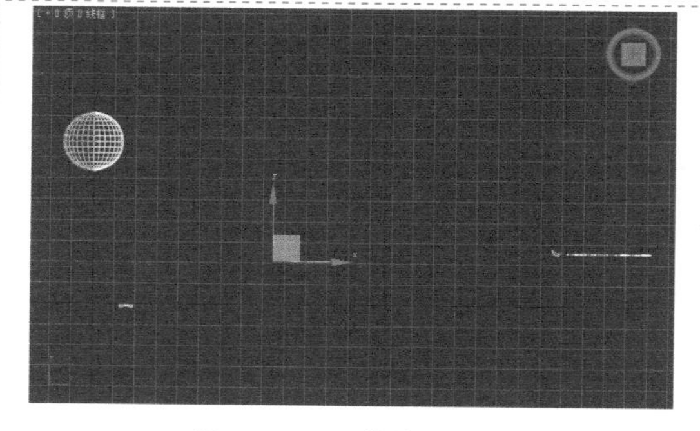

图 9-1-2 调整物体位置

3 将视图调整为双视图显示，在左侧顶视图中创建一个目标摄像机，将右侧视图切换为摄像机视图，如图 9-1-3 所示。

注意：做动画的习惯是右侧为摄像机视图，用于监看镜头效果，主要的操作都集中在左侧的视图。

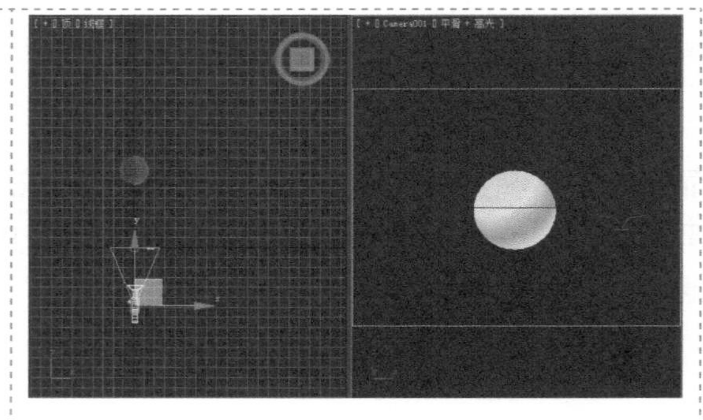

图 9-1-3　创建摄像机

4 左侧切换为前视图，使用【移动并选择】工具调整摄像机的位置，如图 9-1-4 所示。

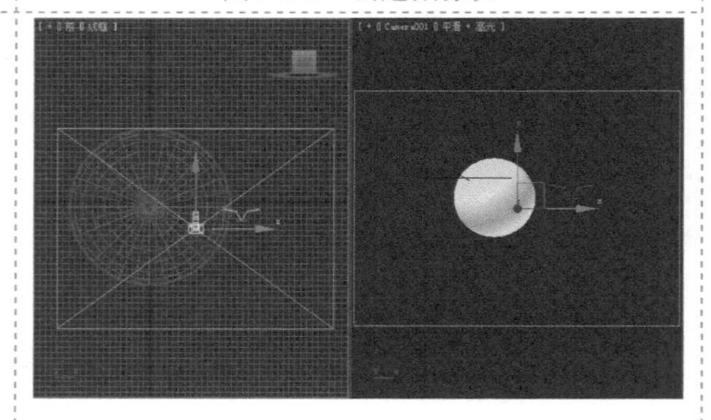

图 9-1-4　调整摄像机的位置

5 选择摄像机的【目标点】和【起点】，单击“自动”按钮，将【时间滑块】移动到第 120 帧，单击【设置关键点】按钮，如图 9-1-5 所示。

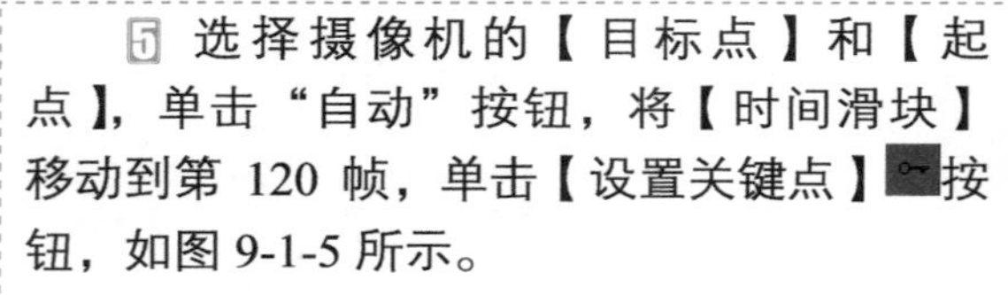

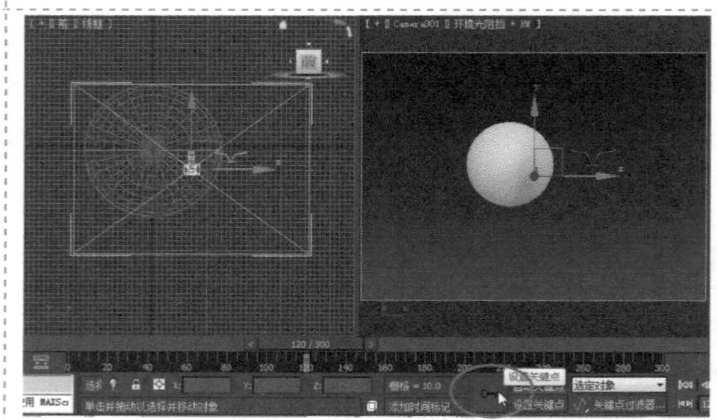

图 9-1-5　确定镜头

6 单击时间滑块的【下一帧】按钮，使用【选择并移动】工具将摄像机沿【X】轴向右移至文字的位置，单击【设置关键点】按钮，如图 9-1-6 所示。

通过这几步操作，确定了动画中的两个镜头画面，即镜头一（0～120），镜头二（121～300）。

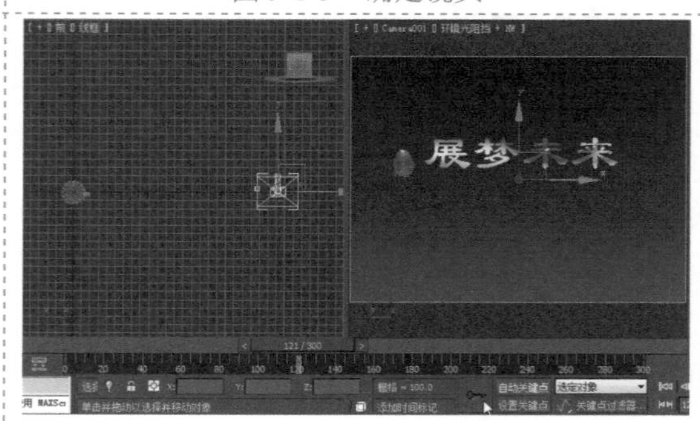

图 9-1-6　确定镜头画面

9.2 制作翅膀动画

关键帧动画的制作

1 左边切换为透视图，开启【角度捕捉】开关，开启【自动关键点】，将【时间滑块】移至第 20 帧，使用【选择并旋转】工具将左翅膀沿【Y】轴旋转-40 度，如图 9-2-1 所示。

2 使用【选择并旋转】工具将右翅膀沿【Y】轴旋转 40 度，如图 9-2-2 所示。

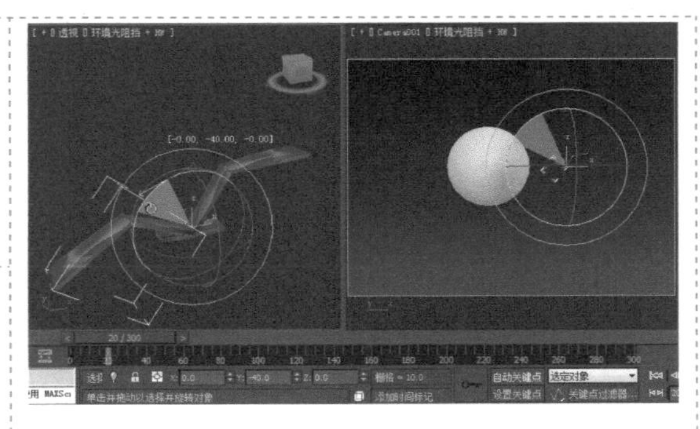

图 9-2-1 旋转左翅

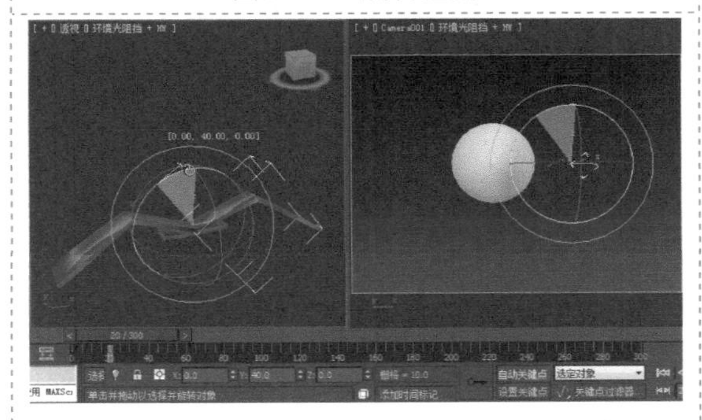

图 9-2-2 旋转右翅

3 选择两个翅膀，框选第 0 帧位置的关键帧，如图 9-2-3 所示。

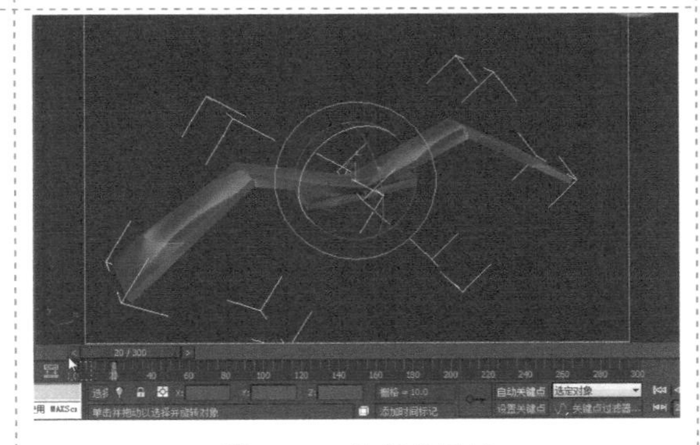

图 9-2-3 选择关键帧

4 按住【Shift】键将第 0 帧的关键帧复制到第 40 帧，如图 9-2-4 所示。

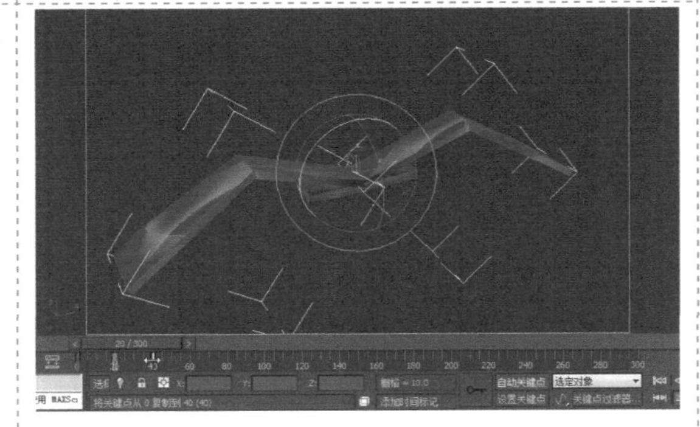

图 9-2-4 复制关键帧

5 单击主工具栏中的【曲线编辑器】按钮，弹出【轨迹视图—曲线编辑器】窗口，如图 9-2-5 所示。

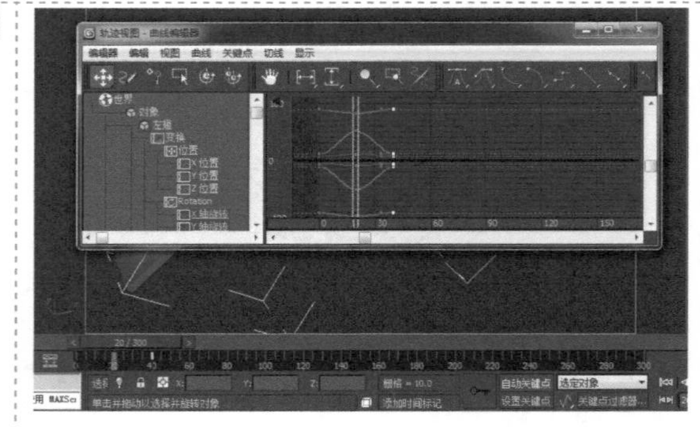

图 9-2-5　曲线编辑器

6 执行【编辑】→【控制器】→【超出范围类型】命令，如图 9-2-6 所示。

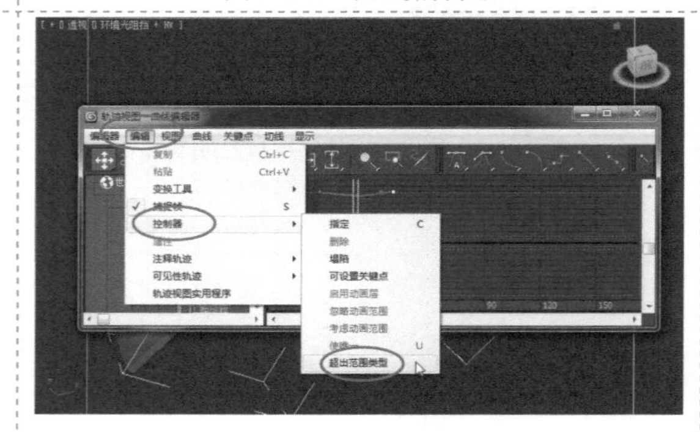

图 9-2-6　选择控制器

7 弹出【参数曲线超出范围类型】对话框，单击对话框中循环下方的和按钮，如图 9-2-7 所示。

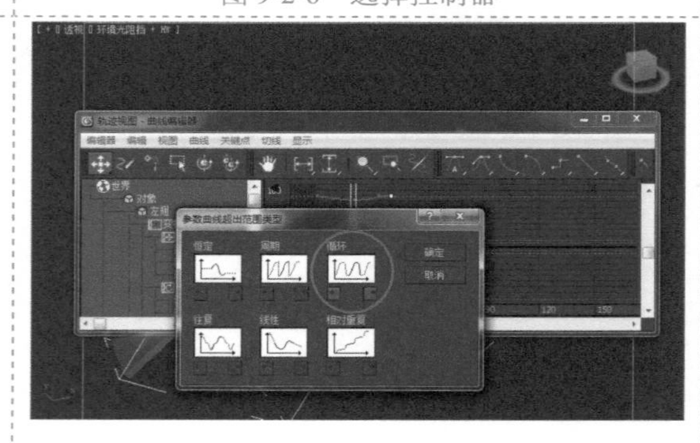

图 9-2-7　设置循环

8 通过设置，两个翅膀在 0～40 的动画将在整个动画时间范围中循环执行，如图 9-2-8 所示。

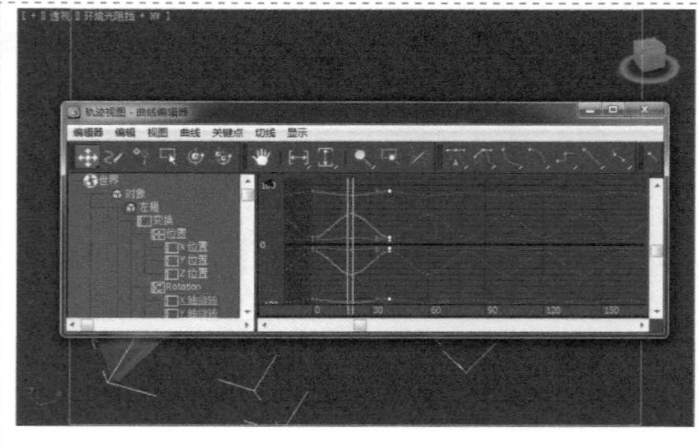

图 9-2-8　循环效果

9.3 制作虚拟对象动画

动画链接

1 进入【创建】面板，单击【辅助对象】卷展栏中的【虚拟对象】按钮，在视图中创建一个虚拟对象，并将虚拟对象移动到如图 9-3-1 所示位置。

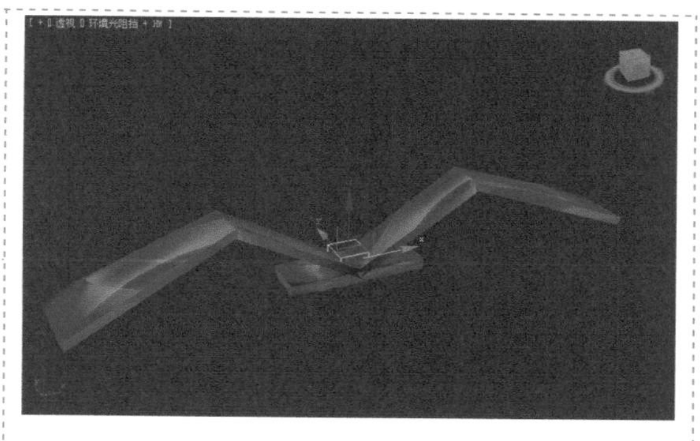

图 9-3-1 创建虚拟对象

2 选择左、右翅膀和身体三个物体，单击主工具栏中的【选择并链接】按钮，按住鼠标左键并移动至虚拟对象上，松开鼠标左键，完成物体链接至虚拟对象的操作，如图 9-3-2 所示。

注意：完成链接后，虚拟对象能控制三个被链接物体的移动、旋转、缩放等操作。

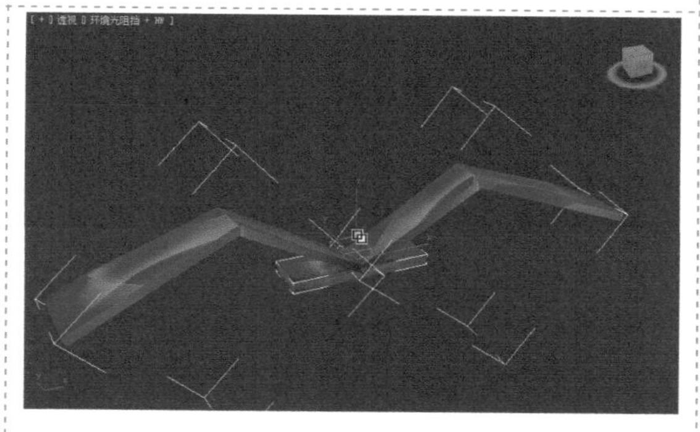

图 9-3-2 链接至虚拟对象

3 选择虚拟对象，使用【选择并移动】和【选择并旋转】工具，调整鸟的位置和状态，如图 9-3-3 所示。

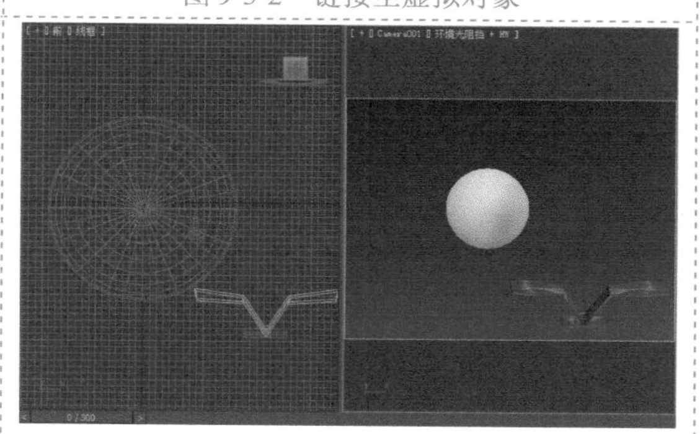

图 9-3-3 调整位置

4 开启【自动关键点】，将【时间滑块】移至第 65 帧，在前视图中使用【选择并移动】工具将虚拟对象移动至如图 9-3-4 所示位置。

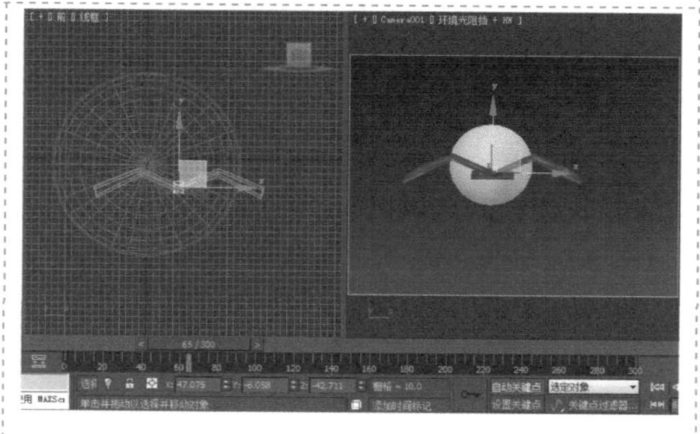

图 9-3-4 移动虚拟对象

5 将【时间滑块】移至第 120 帧，在顶视图中使用【选择并移动】工具将虚拟对象沿【Y】轴向上移动，使用【选择并缩放】工具调整虚拟对象的大小，如图 9-3-5 所示。

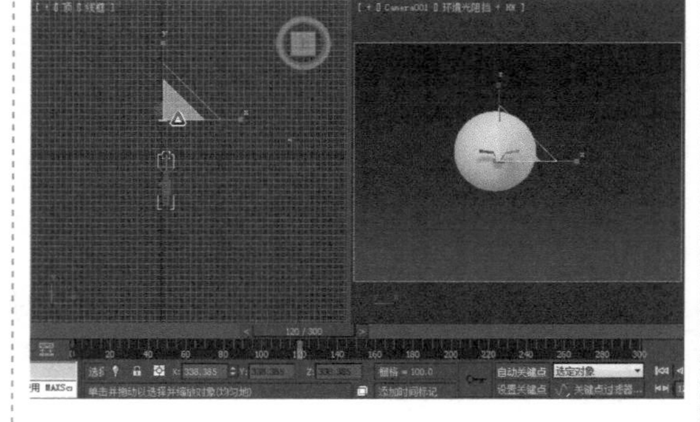

图 9-3-5　调整虚拟对象

6 将【时间滑块】移至第 0 帧，在【Camera001】中使用【选择并移动】工具将虚拟对象移至屏幕下方，如图 9-3-6 所示。

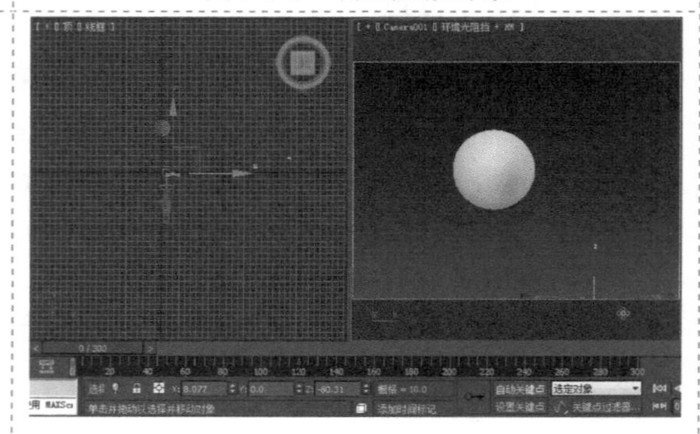

图 9-3-6　移动虚拟对象

7 单击主工具栏中的【按名称选择】按钮，弹出【从场景选择】对话框，按住【Ctrl】键，在对话框中依次单击四个物体，单击【确定】按钮选择物体，如图 9-3-7 所示。

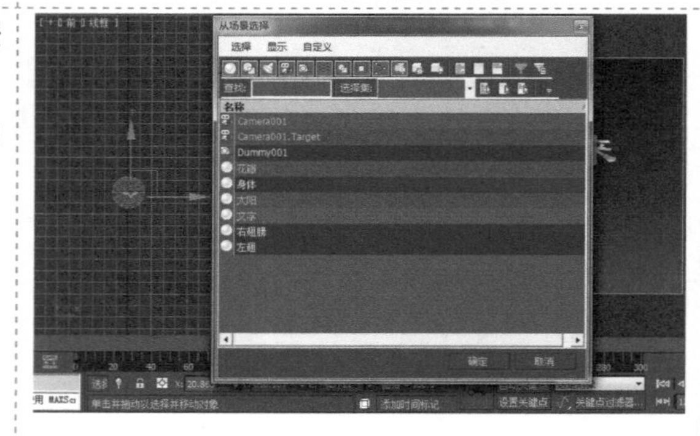

图 9-3-7　选择物体

8 按住【Shift】键，使用【选择并移动】工具将虚拟对象沿【X】轴向右移至第二个镜头，弹出【克隆选项】对话框，选中【复制】单选按钮，如图 9-3-8 所示。

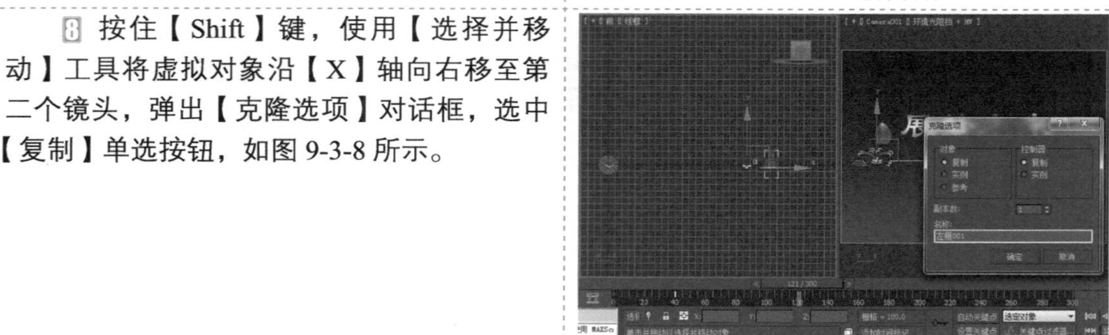

图 9-3-8　复制

9 选择视图中的虚拟对象，框选下方的所有关键帧，按【Delete】键将它们删除，如图 9-3-9 所示。

图 9-3-9　删除动画

10 单击【图形】按钮，在【对象类型】卷展栏中单击【线】按钮，选中【平滑】单选按钮，在前视图中创建曲线，如图 9-3-10 所示。

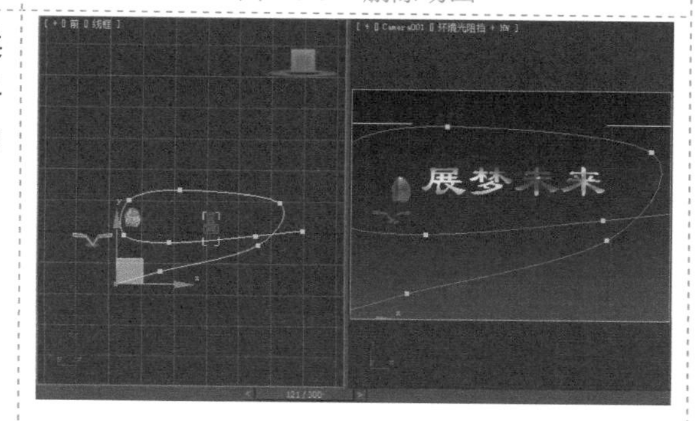

图 9-3-10　创建路径

11 选择花瓣和虚拟对象，使用【选择并移动】工具，在前视图中向左边移动，使它们不在右方的摄像机镜头中，如图 9-3-11 所示。

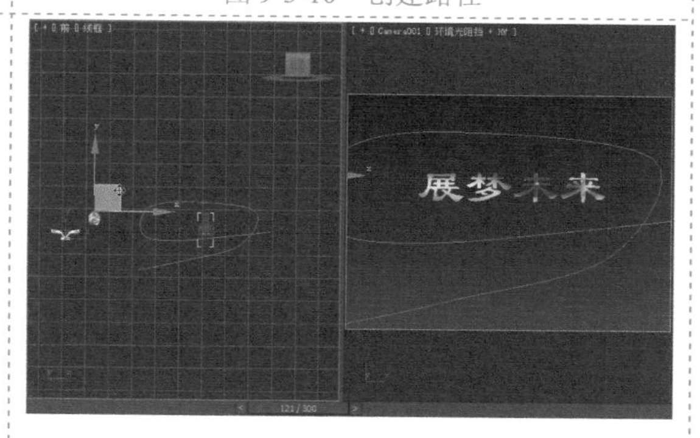

图 9-3-11　移动物体

12 选择虚拟对象，执行【动画】→【约束】→【路径约束】命令，出现一条虚线，单击视图中的路径，创建路径约束，如图 9-3-12 所示。

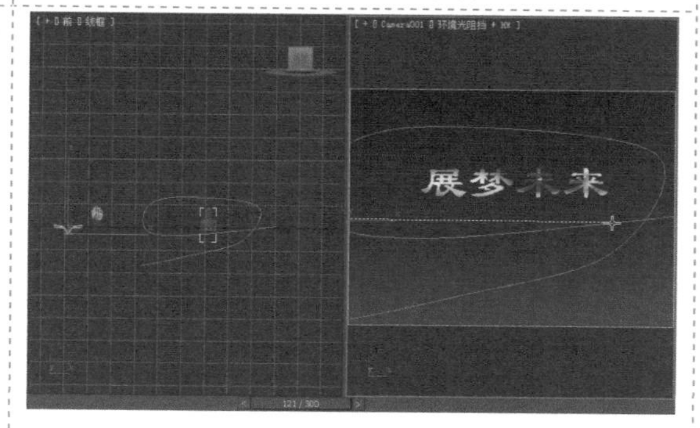

图 9-3-12　创建路径约束

13 选择虚拟对象第 0 帧的关键帧，将它移至第 121 帧处，如图 9-3-13 所示。

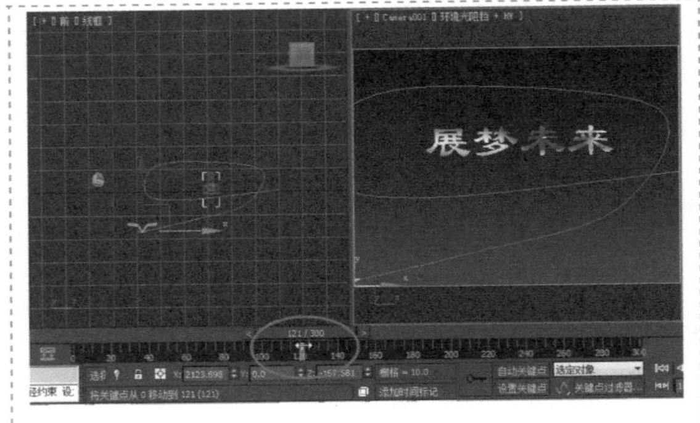

图 9-3-13　调整关键帧

14 选择虚拟对象第 300 帧的关键帧，将它移至第 260 帧处，如图 9-3-14 所示。

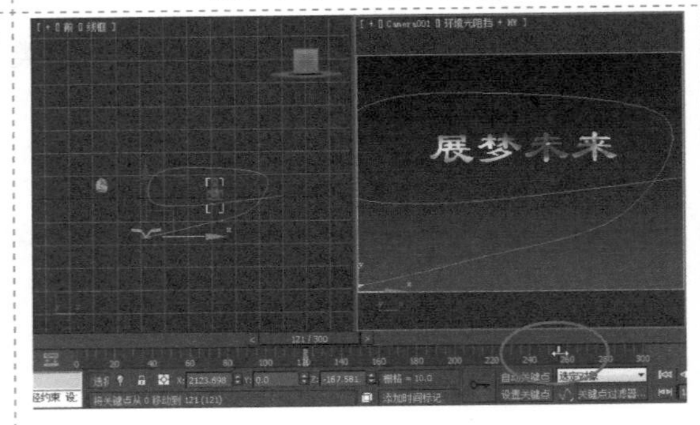

图 9-3-14　移动关键帧

15 单击按钮，进入【运动】面板，选择【路径选项】选项，选中【跟随】复选框，如图 9-3-15 所示。

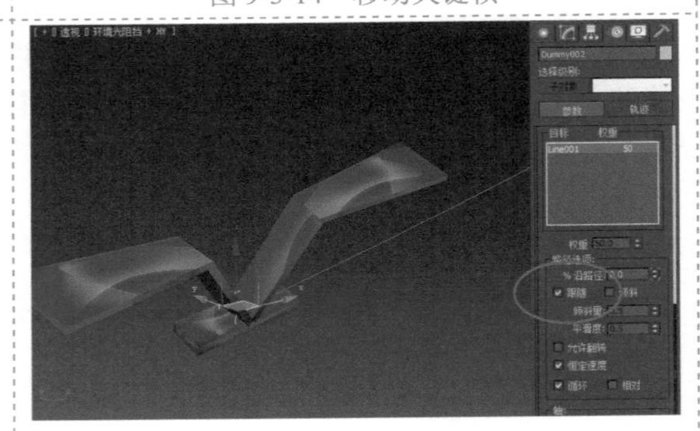
图 9-3-15　选择跟随

16 使用【选择并旋转】工具调整虚拟对象，使鸟的姿态与路径保持垂直状态，如图 9-3-16 所示。

图 9-3-16　调整虚拟对象的位置

17 使用【选择并均匀缩放】工具，调整虚拟对象的大小，如图 9-3-17 所示。

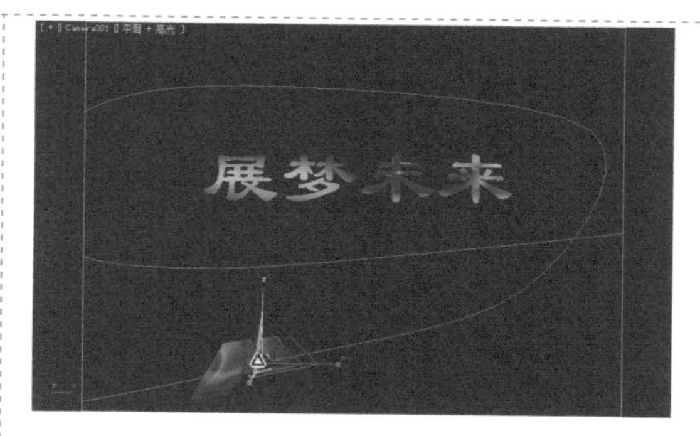

图 9-3-17 调整虚拟对象的大小

9.4 制作遮挡板动画

关键帧动画的制作

1 单击【创建】→【几何体】面板，在【对象类型】卷展栏中单击【平面】按钮，在【参数】卷展栏中设置【长度分段】为 1，【宽度分段】为 1，在前视图中创建一个平面，如图 9-4-1 所示。

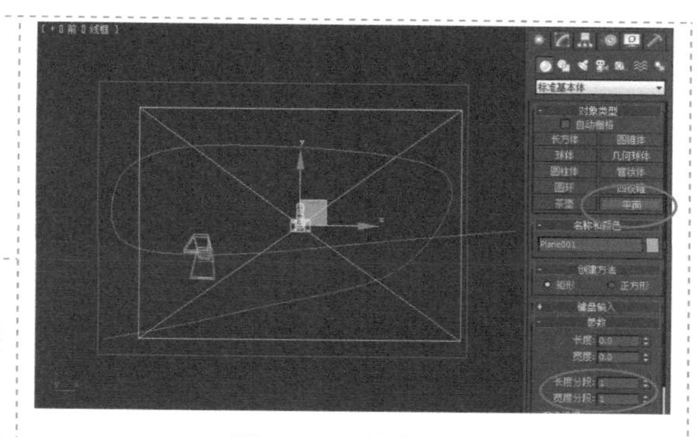
图 9-4-1 创建平面

2 选择平面，使用【选择并移动】工具，在透视图中沿【Y】轴向左边移动，如图 9-4-2 所示。

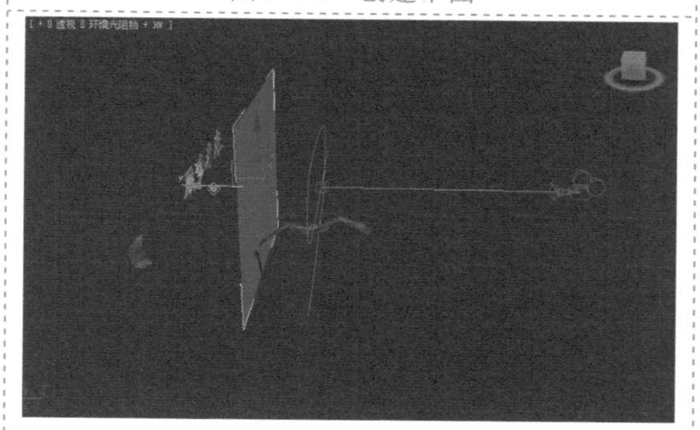
图 9-4-2 调整平面

3 切换视图，调整平面在摄像机视图中的位置，使平面完全遮住摄像机视图，开启【自动关键点】，将【时间滑块】移至第 260 帧，如图 9-4-3 所示。

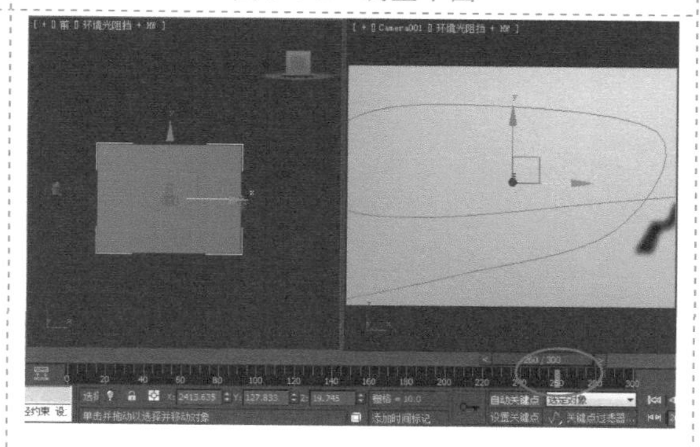
图 9-4-3 开启自动关键帧

4 使用【选择并移动】工具，在前视图中沿【X】轴向右边移动，使平面移出摄像机视图，如图 9-4-4 所示。

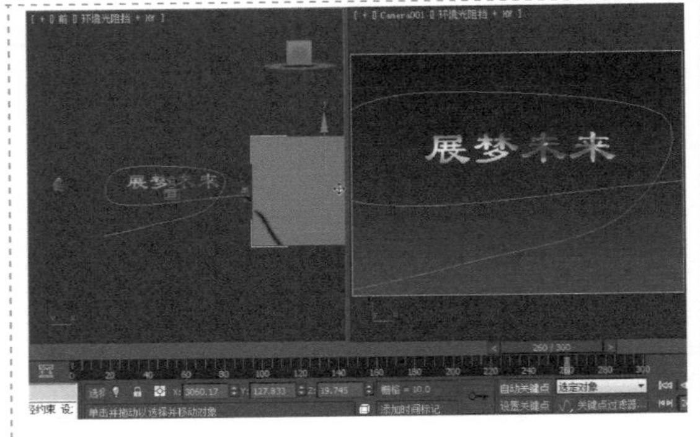

图 9-4-4　移动平面

5 选择平面的第 0 帧处的关键帧，将它移至第 230 帧处，如图 9-4-5 所示 。

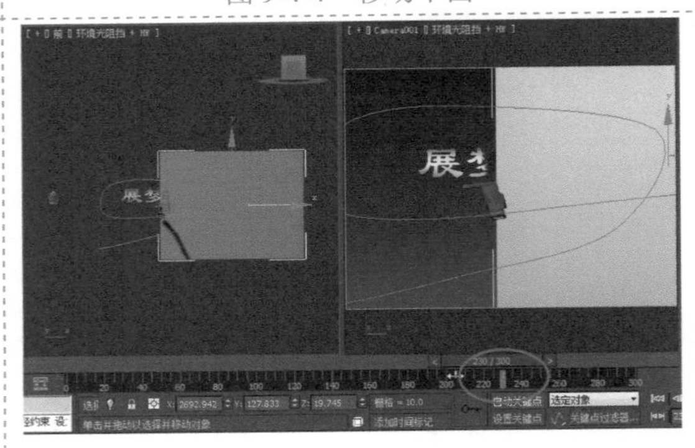

图 9-4-5　调整关键帧

6 在【材质编辑器】对话框中选择一个材质球，单击【Standard】按钮，弹出【材质/贴图浏览器】对话框，选择【无光/投影】材质，如图 9-4-6 所示。

图 9-4-6　选择材质

7 选择平面，单击【将材质指定给选择对象】按钮，如图 9-4-7 所示 。

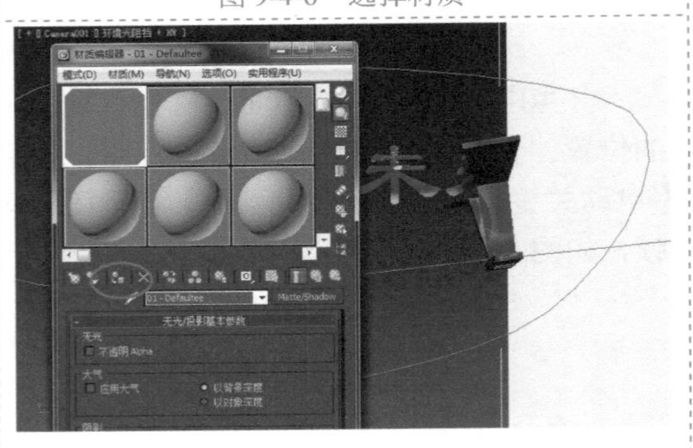

图 9-4-7　赋予材质

9.5 粒子系统

1 进入【创建】面板，在其下拉列表中选择【粒子系统】选项，在【对象类型】卷展栏中，单击【雪】按钮，在透视图中创建一个雪粒子，如图 9-5-1 所示。

图 9-5-1 创建雪

2 使用【选择并移动】和【选择并旋转】工具调整雪的位置和方向，如图 9-5-2 所示。

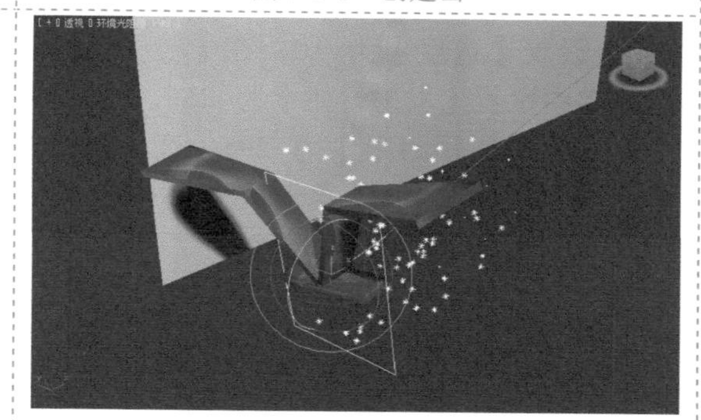

图 9-5-2 调整雪

3 使用【选择并链接】工具将粒子链接到虚拟对象上，如图 9-5-3 所示。

图 9-5-3 链接至虚拟体

4 选择粒子，进入【修改】面板，设置【变化】为 10，在【计时】选项组中设置【开始】为 120，如图 9-5-4 所示。

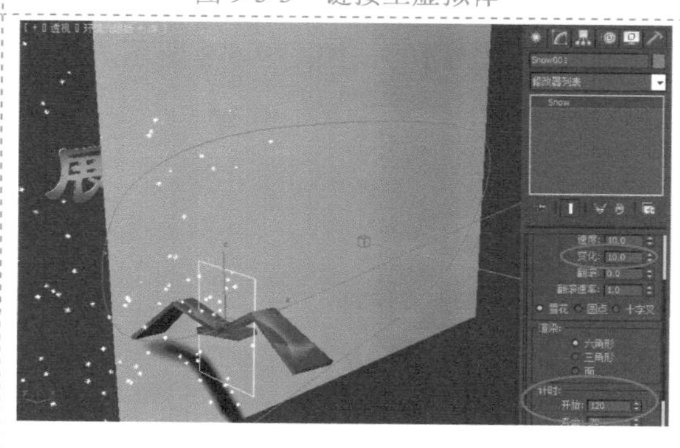

图 9-5-4 设置参数

5 进入【创建】面板，在其下拉列表中选择【粒子系统】选项，在【对象类型】卷展栏中单击【粒子云】按钮，在透视图中创建一个粒子云，如图 9-5-5 所示。

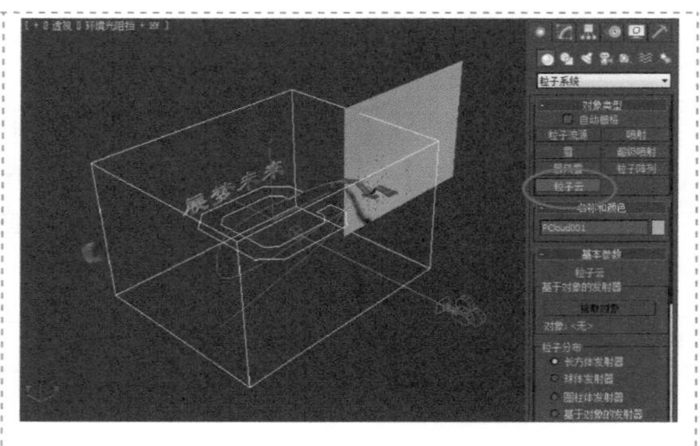

图 9-5-5　创建粒子云

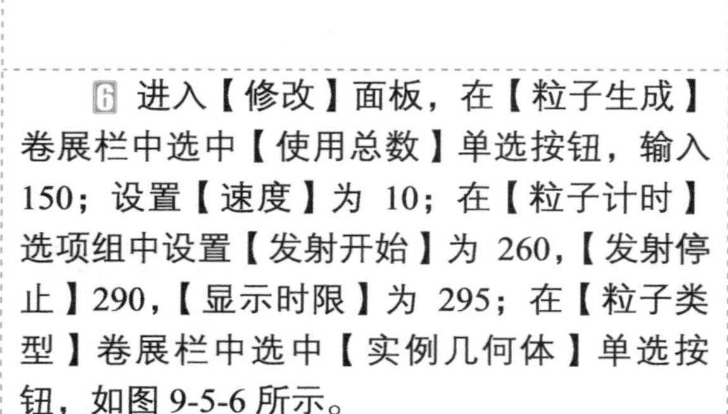

6 进入【修改】面板，在【粒子生成】卷展栏中选中【使用总数】单选按钮，输入 150；设置【速度】为 10；在【粒子计时】选项组中设置【发射开始】为 260，【发射停止】290，【显示时限】为 295；在【粒子类型】卷展栏中选中【实例几何体】单选按钮，如图 9-5-6 所示。

图 9-5-6　设置参数

7 在【粒子类型】卷展栏中，单击【拾取对象】按钮，选择视图中的花瓣，单击【材质来源】按钮，如图 9-5-7 所示。

图 9-5-7　设置对象

8 打开【旋转和碰撞】卷展栏，在【自旋速度控制】选项组中，设置【相位】为 50，【变化】为 100，如图 9-5-8 所示。

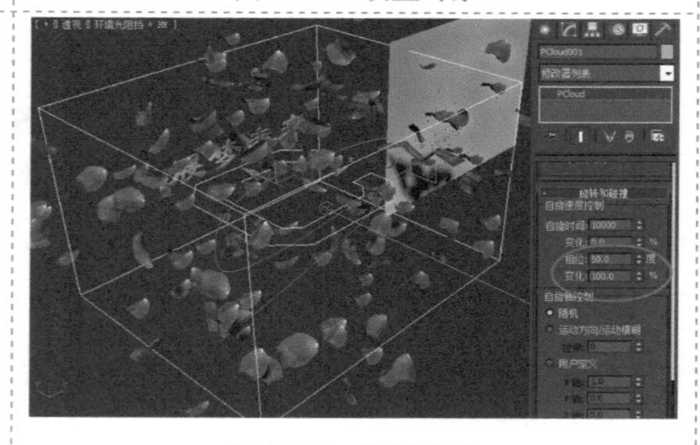

图 9-5-8　设置旋转

9 右击视图中的球体，在弹出的快捷菜单中执行【对象属性】命令，弹出【对象属性】对话框，在【G 缓冲区】选项组中设置【对象 ID】为 1，如图 9-5-9 所示。

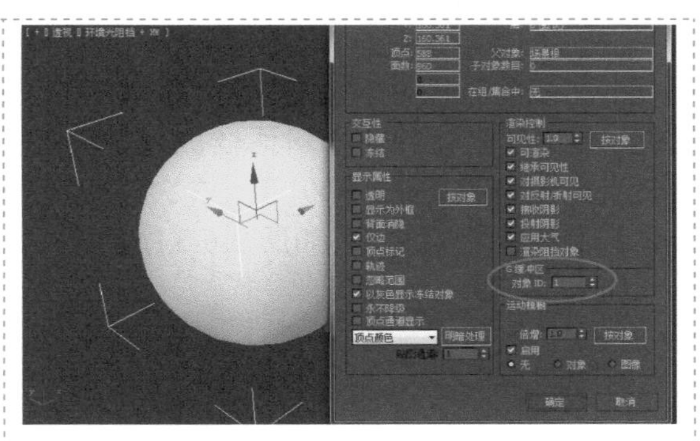

图 9-5-9　设置球体 ID

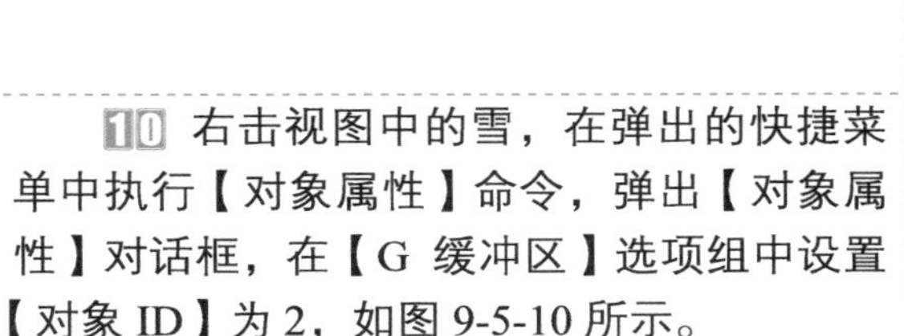

10 右击视图中的雪，在弹出的快捷菜单中执行【对象属性】命令，弹出【对象属性】对话框，在【G 缓冲区】选项组中设置【对象 ID】为 2，如图 9-5-10 所示。

以同样的方法设置文字的【对象 ID】为 3。

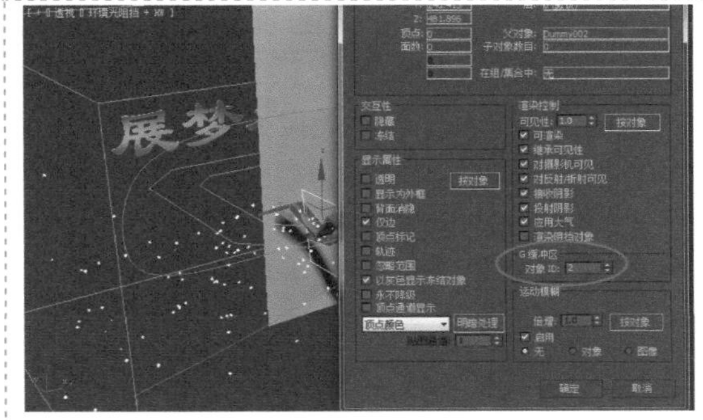

图 9-5-10　设置雪 ID

9.6　后期处理

1 执行【渲染】→【视频后期处理】命令，弹出【视频后期处理】窗口，单击窗口中的【添加场景事件】按钮，在弹出的对话框中选择 Camera001，单击【确定】按钮退出对话框，如图 9-6-1 所示。

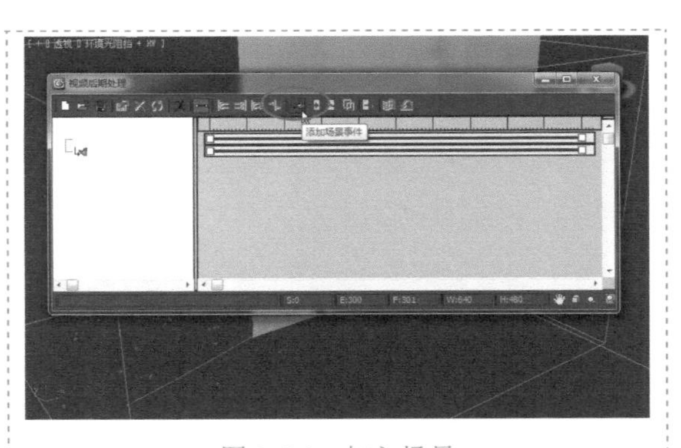

图 9-6-1　加入场景

2 选中窗口中的【Camera001】，单击窗口中的【添加图像过滤事件】按钮，在弹出的对话框中，选择【星空】选项，设置【VP 结束时间】为 120，如图 9-6-2 所示，单击【确定】按钮退出对话框。

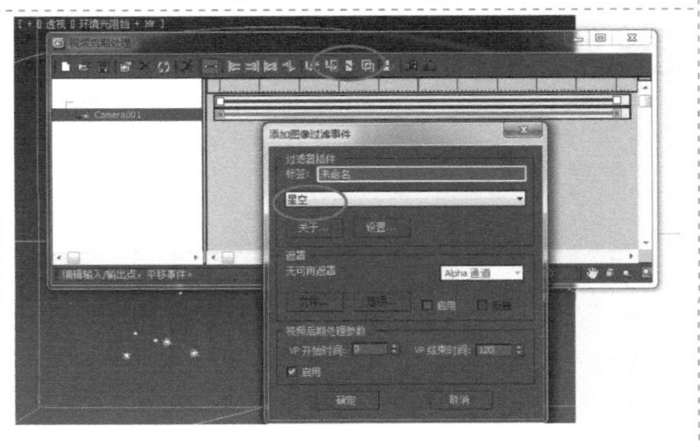

图 9-6-2　添加星空

3 双击窗口中的【星空】事件，弹出【编辑过滤事件】窗口，单击【设置】按钮，弹出【星星控制】对话框，在【源摄像机】中选择【Camera001】，依次单击【确定】按钮退出对话框，如图 9-6-3 所示。

图 9-6-3　设置参数

4 选择窗口中的【Camera001】，单击窗口中的【添加图像过滤事件】按钮，在弹出的对话框中，选择【镜头效果光晕】选项，设置【VP 结束时间】为 120，如图 9-6-4 所示，单击【确定】按钮退出对话框。

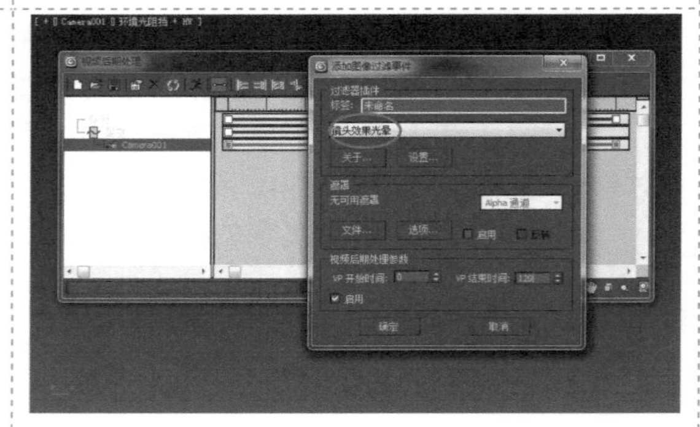

图 9-6-4　添加光晕

5 双击窗口中的【镜头效果光晕】事件，弹出【编辑过滤事件】对话框，单击【设置】按钮，如图 9-6-5 所示。

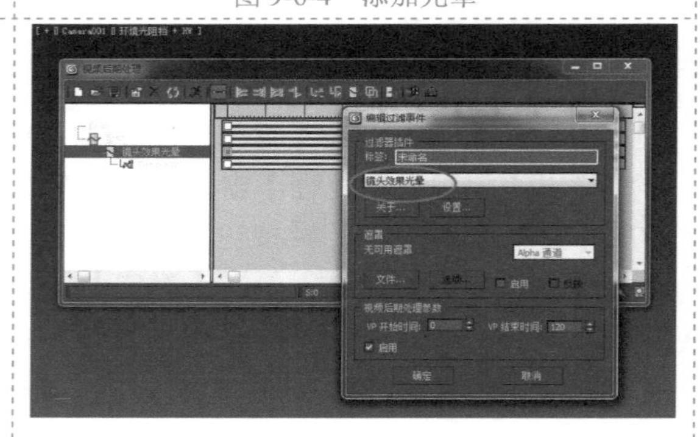

图 9-6-5　进入特效

6 弹出【镜头效果光晕】对话框，依次单击【VP 队列】和【预览】按钮，如图 9-6-6 所示。

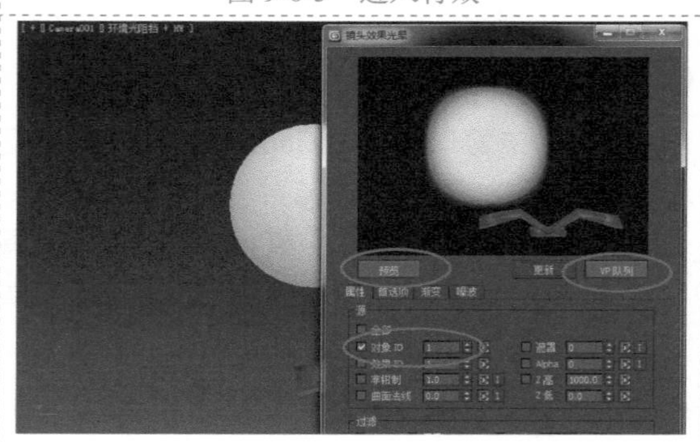

图 9-6-6　预览效果

7 单击对话框中的【首选项】按钮，在【效果】选项组中设置【大小】为 6，在【颜色】选项组中，选中【渐变】单选按钮，如图 9-6-7 所示。

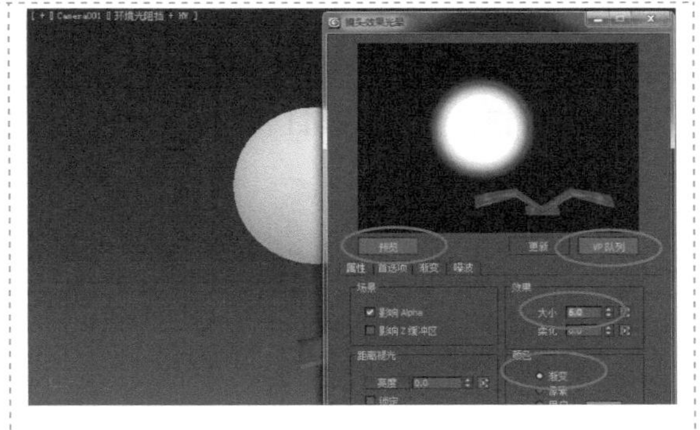

图 9-6-7 设置大小

8 单击对话框中的【渐变】按钮，单击【径向颜色】左侧的按钮，弹出颜色选择器，设置【红】为 255，【绿】为 200，【蓝】为 0，如图 9-6-8 所示。

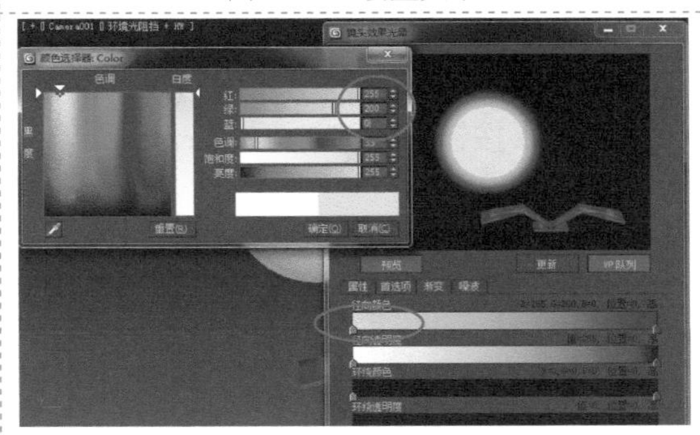

图 9-6-8 设置颜色（一）

9 单击【径向颜色】右侧的按钮，弹出颜色选择器对话框，设置为【红】为 150，【绿】为 150，【蓝】为 255，如图 9-6-9 所示，单击【确定】按钮退出对话框。

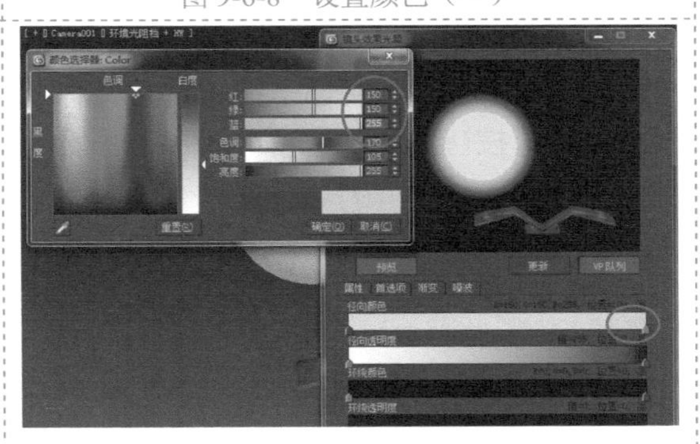

图 9-6-9 设置颜色（二）

10 选择窗口中的【Camera001】，单击窗口中的【添加图像过滤事件】按钮，在弹出的对话框中，选择【镜头效果高光】选项，设置【VP 开始时间】为 121，【VP 结束时间】为 260，如图 9-6-10 所示，单击【确定】按钮退出对话框。

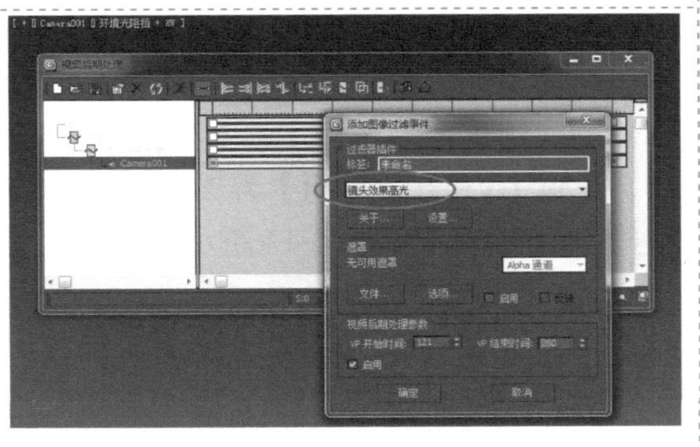

图 9-6-10 添加高光

11 双击窗口中的【镜头效果高光】事件，弹出【编辑过滤事件】对话框，单击【设置】按钮，如图 9-6-11 所示。

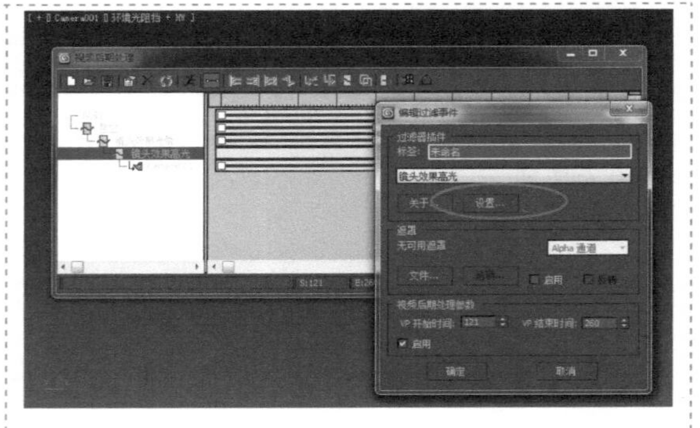

图 9-6-11　进入特效

12 弹出【镜头效果高光】对话框，设置【对象 ID】为 2；依次单击【VP 队列】和【预览】按钮，如图 9-6-12 所示。

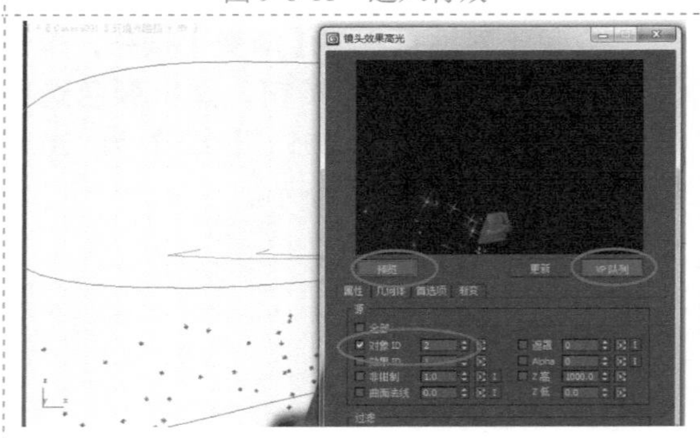

图 9-6-12　设置对象 ID

13 选择视图中的雪，将雪设置为蓝颜色，单击窗口中的【更新】按钮预览效果，单击【确定】按钮退出窗口，如图 9-6-13 所示。

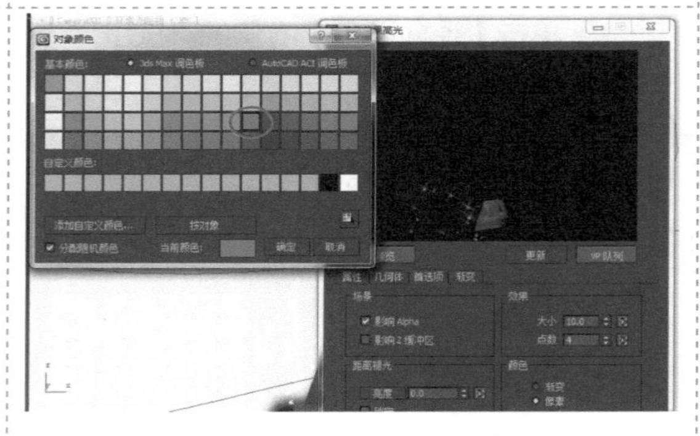

图 9-6-13　设置雪的颜色

14 选择窗口中的【Camera001】，单击窗口中的【添加图像过滤事件】按钮，在弹出的对话框中，选择【镜头效果光晕】选项，设置【VP 开始时间】为 215，【VP 结束时间】为 300，如图 9-6-14 所示。

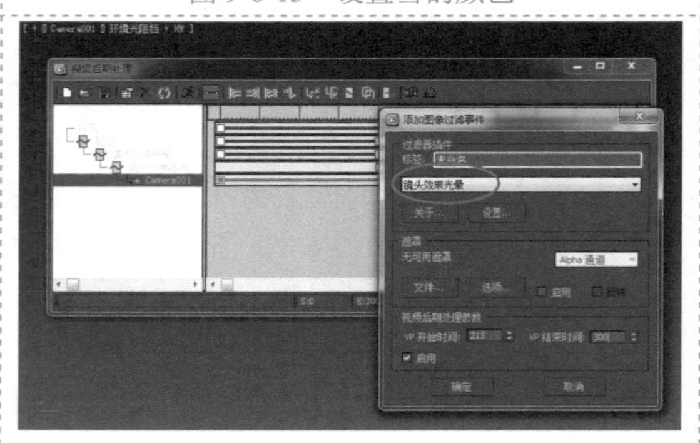

图 9-6-14　添加光晕

15 双击窗口中的【镜头效果光晕】事件，弹出【编辑过滤事件】对话框，单击【设置】按钮，如图 9-6-15 所示。

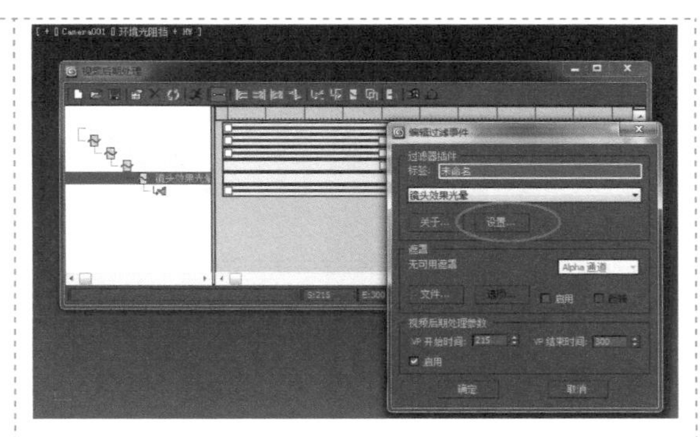

图 9-6-15 进入特效

16 弹出【镜头效果光晕】对话框，设置【对象 ID】为 3；依次单击【VP 队列】和【预览】按钮，如图 9-6-16 所示。

图 9-6-16 设置 ID

17 单击窗口中的【首选项】按钮，在【效果】选项组中，设置【大小】为 5，在【颜色】选项组中选中【像素】单选按钮，如图 9-6-17 所示。

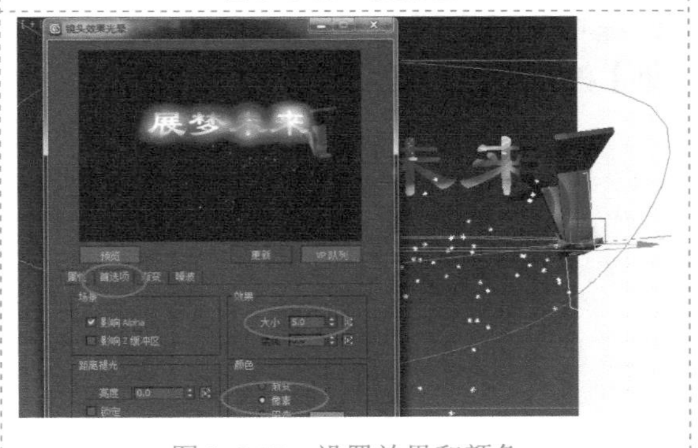

图 9-6-17 设置效果和颜色

18 单击窗口中的【噪波】按钮，在【设置】选项组中，选中【电弧】；选中【红】、【绿】、【蓝】三个复选框，在【参数】复选框设置【大小】为 50，【基准】为 40，如图 9-6-18 所示。单击【确定】按钮退出对话框。

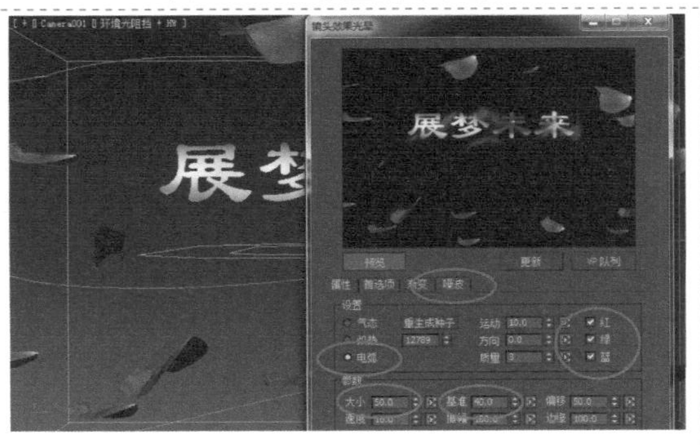

图 9-6-18 设置参数

19 单击窗口中的【添加图像输出事件】按钮，在弹出的窗口中单击【文件】按钮，如图 9-6-19 所示。

图 9-6-19　输出文件

20 选择保存的位置，输入文件名，选择格式为【AVI 文件设置】，单击【保存】按钮，弹出【AVI 文件压缩设置】对话框，选择【未压缩】选项，单击【确定】按钮退出对话框，如图 9-6-20 所示。

图 9-6-20　选择压缩格式

21 单击窗口中的【执行队列】按钮，弹出【执行视频后期处理】对话框，对话框中下的参数采用默认设置，单击【渲染】按钮输出文件，如图 9-6-21 所示。

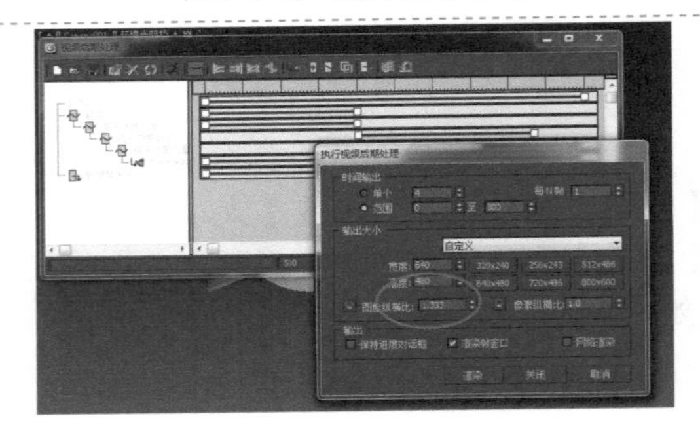

图 9-6-21　渲染设置

9.7　相关知识

1. Max 常用的动画制作方式

（1）使用物体自身参数制作动画。对于【创建】面板中的大部分物体，如几何体、图形、灯光、摄像机、辅助对象等，可以通过修改自身的参数来制作动画。图 9-7-1 所示为通过修改高度参数制作圆柱体长高的动画。

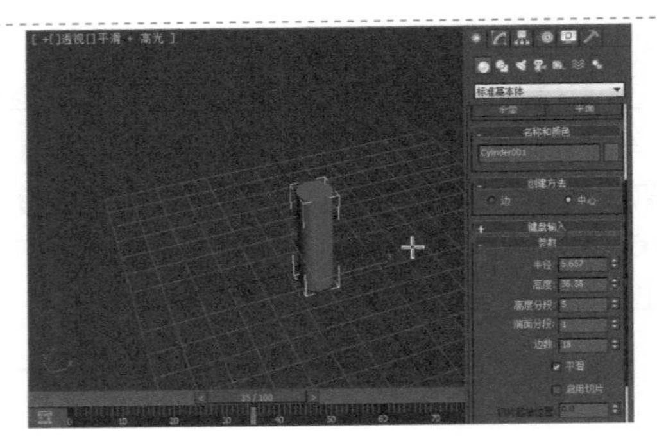

图 9-7-1　自身参数动画

2 使用变换工具制作动画。3ds Max 最常用的变换工具包括移动、旋转、压缩三种工具，通过这三种工具可以很方便地制作物体的位置、旋转、缩放等动画效果。图 9-7-2 所示为茶壶的位置和旋转动画。

注意：在制作位移动画时可以显示物体的移动轨迹，然后通过【运动】面板的【轨迹】选项组可以修改物体的移动轨迹。

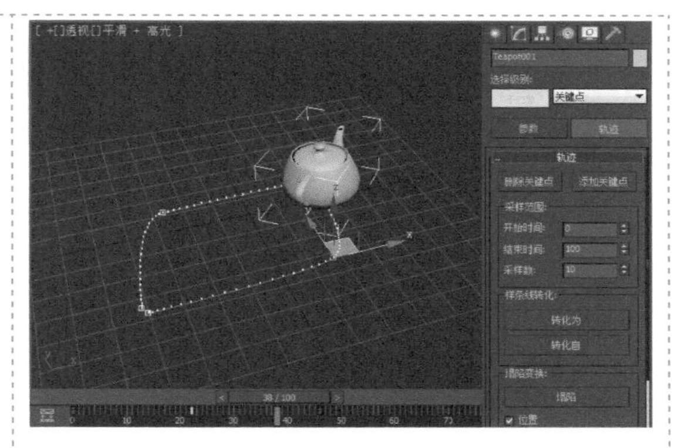

图 9-7-2 变换工具动画

3 使用修改器制作动画。3ds Max 修改器是功能非常强大的造型工具，有几十个修改器，每个修改器都有相应的调节参数，而这些参数大部分能制作动画。图 9-7-3 所示为通过弯曲修改器制作圆柱体的弯曲动画。

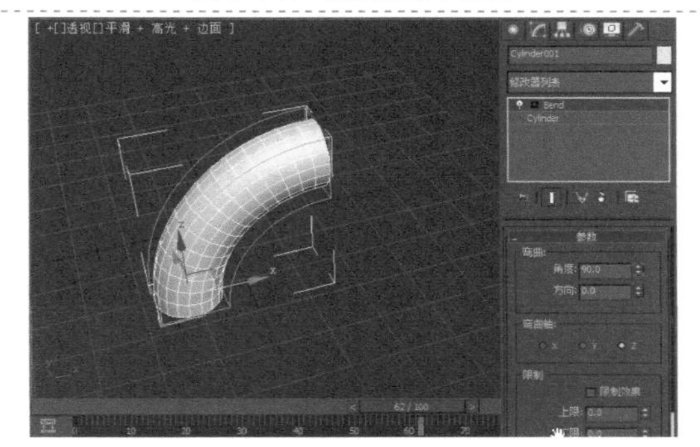

图 9-7-3 修改器动画

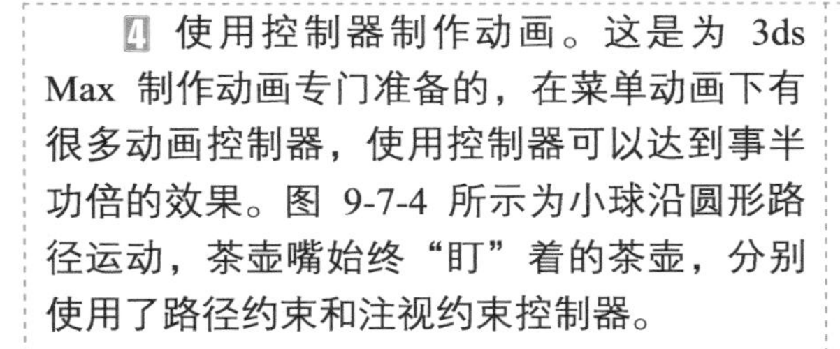

4 使用控制器制作动画。这是为 3ds Max 制作动画专门准备的，在菜单动画下有很多动画控制器，使用控制器可以达到事半功倍的效果。图 9-7-4 所示为小球沿圆形路径运动，茶壶嘴始终“盯”着的茶壶，分别使用了路径约束和注视约束控制器。

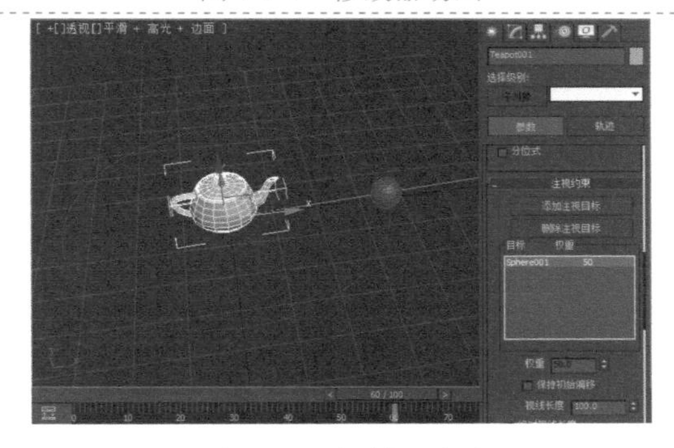

图 9-7-4 控制器动画

5 使用空间扭曲制作动画。空间扭曲物体可以制作各种不同的动画效果，如波浪、涟漪、爆炸等，而且空间扭曲物体本身是不被渲染的，通过【绑定到空间扭曲】按钮完成动画传递给被绑定的物体。图 9-7-5 所示为给平面物体制作的波浪动画。

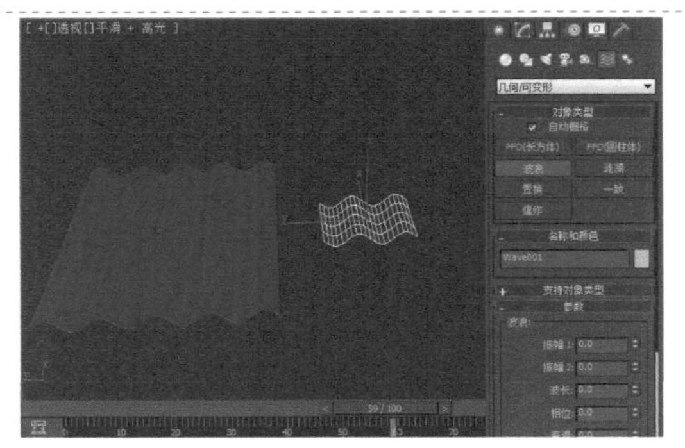

图 9-7-5 空间扭曲控制

6 使用【材质编辑器】制作动画。

物体的外观和质感需要材质来表现，大部分的材质也能记录动画，图 9-7-6 所示为文字颜色变化的动画。

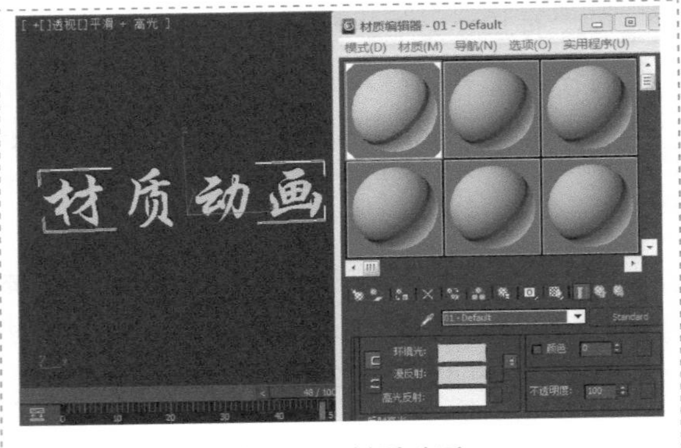

图 9-7-6　材质动画

2. 自动关键帧与设置关键帧的使用

关键帧动画的制作

自动关键帧动画是通过单击动画栏的【自动】按钮制作的动画，在【自动】开启的情况下，物体在每个时间点的变化都会自动记录成关键帧，而且会在动画开始位置 0 帧处生成一个关键帧。

而设置关键帧是在【设置关键点】开启的状态下制作动画的，这种状态下的每个关键帧的生成都需要单击按钮完成。

下面通过制作一个小动画来区分这两种制作关键帧动画的方式。

0～40 帧：茶壶从 A 点移动至 B 点。41～70 帧：茶壶旋转 2 圈。71～100 帧：茶壶变高。

1 使用自动关键帧制作。

单击【自动】按钮，将时间滑块移至第 40 帧，将茶壶从 A 移至 B，如图 9-7-7 所示。

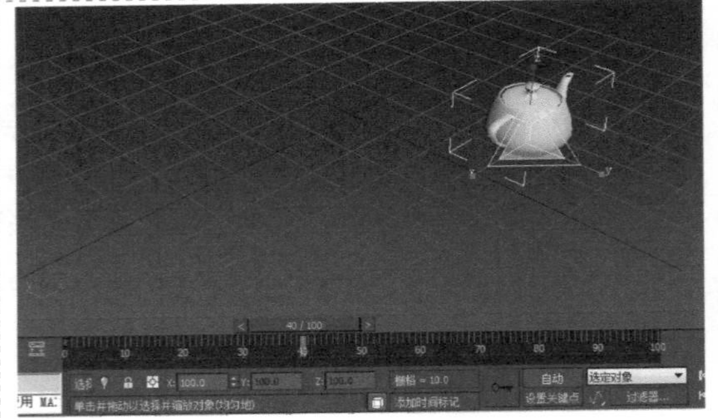

图 9-7-7　位置移动

2 将时间滑块移至第 70 帧，右击工具栏中的【选择并旋转】按钮，弹出【旋转变换输入】对话框，在【偏移：世界】选项组的【Z】轴文本框中文本输入 720，按【Enter】键确定，如图 9-7-8 所示。

图 9-7-8　旋转动画

3 将时间滑块移至第 100 帧，使用【选择并均匀压缩】工具，沿【Z】轴压缩物体，如图 9-7-9 所示 。

发现旋转动画是 0～70，压缩是 0～100，而不是原先设计的区间。也就是说，自动关键帧动画会记录当前时间物体的变化状态，同时把变化之前的状态在 0 帧处记录。

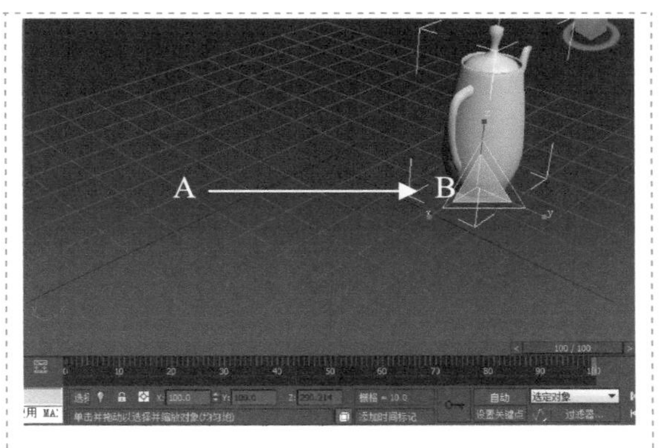

图 9-7-9 位置移动

4 使用设置关键点制作。单击【设置关键点】按钮，将时间滑块移至第 0 帧，单击【设置关键点】按钮，在第 0 帧创建物体的关键帧，如图 9-7-10 所示。

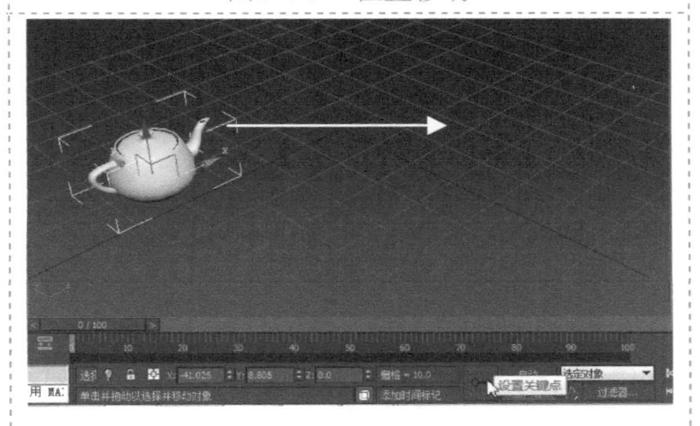

图 9-7-10 创建起始关键帧

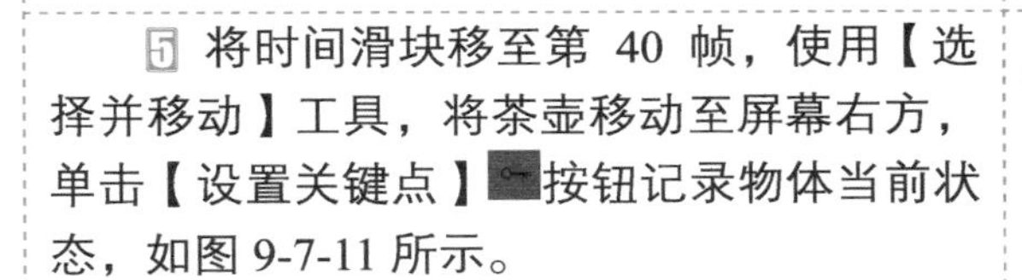

5 将时间滑块移至第 40 帧，使用【选择并移动】工具，将茶壶移动至屏幕右方，单击【设置关键点】按钮记录物体当前状态，如图 9-7-11 所示。

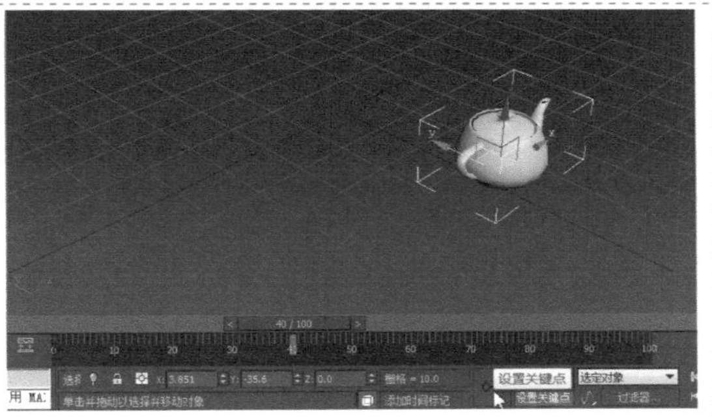

图 9-7-11 移动物体

6 将时间滑块移至第 70 帧，右击工具栏中的【选择并旋转】工具，弹出【旋转变换输入】对话框，在【偏移：世界】选项组的【Z】轴文本框中输入 720，按【Enter】键确认。单击【设置关键点】按钮记录物体当前状态。如图 9-7-12 所示。

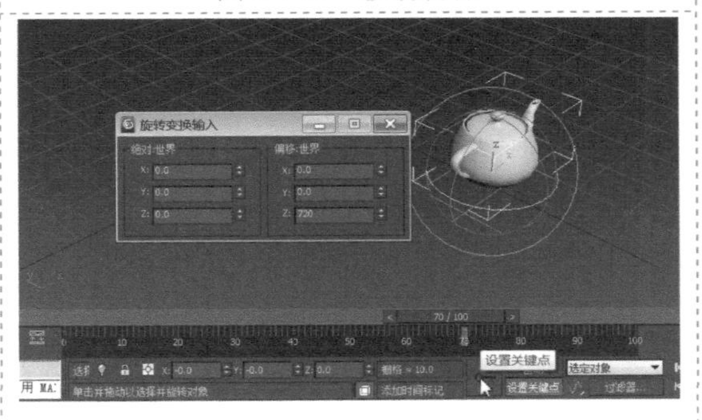

图 9-7-12 旋转物体

7 将时间滑块移至第 100 帧，使用工具栏中的【选择并均匀压缩】工具，沿【Z】轴压缩物体，单击【设置关键点】按钮记录物体当前状态，如图 9-7-13 所示 。

这样完成的动画如先前设计，每个过程都清楚地交代了。

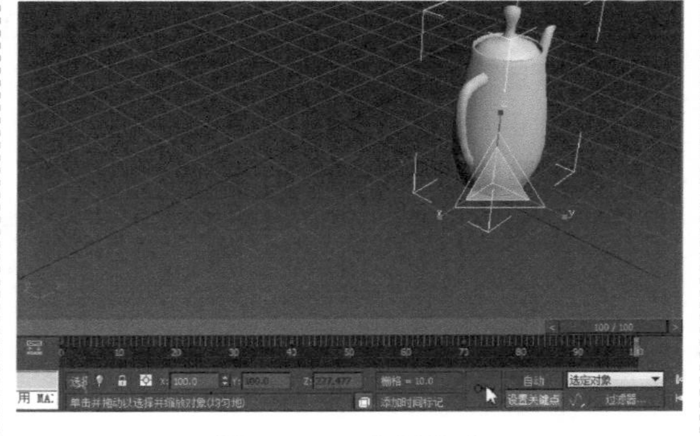

图 9-7-13　位置移动

9.8　实战演练

一幅卷轴旋转进入屏幕中间，缓缓向两边打开，带发光效果的粒子从上向下降落，运用所学的动画知识完成制作。

动画的截图如图 9-8-1 所示。

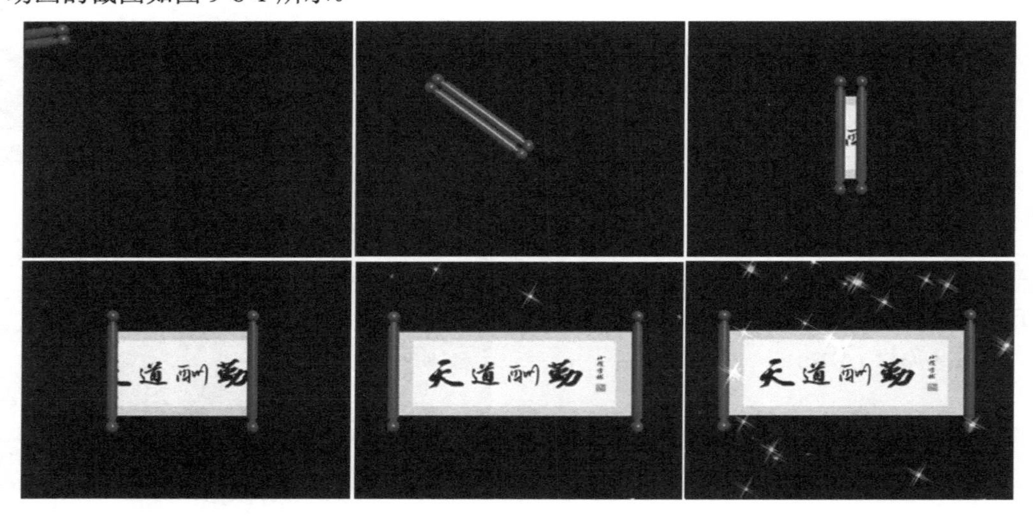

图 9-8-1　卷轴动画

制作要求如下

（1）制作卷轴的位移和旋转动画。

（2）制作书法的展开动画。

（3）制作粒子的发光特效。

制作提示

（1）将卷轴柱子绑定到虚拟体上，制作虚拟体的旋转进入动画。

（2）给材质的不透明度添加渐变坡度贴图，制作书法的展开动画。

（3）使用后期处理的高光特效制作粒子的发光效果。

项目评价

项目实训评价表						
	内 容		评定等级			
	学习目标	评价项目	4	3	2	1
职业能力	能使用各种手段制作动画	能使用修改器制作动画				
		能使用空间扭曲制作动画				
		能使用控制器制作动画				
		能使用材质制作动画				
	能设置粒子和后期特效	能使用各种粒子系统				
		能设置各种镜头特效				
	能制作关键帧动画	能制作自动关键帧动画				
		能制作手动关键帧动画				
综合评价						

附　录

软件的安装——3ds Max 和 VRP 的安装
倒角剖面的使用——像框的制作
阵列工具的使用——客厅灯的制作
不透明度贴图的使用——盆景的制作
灯光的基本设置——室内布光
摄像机的使用——室内漫游
场景渲染——烘焙设置
互动制作——VRP 使用
分离命令的使用
截面工具的使用
贴图平铺设置
材质复制
动画复制和节奏调整
自由摄像机路径动画
目标摄像机路径动画
灯光列表的使用
按材质选择物体
烘焙设置
VRP 基本设置
菲涅尔水面设置
粒子特效
角色创建
角色路径动画
角色阴影
角色贴图设计
行走相机的使用
项目演示界面设置
基本脚本的使用
包装输出
VRP 项目制作流程

场景平面图制作
3ds Max 建模准则
图形分离复制
色块贴图
切角命令的使用
贴图对齐使用
捕捉工具的使用
贴图调整
物体创建
VR 场景优化
场景模型分层整理
校园绿化表现
镜像物体动画
汽车路径动画
刚体、柔体动画
物体对灯光的要求
室外布光技巧
Completemap 和 Lightingmap
VRP 文件保存
贴图优化
VRP 场景导入技巧
VRP 材质修改与编辑
场景碰撞优化技巧
动态贴图制作
二维界面设计
添加视频文件
距离触发
雾雪效果制作
角色控制相机使用
相机转场特效
创建导航图
加载页面制作

举报电话：（010）88254396；（010）88258888

传　　真：（010）88254397

E-mail:　　dbqq@phei.com.cn

通信地址：北京市万寿路 173 信箱

　　　　　电子工业出版社总编办公室

邮　　编：100036